水体污染控制与治理科技重大专项"十三五"成果系列丛书

流域水质目标管理及监控预警技术标志性成果

流域水环境风险评估与
管理技术手册

吴代赦　　符志友　　冯承莲　主编

科学出版社

北　京

内 容 简 介

本书基于"十一五"与"十二五"水体污染控制与治理科技重大专项的部分研究成果,对流域水环境风险管理相关的关键技术与支撑技术进行综合集成,对流域水环境风险识别、风险评估、风险预警、风险管控和损害评估五大类共 25 项关键技术进行了筛选和梳理,为流域水环境风险管理提供技术支持,为推动流域水环境管理从"水环境常规管理"向"水环境风险管理"转变提供技术应用经验和案例参考。

本书可供环境保护领域的科研人员、决策管理人员等参考,也可供高等院校相关专业师生参阅。

图书在版编目(CIP)数据

流域水环境风险评估与管理技术手册/吴代赦,符志友,冯承莲主编. —北京:科学出版社,2020.8

(水体污染控制与治理科技重大专项"十三五"成果系列丛书)

ISBN 978-7-03-065967-5

Ⅰ. ①流…　Ⅱ. ①吴…　②符…　③冯…　Ⅲ. ①流域-水环境质量评价-手册　Ⅳ. ①X824-62

中国版本图书馆 CIP 数据核字(2020)第 164112 号

责任编辑:朱　丽　郭允允　赵　晶 / 责任校对:何艳萍
责任印制:吴兆东 / 封面设计:蓝正设计

科 学 出 版 社 出版
北京东黄城根北街 16 号
邮政编码:100717
http://www.sciencep.com

北京九州迅驰传媒文化有限公司 印刷
科学出版社发行　各地新华书店经销
*

2020 年 8 月第　一　版　开本:787×1092　1/16
2022 年 4 月第三次印刷　印张:14 3/4
字数:344 000
定价:128.00 元
(如有印装质量问题,我社负责调换)

学术指导委员会

主　任：吴丰昌

副主任：张　远　郝芳华

成　员：（按姓氏汉语拼音排序）

葛察忠　姜　琦　刘征涛　彭文启　山　丹

孙宗光　托　娅　王金南　王业耀　徐　成

叶　晔　易　斌　周怀东

编　委　会

主　编：吴代赦　符志友　冯承莲

编　委：（按姓氏汉语拼音排序）

鲍恋君　陈月芳　郭　飞　郭昌胜　黄　珊

黄　庭　李慧珍　李开明　李维新　刘　铮

刘景富　刘新妹　马志飞　秦延文　孙宇巍

王　宇　吴　山　熊　卿　徐泽升　杨　扬

应光国　游　静　曾永平　查金苗　张万顺

张湘文　张衍燊　郑丙辉

前　言

近几十年，我国各种水环境污染问题集中出现，呈现叠加、复合和压缩的特点，虽然近年来我国流域水质总体持续改善，但是复杂的污染形势仍然很严峻，存在着很多流域水环境风险问题，有突发性的，也有累积性的，同时累积性的污染风险又会以突发性的污染风险的形式表现出来，流域水环境污染风险防控是国家环境保护工作的重大需求和重点任务。本书是"十三五"水体污染控制与治理科技重大专项（简称"水专项"）的部分研究成果，主要集成了"十一五"与"十二五"以来流域水环境风险管理相关的关键技术，以期为流域水环境风险管理提供技术支持。

全书主要内容如下：流域水环境风险评估与管理的背景和意义、流域水环境风险评估与管理发展概况、流域水环境突发性风险识别技术、流域水环境累积性风险识别技术、突发性水环境风险评估技术、累积性水环境风险评估技术、流域水环境突发性风险快速模拟技术、流域水环境累积性风险预警技术、流域水质安全预警技术、流域水环境突发性风险管控技术、流域水环境累积性风险管控技术、流域水生态环境损害评估技术等。

全书共6章，各章执笔人员分工如下：第1章由黄庭、刘新妹执笔；第2章由熊卿、刘新妹执笔；第3章由张湘文、孙宇巍执笔；第4章由吴山、王宇执笔；第5章由黄珊、王宇执笔；第6章由马志飞、刘新妹执笔。全书由吴代赦、符志友、冯承莲统稿并审定。

本书得到了水体污染控制与治理科技重大专项"流域水环境风险管理技术集成"课题（2017ZX07301005）的资助。在水专项办公室的统一组织下，本书主要集成了"十一五"与"十二五"国家水专项部分课题的研究成果，集成的关键技术主要来源于以下课题：东江流域排水与水体生物毒性监控体系研究与应用示范（2008ZX07211-007）、东江优控污染物动态控制管理技术体系研究与应用示范（2008ZX07211-008）、东江水生态系统健康监测、维持技术研究与应用示范（2009ZX07211-009）、松花江水污染生态风险评估关键技术研究（2009ZX07207-002）、流域水污染源风险管理技术研究（2009ZX07528-001）、流域水环境质量风险评估技术研究（2009ZX07528-002）、流域水环境预警技术研究与三峡库区示范（2009ZX07528-003）、流域水质安全评估与预警管理技术研究（2012ZX07503-002）、流域水生态风险评估与预警技术体系（2012ZX07503-003）。先后参加本书资料收集工作的同志有中国环境科学研究院的薛婕、王晓、苏婧等；同时，科学出版社的编辑为本书的出版也提供了支持和帮助，在此一并感谢！由于作者的水平有限，书中难免存在疏漏，希望广大读者提出宝贵意见和建议。

作　者

2020年2月

目　　录

第1章 绪 论

1.1 流域水环境风险评估与管理的背景和意义

风险一般用来表示可能产生不利影响的事件的可能性。环境风险是指由自然原因或人类活动引起的,通过降低环境质量及生态服务功能,从而对人体健康、自然环境与生态系统产生损害的事件及其发生的可能性(概率)。环境污染风险一般分为突发性风险和累积性风险,突发性风险主要是指人为因素导致突发污染事故的可能性,累积性风险主要是指水体和沉积物中污染物长期累积产生危害的可能性。国际环境风险管理起源于20世纪70年代,从早期的突发事故风险管理到化学品人体健康风险评估管理,再到目前多因子、多尺度生态风险评估,已经贯穿于环境管理的全过程。

党中央、国务院高度重视流域水环境风险评估与管理工作。《水污染防治行动计划》(简称"水十条")和《"十三五"国家科技创新规划》均提出了开展新型污染物风险评价关键行动计划,要求稳妥处置突发性水环境污染事件。"水十条"提出切实加强水环境管理,在强化环境质量目标管理和深化污染物排放总量控制的基础上,明确提出严格控制环境风险,定期评估沿江河湖库工业企业、工业集聚区环境和健康风险,落实防控措施。评估现有化学物质环境和健康风险,2017年底公布的《优先控制化学品名录(第一批)》,要求对高风险化学品生产、使用进行严格限制,并逐步淘汰替代。《"十三五"生态环境保护规划》明确要求严格控制环境风险,将防范环境风险列为其间国家环境保护的重点任务之一。

目前我国各种水环境污染问题呈现叠加、复合和压缩的特点,虽然近十年来我国流域水质总体持续改善,但流域水环境污染风险防控形势依然严峻。水环境突发性污染事故频发,根据《中国环境状况公报》数据,过去10年间生态环境部(原环境保护部)直接参与调度处置的突发事故有1000多起,大约有50%属于水环境污染事件。我国是化学品生产和消费大国,产业结构和布局不合理,生态环境风险高,有毒有害污染物种类不断增加,区域性、结构性、布局性环境风险日益凸显,存在着很多流域水环境累积性风险问题,累积性风险也会以突发性风险的形式表现出来,流域水环境污染风险防控是国家环境保护工作的重大需求和重点任务。排放标准和环境质量标准是切实可行的强制性的环境管理手段,但由于标准管理的成本很高,不能全面覆盖所有的污染物,一些问题逐渐暴露出来。例如,对于排放标准来说,企业达标排放,但流域水体水质可能并不达标,排放标准中没有明确控制的污染物,水体中可能存在风险;对于水质标准来说,水质常规污染物,如化学需氧量(COD)和氨氮达标,但有毒有害污染物可能超标,即使水质指标达标,沉积物或复合污染物可能仍存在风险。针对这些问题,流域水环境风险评估与管理的必要补充及其转型就显得很重要。

1.2 流域水环境风险评估与管理发展概况

20 世纪 80 年代之后，欧美等发达国家和地区的常规环境污染问题得到了较好的解决，环境风险成为环境管理的重点之一，因此，欧美等发达国家和地区环境风险管理相关领域的研究和实践起步较早，基础性研究相对完善，实践中环境风险的管理大都经历了由事故应急向全过程防控的转变。早期环境风险管理主要是针对发展过程中出现的实际问题逐渐建立起来的，十分重视环境风险防范，并将风险防范原则上升到战略高度，相关法律法规体系比较完善，为环境风险管理提供了强有力的保障。各有关管理部门职责清晰，特别是环境保护主管部门具有较强的权威和执行力，同时十分注重基础研究，使有关环境健康和生态保护的基础科研成果在环境风险管理中得到了广泛而有效的应用。

美国的环境风险管理起源于对健康风险的重视，并且长期以来均以健康风险防控为重点，20 世纪 90 年代以后逐渐拓展到生态环境风险领域。1990 年，美国国家环境保护局（EPA）发布了题为《减轻风险：环境保护重点和战略的确定》的报告，标志着风险管理成为美国环境管理的重要策略。同时，美国也十分重视环境风险评估，在长期的基础研究与实践中，逐渐建立了比较完善的健康风险评估、生态风险评估方法体系，并在化学物质、污染场地及溢油事故等领域的风险评估与管理中得到了广泛应用。环境风险评估结果为环境基准的确定提供了科学依据，而环境标准的设定则建立在环境基准的基础之上。

欧盟相关立法主要起源于职业污染管理和职业健康保护等领域，然后逐渐过渡到环境污染风险管理。风险管理是欧盟立法、执法等环境保护活动中重要的原则之一，同时，环境风险评估被视为风险管理原则能否适用的选择依据之一。1992 年颁布的《马斯特里赫特条约》将风险管理上升到欧盟宪法原则。2000 年欧盟通过了《关于环境风险防范原则的公报》，为环境风险管理特别是环境风险评估制定了明确有效的指南。同年 10 月，欧盟签署并颁布执行了《欧盟水框架指令》，其立法目的是保护水生态系统的物理完整性和生态完整性，确保人类对水资源的可持续利用，明确要求欧盟成员国的水体（包括地表水、地下水、近岸海域水体）在 2015 年都要达到良好的水生态状况或水生态潜力，要求为此采取和实施一系列的管理和技术措施。

我国已经基本形成了由国家、部门、地方、企事业单位组成的环境应急预案管理体系，并明确了地方政府的主体责任，但对企业风险防范措施落实的日常监管还需要加强。为落实《水污染防治行动计划》，2017 年环境保护部会同多部委发布了《优先控制化学品名录（第一批）》（包括 22 种污染物），采取纳入排污染许可、实行限制措施和清洁生产审核等风险管控措施，降低化学品的生产、使用对健康和环境的重大影响；根据《中华人民共和国水污染防治法》的要求，2019 年生态环境部和卫生健康委员会联合发布了《有毒有害水污染物名录（第一批）》（包括 10 种污染物），要求监测评估企业排污口和周边环境污染物，实行风险管理，从流域污染源头上管控，取得了积极成效。

水环境风险管理主要基于环境风险识别、风险评估、风险预警和损害评估等几个关键技术环节，而风险识别作为水环境管理的重要组成部分，是在水环境风险管理的初始阶段，对可能引发环境危害的污染因子进行有效的识别和鉴别，发现产生环境危害的主要污染物。风险评估是在风险识别的基础上，通过暴露评估、剂量–效应、风险表征几个过程，对环境风险进行定量或定性的评估。我国的环境风险基础研究始于 20 世纪 80 年代，水质健康风险评价模型应用案例最早出现在 90 年代。现阶段，水环境风险因子评估一般集中在流域水体富营养化风险评估、重金属风险评估，以及以农药、抗生素、环境激素、全氟化合物等为代表的有毒有机污染物风险评估等方面。风险预警作为水环境管理的重要补充手段，分析评估特定水域或断面的特定状态而得出相应等级的警示信息，便于分析水环境影响变化程度，实现水环境未来准确预测，发现流域水环境现存问题并提出具体解决方法。目前，我国流域水环境风险预警技术研究侧重于单指标预警、水环境预警模拟模型及地理信息系统（GIS）等方面。水生态环境损害评估是突发性风险处理处置的重要内容，为突发事件定级、行政处罚与损害赔偿提供依据；此外，水生态环境损害评估也是构建水环境风险管理倒逼机制的主要组成部分，目前已经构建了水生态环境损害评估技术框架和工作程序，建立了水生态环境损害评估关键技术体系并陆续发布了多个技术指南指导工作的开展。

第 2 章　流域水环境风险识别技术

伴随着全球可持续发展观念的深入，我国政府已经陆续采取了一系列水环境保护措施并使其日趋成熟。但是，面对未来经济持续快速增长的压力与挑战，我国水环境质量总体仍不乐观，流域社会经济发展、土地开发、人为物理条件改变（如筑坝）等带来的水体富营养化和水生态系统退化等流域水环境累积性风险问题日益突出，流域水环境安全形势仍遭受突发性风险与累积性风险的双重胁迫。流域水环境突发性风险指的是在某个流域内无预兆的，因物理、化学、生物等一种或多种压力源突然暴露后在一定时期内可能造成影响的环境风险；流域水环境累积性风险指的是在某个流域内随着时间推移和空间变化，因物理、化学、生物等一种或多种压力源以累加或交互方式累积变化，在某个时间点暴露后造成影响的环境风险。

流域水环境风险管理包含风险识别—风险评估—风险预警—风险管控等多个环节，其中风险识别作为流域水环境风险管理的第一步，对于整体风险管理有重要意义，对于后续风险管理开展有直接影响。本章从流域水环境突发性风险和累积性风险的成因出发，围绕水环境风险源性质、类别、数量、方位等关键信息，建立了基于风险源特性的突发性风险识别分级技术、基于敏感保护目标的突发性风险评价分级技术、基于风险源与敏感保护目标的突发性风险分区技术、毒性鉴别评价技术、流域优先控制水污染物筛选技术、重点行业优先控制水污染物筛选技术等。

2.1　流域水环境突发性风险识别技术

识别评估突发性污染事故引起大量污染物短时间内进入水体，导致水质迅速恶化，产生急剧生态系统退化的可能性。流域水环境突发性风险识别技术是从风险源产生—风险源控制—受体暴露等的风险源作用过程出发，着眼风险源具有的风险物质数量和性质、风险源发生事故的可能性、敏感保护目标受威胁程度等要素。其主要由以下具体技术构成：①基于风险源特性的突发性风险识别分级技术；②基于敏感保护目标的突发性风险评价分级技术；③基于风险源与敏感保护目标的突发性风险分区技术。

2.1.1　基于风险源特性的突发性风险识别分级技术

2.1.1.1　适用范围

该技术适用于对分布在河流、湖库等水系流域中各类突发性风险源进行识别，并确定各类风险源的风险级。

2.1.1.2　技术原理

根据风险源情况确定风险源类型，确定可能对目标水体产生污染的风险源的空间分布范围，在该空间分布范围内的风险源则被识别为可能对该目标水体产生污染的风险源。综合考虑风险物质数量、风险物质毒性、风险源事故发生概率，对每个风险源的风险值大小进行定量计算，并根据风险源的风险值大小进行评估与分级。

2.1.1.3　技术流程和参数

1. 技术流程

针对突发性风险源，首先确定风险源地理位置、风险源类型，并调查风险源可能的空间分布和风险途径，然后根据风险物质数量、风险物质毒性和风险源事故发生概率，定量计算风险值大小，并对其进行评估分级，如图 2-1 所示。

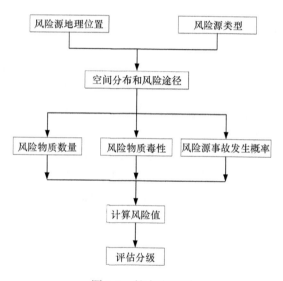

图 2-1　技术流程图

2. 技术参数

1）风险源识别

（1）根据风险源具有的风险物质数量，对每个风险源风险值大小按式（2-1）计算：

$$R_{风险物质数量} = \sum_{j=1}^{n} \frac{第j种风险物质数量}{第j种风险物质临界量} \qquad (2\text{-}1)$$

式中，$R_{风险物质数量}$ 为基于风险物质数量的风险源风险值，风险物质数量的单位为 t，风险物质临界量的单位为 t。

风险物质临界量参照《危险化学品重大危险源辨识》（GB 18218—2018）、《危险货物品名表》（GB 12268—2005）、《化学品分类、警示标签和警示性说明安全规范急性毒性》（GB 20592—2006）确定。

（2）当综合考虑风险源具有的风险物质数量和风险物质毒性时，对每个风险源风险值大小按式（2-2）计算：

$$R_{风险物质数量+毒性} = \sum_{j=1}^{n} \frac{第j种风险物质数量}{第j种风险物质允许限值} \qquad (2\text{-}2)$$

式中，$R_{风险物质数量+毒性}$ 为基于风险物质数量和风险物质毒性的风险源风险值（即风险大小），风险物质数量的单位为 t，风险物质允许限值的单位为 mg/L。

风险物质允许限值参照《生活饮用水卫生标准》（GB 5749—2006）确定，《生活饮用水卫生标准》（GB 5749—2006）中未列出的风险物质允许限值可依次参考美国、日本生活饮用水标准确定。

（3）当考虑风险源事故发生概率时，结合我国环境管理部门对环境风险日常监管的实际工作需要，对不同类型风险源初步建立水环境风险控制与管理评价指标及量化标准，最终对考虑风险源事故发生概率的风险源风险值进行确定。

（4）当综合考虑风险源具有的风险物质数量、风险物质毒性和风险源事故发生概率时，对每个风险源综合风险值大小按式（2-3）计算：

$$R_{风险物质数量+毒性+风险源事故发生概率} = \left[\sum_{j=1}^{n} \frac{第j种风险物质数量}{第j种风险物质允许限值} \right] \times 风险源事故发生概率 \qquad (2\text{-}3)$$

式中，$R_{风险物质数量+毒性+风险源事故发生概率}$ 为基于风险物质数量、风险物质毒性、风险源事故发生概率的风险源综合风险值。

风险源事故发生概率参照表 2-1～表 2-3 确定，对各种水环境污染风险源的风险控制与管理的各项指标进行量化，用分值衡量每个风险源发生水环境污染的风险。分值高表示该风险源发生事故型水环境污染的风险高，分值低表示该风险源发生事故型水环境污染的风险低。

表 2-1　工厂企业水环境污染风险源的风险控制与管理评价指标及量化

一级指标	二级指标	三级指标	指标描述	指标量化
储存区	储罐	稳定性	地面是否平整，储罐中轴线是否与地面垂直	符合要求：1 不符合：100
		安全间距	调查是否符合行业防火设计规范	符合要求：1 不符合：100
		腐蚀情况	主要通过观察了解罐体表面的腐蚀情况	表面漆面平整无腐蚀：1 表面有锈蚀但无穿孔：50 有穿孔液体流出：200
		泄漏报警装置配置情况	调查液位显示仪、泄漏显示仪和报警装置的配置及可靠性	符合要求：1 部分符合：50 不符合：200
		现场标识完整性	调查储罐区是否进行了罐体及安全类标识	标识完整：1 部分完整：50 不完整：100

续表

一级指标	二级指标	三级指标	指标描述	指标量化
储存区	围堰	围堰容量	考虑是否能承受罐区完全泄漏的液体量及消防用水量	符合要求：1 不符合：200
		地面防渗处理	调查地面是否做防渗处理，以及防渗材料的有效性	符合要求：1 部分符合：50 不符合：200
		围堰完整性	观察围堰区是否有裂缝、破洞等，以及围堰是否封闭	符合要求：1 不符合：200
管道	腐蚀情况	—	主要通过观察了解管道外表面的腐蚀情况	表面漆面平整无腐蚀：1 表面有锈蚀但无穿孔：50 有穿孔液体流出：200
	变形情况	—	观察气候、机械性损害等外界因素带来的变形情况	无明显变形：1 有明显变形：100
	管道标识 完整性	—	调查管道是否进行了标识	标识完整：1 部分完整：50 不完整：100
清污分流	清污分流阀 可靠性	清污分流阀 标识情况	调查清污分流阀有无标识，标识是否清楚	有标识且清楚：1 有标识不清楚：100 无标识：200
		清污分流阀 维护情况	主要检查阀门能否正常开关	能：1 不能：50
		清污分流阀 操作记录情况	检查有无操作记录，以及记录的规范性和有效性	有记录且有效：1 有记录无效：5 无记录无效：10
	初期雨水 收集有效性	—	调查是否进行了初期雨水的收集，通过询问企业环境管理人员和查看雨水通道的方式调查	有效：1 无效：200
环境风险 防范措施	污水处理 达标情况	—	调查污水是否经达标处理后排放	达标：1 不达标：200
	事故应急池	应急池容量	考虑应急池容量是否与生产能力相匹配	是：1 否：200
		应急池 防渗处理	考虑应急池底部是否做防渗处理，以及防渗材料的有效性	符合要求：1 部分符合：50 不符合：200
	应急预案 管理情况	应急预案 编制情况	是否制定了应急预案，并上报环保部门，接受评审	有预案并报批：1 无预案：50
		应急预案 更新情况	是否对法规标准、人员机构变化、设备变化及演习情况等预案相关内容进行了有效更新	有更新：1 无更新：50
		应急预案 演习情况	调查是否做过应急演习及演习类型，是否有演习计划、演习记录和总结	有演习并记录：1 无演习：50

表 2-2　集中式污水处理厂水环境污染风险源的风险控制与管理评价指标及量化

一级指标	二级指标	三级指标	指标描述	指标量化
储存区	处理池	稳定性	处理池是否倾斜，地面是否有裂缝	符合要求：1 不符合：100
		完整程度	处理池表面是否完好	表面平整完好：1 有液体渗漏：200
		现场标识 完整性	调查处理池是否进行了安全类标识	标识完整：1 部分完整：50 不完整：100

续表

一级指标	二级指标	三级指标	指标描述	指标量化
储存区	围堰	围堰容量	考虑是否能承受处理池完全泄漏的液体量	符合要求：1 不符合：200
		地面防渗处理	调查地面是否做防渗处理，以及防渗材料的有效性	符合要求：1 部分符合：50 不符合：200
		围堰完整性	观察围堰区是否有裂缝、破洞等，以及围堰是否封闭	符合要求：1 不符合：200
管道（水槽）	腐蚀情况	—	主要通过观察了解管道（水槽）外表面的腐蚀和破损情况	表面漆面平整无腐蚀：1 表面有锈蚀但无穿孔：50 有穿孔液体流出：200
	变形情况	—	观察气候、机械性损害等外界因素带来的变形情况	无明显变形：1 有明显变形：100
	管道标识完整性	—	调查管道是否进行了标识	标识完整：1 部分完整：50 不完整：100
清污分流	清污分流阀可靠性	清污分流阀标识情况	调查清污分流阀有无标识，标识是否清楚	有标识且清楚：1 有标识不清楚：100 无标识：200
		清污分流阀维护情况	主要检查阀门能否正常开关	能：1 不能：50
		清污分流阀操作记录情况	检查有无操作记录，以及记录的规范性和有效性	有记录且有效：1 有记录无效：5 无记录无效：10
环境风险防范措施	污水来水控制	来水阀门	处理池污水进水是否有阀门控制	有：1 没有：200
		备用处理池	是否有备用污水处理池，备用处理池是否与生产能力相匹配	有且达标：1 有未达标：50 无：200
	事故应急池	应急池容量	考虑应急池容量是否与生产能力相匹配	是：1 否：200
		应急池防渗处理	考虑应急池底部是否做防渗处理，以及防渗材料的有效性	符合要求：1 部分符合：50 不符合：200
	应急预案管理情况	应急预案编制情况	是否制定了应急预案，并上报环保部门，接受评审	有预案并报批：1 无预案：50
		应急预案更新情况	是否对法规标准、人员机构变化、设备变化及演习情况等预案相关内容进行了有效更新	有更新：1 无更新：50
		应急预案演习情况	调查是否做过应急演习及演习类型，是否有演习计划、演习记录和总结	有演习并记录：1 无演习：50

表 2-3　船舶类水环境污染风险源的风险控制与管理评价指标及量化

一级指标	二级指标	三级指标	指标描述	指标量化
储存区	储油舱	船舱腐蚀情况	主要通过观察了解船舱表面的腐蚀情况	表面漆面平整无腐蚀：1 表面有锈蚀但无穿孔：50 有穿孔液体流出：200
		泄漏报警装置配置情况	调查液位显示仪、泄漏显示仪和报警装置的配置及可靠性	符合要求：1 部分符合：50 不符合：200
		现场标识完整性	调查储罐区是否进行了罐体及安全类标识	标识完整：1 部分完整：50 不完整：100

续表

一级指标	二级指标	三级指标	指标描述	指标量化
管道	腐蚀情况	—	主要通过观察了解管道外表面的腐蚀情况	表面漆面平整无腐蚀：1 表面有锈蚀但无穿孔：50 有穿孔液体流出：200
	变形情况	—	观察气候、机械性损害等外界因素带来的变形情况	无明显变形：1 有明显变形：100
	管道标识完整性	—	调查管道是否进行了标识	标识完整：1 部分完整：50 不完整：100
清污分流	清污分流阀可靠性	清污分流阀标识情况	调查清污分流阀有无标识，标识是否清楚	有标识且清楚：1 有标识不清楚：100 无标识：200
		清污分流阀维护情况	主要检查阀门能否正常开关	能：1 不能：50
		清污分流阀操作记录情况	检查有无操作记录，以及记录的规范性和有效性	有记录且有效：1 有记录无效：5 无记录无效：10
	初期雨水收集有效性	—	调查是否进行了初期雨水的收集，通过询问企业环境管理人员和查看雨水通道的方式调查	有效：1 无效：200
环境风险防范措施	污水处理达标情况	—	调查污水是否经达标处理后排放	达标：1 不达标：200
	油污水（有毒液体物质）接收设备	—	调查油污水接收设备是否配备，考虑油污水日常排放量	有且达标：1 有未达标：50 无：200
	围油、收油、吸油设备	设备容量	考虑围油栏、收油机、吸油毡等容量是否与油品储存能力相匹配	是：1 否：200
	应急预案管理情况	应急预案编制情况	是否制定了应急预案，并上报环保部门，接受评审	有预案并报批：1 无预案：50
		应急预案更新情况	是否对法规标准、人员机构变化、设备变化及演习情况等预案相关内容进行了有效更新	有更新：1 无更新：50
		应急预案演习情况	调查是否做过应急演习及演习类型，是否有演习计划、演习记录和总结	有演习并记录：1 无演习：50

2）风险源评估与分级

风险源评估与分级主要考虑风险源本身的特性和发生风险的可能性大小，其具体包括三个方面：风险源具有的水环境污染风险物质数量、风险物质毒性、风险源事故发生概率。通过上述三个方面评估风险源的风险值，并根据风险值的大小将其分为特大风险源、重大风险源和一般风险源。

A. 基于风险物质数量的风险源分级

从风险物质数量的角度对风险源进行分级，采用的分级标准如下。

特大风险源：$R_{风险物质数量} \geqslant 10 \times \bar{R}_{风险物质数量}$；

重大风险源：$\bar{R}_{风险物质数量} \leqslant R_{风险物质数量} < 10 \times \bar{R}_{风险物质数量}$；

一般风险源：$R_{风险物质数量} < \bar{R}_{风险物质数量}$。

式中，$\bar{R}_{风险物质数量}$为所有风险源的$R_{风险物质数量}$平均值。

B. 基于风险物质数量和风险物质毒性的风险源分级

从综合考虑风险物质数量和风险物质毒性的角度对风险源进行分级，采用的分级标准如下。

特大风险源：$R_{风险物质数量+毒性} \geq 10 \times \bar{R}_{风险物质数量+毒性}$；

重大风险源：$\bar{R}_{风险物质数量+毒性} \leq R_{风险物质数量+毒性} < 10 \times \bar{R}_{风险物质数量+毒性}$；

一般风险源：$R_{风险物质数量+毒性} < \bar{R}_{风险物质数量+毒性}$。

式中，$\bar{R}_{风险物质数量+毒性}$ 为所有风险源的 $R_{风险物质数量+毒性}$ 平均值。

C. 基于风险物质数量、风险物质毒性和风险源事故发生概率的风险源分级

从综合考虑风险物质数量、风险物质毒性和风险源事故发生概率的角度对风险源进行分级，采用的分级标准如下。

特大风险源：$R_{风险物质数量+毒性+风险源事故发生概率} \geq 10 \times \bar{R}_{风险物质数量+毒性+风险源事故发生概率}$；

重大风险源：$\bar{R}_{风险物质数量+毒性+风险源事故发生概率} \leq R_{风险物质数量+毒性+风险源事故发生概率} <$

$10 \times \bar{R}_{风险物质数量+毒性+风险源事故发生概率}$；

一般风险源：$R_{风险物质数量+毒性+风险源事故发生概率} < \bar{R}_{风险物质数量+毒性+风险源事故发生概率}$。

式中，$\bar{R}_{风险物质数量+毒性+风险源事故发生概率}$ 为所有风险源的 $R_{风险物质数量+毒性+风险源事故发生概率}$ 平均值。

2.1.1.4　应用案例

应用单位：中国长江三峡集团有限公司。

案例背景：从三峡库区具有的突发性水环境污染风险源中选择重庆长风化学工业有限公司、重庆市秋田化工有限公司和重庆凯林制药有限公司作为风险源评估分析对象，结合风险源地理位置、风险途径、风险物质数量、风险物质毒性、风险源事故发生概率等因素，对其风险源进行风险值计算以及分级评估。

案例介绍：

1. 风险值计算

风险源评估分析对象风险物质数量基本情况见表 2-4，风险源评估分析对象风险控制与管理评价指标及量化情况见表 2-5～表 2-7。

根据建立的三峡库区风险源分级方法及计算结果，对风险源评估分析对象进行分级，基于风险物质数量的风险源风险值结果如下。

（1）重庆长风化学工业有限公司：$R_{风险物质数量} = 19.60$；

（2）重庆市秋田化工有限公司：$R_{风险物质数量} = 4.78$；

（3）重庆凯林制药有限公司：$R_{风险物质数量} = 0.63$。

基于风险物质数量和风险物质毒性的风险源风险值结果如下。

（1）重庆长风化学工业有限公司：$R_{风险物质数量+毒性} = 86399$；

（2）重庆市秋田化工有限公司：$R_{风险物质数量+毒性} = 5700$；

（3）重庆凯林制药有限公司：$R_{风险物质数量+毒性} = 1632$。

表 2-4　风险源评估分析对象风险物质数量基本情况

序号	单位名称	所在区县	风险物质名称	现存量/t	临界量/t
1	重庆长风化学工业有限公司	长寿区	硝基苯	90.00	500.00
			苯胺	160.00	500.00
			氢氧化钠	50.00	—
			硫酸	120.00	100.00
			硝酸	40.00	20.00
			苯	795.00	50.00
2	重庆市秋田化工有限公司	长寿区	甲醇	0.20	500.00
			1,3,5-三甲基苯	6.00	5000.00
			硫酸	0.50	100.00
			苯酚	10.00	20.00
			乙醇	25.00	500.00
			乙酸	40.00	10.00
			异丙醇	38.00	1000.00
			丁酮	30.00	1000.00
3	重庆凯林制药有限公司	长寿区	三氯甲烷	2.40	1000.00
			丁酮	26.70	1000.00
			三乙胺	7.50	1000.00
			三氯甲烷	19.50	1000.00
			乙醇	23.00	500.00
			二氯甲烷	25.00	50.00

表2-5 重庆长风化学工业有限公司水环境污染风险控制与管理评价指标及量化

一级指标	二级指标	三级指标	指标描述	指标量化	现状描述	检查评分	备注
储存区	储罐	稳定性	地面是否平整，储罐中轴线是否与地面垂直	符合要求：1 不符合：100	—	1	—
		安全间距	调查是否符合行业防火设计规范	符合要求：1 不符合：100	—	1	现场观察、质询
		腐蚀情况	主要通过观察了解罐体表面的腐蚀情况	表面漆面平整无腐蚀：1 表面有锈蚀但无穿孔：50 有穿孔液体流出：200	—	—	—
		泄漏报警装置配置情况	调查液位显示仪、泄漏显示仪和报警装置的配置及可靠性	符合要求：1 部分符合：50 不符合：200	—	50	若配置，但未有效使用、技术符合情况处理
		现场标识完整性	调查储罐区是否进行了罐体及安全类标识	标识完整：1 部分完整：50 不完整：100	—	50	—
	围堰	围堰容量	考虑是否能承受罐区完全泄漏的液体量及消防用水量	符合要求：1 不符合：200	—	—	—
		地面防渗处理	调查地面是否做防渗处理，以及防渗材料的有效性	符合要求：1 部分符合：50 不符合：200	—	—	有防渗处理，但未按要求全部处理，按部分符合情况处理
		围堰完整性	观察围堰区是否有裂缝、破洞等，以及围堰是否封闭	符合要求：1 不符合：200	—	—	—
管道	腐蚀情况		主要通过观察了解管道外表面的腐蚀情况	表面漆面平整无腐蚀：1 表面有锈蚀但无穿孔：50 有穿孔液体流出：200	—	—	—
	变形情况		观察气候、机械性质等外界因素带来的变形情况	无明显变形：1 有明显变形：100	—	1	—
	管道标识完整性		调查管道是否进行了标识	标识完整：1 部分完整：50 不完整：100	—	50	—

续表

一级指标	二级指标	三级指标	指标描述	指标量化	现状描述	检查评分	备注
清污分流	清污分流阀可靠性	清污分流阀标识情况	调查清污分流阀有无标识，标识是否清楚	有标识且目清楚:1 有标识但不清楚:100 无标识:200	—	1	—
		清污分流阀维护情况	主要检查阀门能否正常开关	能:1 不能:50	部分不能正常开关	30	—
		清污分流阀操作记录情况	检查有无操作记录，以及记录的规范性和有效性	有记录且有效:1 有记录但无效:5 无记录无效:10	—	10	—
	初期雨水收集有效性	—	调查是否进行了初期雨水的收集，通过询问企业环境管理人员和查看初期雨水通道的方式调查	有效:1 无效:200	—	1	—
	污水处理达标情况	—	调查污水是否经达标处理后排放	达标:1 不达标:200	—	1	—
	事故应急池	应急池容量	考虑应急池容量是否与生产能力相匹配	是:1 否:200	—	1	—
		应急池防渗处理	考虑应急池底部是否做防渗处理，以及防渗材料的有效性	符合要求:1 部分符合:50 不符合:200	—	1	有防渗处理，但未按要求全部处理，按部分符合情况处理
环境风险防范措施	应急预案管理情况	应急预案编制情况	是否制定了应急总预案，并上报环保部门，接受评审	有预案并报批:1 无预案:50	—	1	—
		应急预案更新情况	是否对法规标准、人员机构变化、设备变化及演习情况等预案相关内容进行了有效更新	有更新:1 无更新:50	—	50	—
		应急预案演习情况	调查是否做过应急演习及演习类型，是否有演习计划、演习记录和总结	有演习并记录:1 无演习:50	—	1	—

表 2-6 重庆市秋田化工有限公司水环境污染风险控制与管理评价指标及量化

一级指标	二级指标	三级指标	指标描述	指标量化	现状描述	检查评分	备注
储存区	储罐	稳定性	地面是否平整，储罐中轴线是否与地面垂直	符合要求：1 不符合：100	—	1	现场观察、质询
		安全间距	调查是否符合行业防火设计规范	符合要求：1 不符合：100	—	1	
		腐蚀情况	主要通过观察了解罐体表面的腐蚀情况	表面漆面平整无腐蚀：1 表面有锈蚀但无穿孔：50 有穿孔液体流出：200	—	1	
		泄漏报警装置配置情况	调查液位显示仪、泄漏显示仪和报警装置的配置及可靠性	符合要求：1 部分符合：50 不符合：200	—	200	若配置，但未有效使用，按不符合情况处理
		现场标识完整性	调查储罐区是否进行了罐体及安全类标识	标识完整：1 部分完整：50 不完整：100	—	100	
	围堰	围堰容量	考虑是否能承受罐区完全泄漏的液体量及消防用水量	符合要求：1 不符合：200	—	200	
		地面防渗处理	调查地面是否做防渗处理，以及防渗材料的有效性	符合要求：1 部分符合：50 不符合：200	—	200	有防渗处理，但未按要求全部处理，按部分符合情况处理
		围堰完整性	观察围堰区是否有裂缝、破洞等，以及围堰是否封闭	符合要求：1 不符合：200	—	200	
管道		腐蚀情况	主要通过观察了解管道外表面的腐蚀情况	表面漆面平整无腐蚀：1 表面有锈蚀但无穿孔：50 有穿孔液体流出：200	—	200	
		变形情况	观察气候、机械性损害等外界因素带来的变形情况	无明显变形：1 有明显变形：100	部分变形	50	
		管道标识完整性	调查管道是否进行了标识	标识完整：1 部分完整：50 不完整：100	—	100	

续表

一级指标	二级指标	三级指标	指标描述	指标量化	现状描述	检查评分	备注
清污分流	清污分流阀可靠性	清污分流阀标识情况	调查清污分流阀有无标识，标识是否清楚	有标识且清楚：1 有标识但不清楚：100 无标识：200	—	200	—
		清污分流阀维护情况	主要检查阀门能否正常开关	能：1 不能：50	—	50	—
		清污分流阀操作记录情况	检查有无操作记录，以及记录的规范性和有效性	有记录且有效：1 有记录无效：5 无记录无效：10	少量记录无效	2	—
	初期雨水收集有效性	—	调查是否进行了初期雨水的收集，通过询问企业环境管理人员和查看雨水通道的方式调查	有效：1 无效：200	—	200	—
	污水处理达标情况	—	调查污水是否经达标处理后排放	达标：1 不达标：200	—	1	—
	事故应急池	应急池容量	考虑应急池容量是否与生产能力相匹配	是：1 否：200	—	200	—
		应急池防渗情况	考虑应急池底部是否做防渗处理，以及防渗材料的有效性	符合要求：1 部分符合：50 不符合：200	—	200	有防渗处理，但未按要求全部处理，按部分符合情况处理
环境风险防范措施	应急预案管理情况	应急预案编制情况	是否制定了应急预案，并上报环保部门，接受评审	有预案并报批：1 无预案：50	预案不完整	40	—
		应急预案更新情况	是否对法规标准、人员机构变化、设备变化及演习情况等预案相关内容进行了有效更新	有更新：1 无更新：50	—	50	—
		应急预案演习情况	调查是否做应急演习及演习类型，是否有演习计划、演习记录和总结	有演习并记录：1 无演习：50	—	1	—

表 2-7 重庆凯林制药有限公司水环境污染风险控制与管理评价指标及量化

一级指标	二级指标	三级指标	指标描述	指标量化	现状描述	检查评分	备注
储罐		稳定性	地面是否平整、储罐中轴线是否与地面垂直	符合要求:1 不符合:100	—	1	—
		安全间距	调查是否符合行业防火设计规范	符合要求:1 不符合:100	—	1	现场观察、质询
		腐蚀情况	主要通过观察了解罐体表面的腐蚀情况	表面漆面平整无腐蚀:1 表面有锈蚀但无穿孔:50 有穿孔液体流出:200	—	1	—
		泄漏报警装置配置情况	调查液位显示仪、泄漏显示仪和报警装置的配置及可靠性	符合要求:1 部分符合:50 不符合:200	—	50	若配置,但未有效使用,技术符合情况处理
		现场标识完整性	调查储罐体及安全类标识	标识完整:1 部分完整:50 不完整:100	—	100	—
储存区	围堰	围堰容量	考虑是否能承受罐区全部泄漏的液体量及消防用水量	符合要求:1 不符合:200	—	1	—
		地面防渗处理	调查地面是否做防渗处理,以及防渗材料的有效性	符合要求:1 部分符合:50 不符合:200	—	200	有防渗处理,但未按要求全部处理,按部分符合情况处理
		围堰完整性	观察围堰区是否有裂缝、破洞等,以及围堰是否封闭	符合要求:1 不符合:200	—	200	—
管道		腐蚀情况	主要通过观察了解管道外表面的腐蚀情况	表面漆面平整无腐蚀:1 表面有锈蚀但无穿孔:50 有穿孔液体流出:200	—	50	—
		变形情况	观察气候、机械性损害等外界因素带来的变形情况	无明显变形:1 有明显变形:100	—	100	—
		管道标识完整性	调查管道是否进行了标识	标识完整:1 部分完整:50 不完整:100	—	100	—

续表

一级指标	二级指标	三级指标	指标描述	指标量化	现状描述	检查评分	备注
清污分流	清污分流阀可靠性	清污分流阀标识情况	调查清污分流阀有无标识，标识是否清楚	有标识且清楚：1 有标识但不清楚：100 无标识：200	—	1	—
		清污分流阀维护情况	主要检查阀门门能否正常开关	能：1 不能：50	—	50	—
		清污分流阀操作记录情况	检查有无操作记录，以及记录的规范性和有效性	有记录且有效：1 有记录无效：5 无记录无效：10	—	1	—
	初期雨水收集有效性	—	调查是否进行了初期雨水的收集，通过询问企业环境管理人员和查看雨水通道的方式调查	有效：1 无效：200	—	200	—
	污水处理达标情况	—	调查污水是否经达标处理后排放	达标：1 不达标：200	—	1	—
	事故应急池	应急池容量	考虑应急池容量是否与生产能力匹配	是：1 否：200	—	200	—
		应急池防渗处理	考虑应急池底部是否做防渗处理，以防渗材料的有效性	符合要求：1 部分符合：50 不符合：200	—	200	有防渗处理，但未按要求全部处理，按部分符合情况处理
环境风险防范措施	应急预案管理情况	应急预案编制情况	是否制定了应急预案，并上报环保部门，接受评审	有预案并报批：1 无预案：50	—	1	—
		应急预案更新情况	是否对达规标准、人员机构变化、设备变化及演习情况等预案相关内容进行了有效更新	有更新：1 无更新：50	—	50	—
		应急预案演习情况	调查是否做应急演习及演习类型，是否有演习计划、演习记录和总结	有演习计划、演习记录：1 无演习：50	部分 无记录	40	—

基于风险物质数量、风险物质毒性和风险源事故发生概率的风险源风险值结果如下。

（1）重庆长风化学工业有限公司：$R_{风险物质数量+毒性+风险源事故发生概率}$ ＝7603；

（2）重庆市秋田化工有限公司：$R_{风险物质数量+毒性+风险源事故发生概率}$ ＝4304；

（3）重庆凯林制药有限公司：$R_{风险物质数量+毒性+风险源事故发生概率}$ ＝868。

2. 风险源分级评估

1）基于风险物质数量的风险源分级

从风险物质数量的角度对风险源评估分析对象进行分级，采用的分级标准如下。

特大风险源：$R_{风险物质数量}$ ≥10；

重大风险源：1≤ $R_{风险物质数量}$ ＜10；

一般风险源：$R_{风险物质数量}$ ＜1。

2）基于风险物质数量和风险物质毒性的风险源分级

从综合考虑风险物质数量和风险物质毒性的角度对风险源评估分析对象进行分级，采用的分级标准如下。

特大风险源：$R_{风险物质数量+毒性}$ ≥25000；

重大风险源：2500≤ $R_{风险物质数量+毒性}$ ＜25000；

一般风险源：$R_{风险物质数量+毒性}$ ＜2500。

3）基于风险物质数量、风险物质毒性和风险源事故发生概率的风险源分级

从综合考虑风险物质数量、风险物质毒性和风险源事故发生概率的角度对风险源评估分析对象进行分级，采用的分级标准如下。

特大风险源：$R_{风险物质数量+毒性+风险源事故发生概率}$ ≥10000；

重大风险源：1000≤ $R_{风险物质数量+毒性+风险源事故发生概率}$ ＜10000；

一般风险源：$R_{风险物质数量+毒性+风险源事故发生概率}$ ＜1000。

4）风险源分级结果

根据建立的三峡库区风险源分级方法及计算结果，对风险源评估分析对象进行分级。针对风险源单位具有的风险物质数量、风险物质毒性和风险源事故发生概率，确定了风险源的风险大小，分级结果见表2-8。

表2-8　风险源分级结果

风险源名称	基于风险物质数量		基于风险物质数量和风险物质毒性		基于风险物质数量、风险物质毒性和风险源事故发生概率	
	风险值	分级级别	风险值	分级级别	风险值	分级级别
重庆长风化学工业有限公司	19.60	特大风险源	86399	特大风险源	7603	重大风险源
重庆市秋田化工有限公司	4.78	重大风险源	5700	重大风险源	4304	重大风险源
重庆凯林制药有限公司	0.63	一般风险源	1632	一般风险源	868	一般风险源

由表2-8中的分级结果看出，当只考虑风险物质数量时，重庆长风化学工业有限公司

为特大风险源、重庆市秋田化工有限公司为重大风险源、重庆凯林制药有限公司为一般风险源；当考虑风险物质数量和风险物质毒性时，重庆长风化学工业有限公司为特大风险源、重庆市秋田化工有限公司为重大风险源、重庆凯林制药有限公司为一般风险源；当考虑风险物质数量、风险物质毒性和风险源事故发生概率时，重庆长风化学工业有限公司和重庆市秋田化工有限公司为重大风险源、重庆凯林制药有限公司为一般风险源。

2.1.2 基于敏感保护目标的突发性风险评价分级技术

2.1.2.1 适用范围

该技术适用于对分布在河流、湖库等水系流域中的各类敏感保护目标进行评价，并确定各类敏感保护目标的风险分级。

2.1.2.2 技术原理

在明确突发性水环境污染敏感保护目标类型、特点、重要性，以及突发性水环境污染敏感保护目标的空间位置特征的基础上，确定事故型水环境污染敏感保护目标的识别方法。根据敏感保护目标重要性、敏感保护目标分级、敏感保护目标面临的风险源状况等，可以对每个敏感保护目标的风险值大小进行定量计算，并根据敏感保护目标风险值进行分级。

2.1.2.3 技术流程和参数

该技术流程如图 2-2 所示。

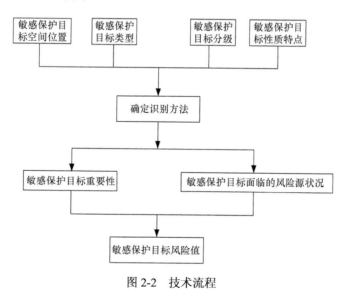

图 2-2 技术流程

1. 敏感保护目标评价

1）敏感保护目标的辨识

突发性水环境污染敏感保护目标的主要类型有集中式饮用水水源地、工业用水水源地、农业用水水源地、珍稀特有水生生物栖息地及保护区、鱼类产卵场、鱼类索饵场、水产品养殖场、风景名胜区以及水生态系统等。根据敏感保护目标自身敏感性大小、受事故危害后的损失后果及流域内分布情况，确定主要关注的敏感保护目标。

2）敏感保护目标风险值的确定

对于敏感保护目标而言，自身重要性、面临的风险源状况都会对水环境污染风险产生影响。因此，敏感保护目标风险值需根据敏感保护目标重要性、敏感保护目标面临的风险源状况进行定量计算，并根据敏感保护目标的风险值大小进行敏感保护目标的评价与分级。

（1）基于敏感保护目标价值的敏感保护目标风险值计算。

对于任一敏感保护目标来说，其具有的价值越高，受污染的后果就越严重，危害就越大，可以认为其风险值就越大。因此，作为敏感保护目标，其风险值的大小可以根据其受污染后的影响后果来确定。

（2）整合风险源影响后的敏感保护目标风险值计算。

敏感保护目标受水环境污染风险的大小与可能影响敏感保护目标的风险源的状况有直接关系。如果没有可能对敏感保护目标产生影响的风险源，则该敏感保护目标也就不存在风险。

在考虑风险源的情况下，敏感保护目标的风险大小与以下三个因素有关：

敏感保护目标与风险源的空间距离。敏感保护目标距离风险源越远，则受影响的风险越小。

风险源的环境风险大小。风险源具有的风险品数量越多、毒性越大、风险控制和管理有效性越低，则敏感保护目标受影响的风险越大。

敏感保护目标本身的价值。敏感保护目标的重要性越大、价值越高，则受影响的后果越严重，风险越大。

（3）敏感保护目标与风险源的距离对敏感保护目标的影响系数。

对于某一敏感保护目标而言，其距风险源的距离（k）越远，受污染危害的可能性越小。风险源对敏感保护目标影响大小的距离因素可以用 $1/k$ 来反映。

当敏感保护目标与风险源的距离一定时，水流速度越快，敏感保护目标受污染危害的可能性越大。在考虑水流速度的情况下，处于某敏感保护目标上游的风险源对该敏感保护目标影响大小的距离因素用式（2-4）表示：

$$敏感保护目标受威胁的距离系数 = \frac{1}{\left(\dfrac{K_{河}}{V_{河}}\right) + \left(\dfrac{K_{库}}{V_{库}}\right)} \qquad (2\text{-}4)$$

式中，$K_{河}$、$K_{库}$ 分别为某敏感保护目标到某风险源的河段距离内河流水体河段长度和水库水体河段长度；$V_{河}$、$V_{库}$ 分别为河流水体河段的平均流速和水库水体河段的平均流速。

对于某个敏感保护目标上游的所有风险源，每一个风险源给予该敏感保护目标受威胁的距离系数均可以根据式（2-4）计算获得。

（4）敏感保护目标受风险源影响的总受胁度。

敏感保护目标总受胁度是指敏感保护目标受上游风险源影响可能发生的水环境污

染的总和。风险源具有的风险品数量越多、毒性越大、风险控制和管理有效性越低、与敏感保护目标的距离越近，则敏感保护目标总受胁度越大。

对于某敏感保护目标而言，其受上游所有风险源影响的总受胁度可以用式（2-5）度量：

$$R_{敏感保护目标受风险源影响的总受胁度} = \sum_{i=1}^{m} \left\{ 第i个风险源事故发生概率 \times \frac{1}{\left(\dfrac{K_河}{V_河}\right) + \left(\dfrac{K_库}{V_库}\right)} \times \sum_{j=1}^{n} \frac{第j种风险物质数量}{第j种风险物质允许限值} \right\} \quad (2\text{-}5)$$

式中，i 为某敏感保护目标上游的第 i 个风险源；j 为第 i 个风险源中具有的第 j 种化学品。第 i 个风险源事故发生概率参照表 2-1～表 2-3 确定，第 j 种风险物质允许限值参照《生活饮用水卫生标准》（GB 5749—2006）确定，《生活饮用水卫生标准》（GB 5749—2006）中未列出的风险物质允许限值可依次参考美国、日本生活饮用水标准确定。

任一敏感保护目标均可以根据式（2-5）计算出受上游所有风险源影响的总受胁度。如果总受胁度小，则说明受上游风险源污染的风险小，反之，则说明受上游风险源污染的风险大。

（5）整合风险源影响后的敏感保护目标风险值。

整合风险源影响后的敏感保护目标风险值是指在综合考虑敏感保护目标的价值（重要性）和敏感保护目标的总受胁度的基础上的度量值，可用式（2-6）表示：

$$R_{整合风险源影响后的敏感保护目标} = C_{敏感保护目标} \times \sum_{i=1}^{m} \left\{ 第i个风险源事故发生概率 \times \frac{1}{\left(\dfrac{K_河}{V_河}\right) + \left(\dfrac{K_库}{V_库}\right)} \times \sum_{j=1}^{n} \frac{第j种风险物质数量}{第j种风险物质允许限值} \right\} \quad (2\text{-}6)$$

式中，$C_{敏感保护目标}$ 为不同敏感保护目标的价值。

对于某敏感保护目标而言，如果该敏感保护目标的价值小，受风险源污染的总受胁度小，则该敏感保护目标的风险值小。对于具有相同总受胁度的多个敏感保护目标，价值大的敏感保护目标其风险值大；对于具有相同价值的多个敏感保护目标，总受胁度大的敏感保护目标其风险值大。

2. 敏感保护目标分级

根据 $C_{敏感保护目标}$ 的大小，以敏感保护目标平均风险值为基准，可将敏感保护目标分为特大敏感保护目标、重大敏感保护目标、一般敏感保护目标。

1）基于敏感保护目标价值的敏感保护目标分级

从敏感保护目标生态价值、人口及其他价值角度，对敏感保护目标进行分级，采用的分级标准如下。

特大敏感保护目标：$C_{敏感保护目标} \geqslant 5 \times \overline{C}_{敏感保护目标}$；

重大敏感保护目标：$\overline{C}_{敏感保护目标} \leqslant C_{敏感保护目标} < 5 \times \overline{C}_{敏感保护目标}$；

一般敏感保护目标：$C_{敏感保护目标} < \overline{C}_{敏感保护目标}$。

式中，$\overline{C}_{敏感保护目标}$为所有敏感保护目标的$C_{敏感保护目标}$平均值。

2）基于整合风险源影响后的敏感保护目标分级

综合敏感保护目标的价值（重要性）和敏感保护目标的总受胁度，对整合风险源影响后的敏感保护目标进行分级，采用的分级标准如下。

特大敏感保护目标：$R_{整合风险源影响后的敏感保护目标} \geqslant 5 \times \overline{R}_{整合风险源影响后的敏感保护目标}$；

重大敏感保护目标：$\overline{R}_{整合风险源影响后的敏感保护目标} \leqslant R_{整合风险源影响后的敏感保护目标} < 5 \times$ $\overline{R}_{整合风险源影响后的敏感保护目标}$；

一般敏感保护目标：$R_{整合风险源影响后的敏感保护目标} < \overline{R}_{整合风险源影响后的敏感保护目标}$。

式中，$\overline{R}_{整合风险源影响后的敏感保护目标}$为所有敏感保护目标的$R_{整合风险源影响后的敏感保护目标}$平均值。

2.1.2.4 应用案例

应用单位：中国长江三峡集团有限公司。

案例背景：从三峡库区具有的事故型水环境污染敏感保护目标中，选择重庆市九龙坡区长江汤家沱水源地、北碚区天府镇嘉陵江水源地和九龙坡区长江和尚山水源地作为敏感保护目标评估分析对象，计算其风险值并分析评估。

案例介绍：

1. 风险值计算参数

敏感保护目标评估分析对象服务人口基本情况见表2-9。

表2-9 敏感保护目标评估分析对象服务人口基本情况列表

序号	敏感保护目标名称	所在区县	服务人口/人
1	九龙坡区长江汤家沱水源地	九龙坡区	1600
2	北碚区天府镇嘉陵江水源地	北碚区	21000
3	九龙坡区长江和尚山水源地	九龙坡区	980000

2. 风险值计算

基于集中式饮用水水源地的服务人口数量，对敏感保护目标评估分析对象风险值按式（2-7）计算：

$$R_{敏感保护目标} = C_{敏感保护目标} = 集中式饮用水水源地服务人口数量 \qquad (2-7)$$

基于集中式饮用水水源地的服务人口数量的三个敏感保护目标的风险值计算结果分别如下。

（1）九龙坡区长江汤家沱水源地：$R_{敏感保护目标} = 1600$；

（2）北碚区天府镇嘉陵江水源地：$R_{敏感保护目标}=21000$；

（3）九龙坡区长江和尚山水源地：$R_{敏感保护目标}=980000$。

根据近四年在三峡库区野外实地监测研究中获得的水流速度数据，河流水体河段的平均流速和水库水体河段的平均流速如下。

河流水体河段的平均流速：枯水期（每年的 1 月、2 月、3 月、11 月、12 月）2.0m/s，平水期（每年的 4 月、5 月、9 月、10 月）2.5m/s，丰水期（每年的 6 月、7 月、8 月）3m/s。水库水体河段的平均流速 0.2m/s。

整合风险源影响后的三个敏感保护目标的风险值计算结果分别如下。

1）枯水期（每年的 1 月、2 月、3 月、11 月、12 月）

（1）九龙坡区长江汤家沱水源地：$R_{整合风险源影响后的敏感保护目标}=239$；

（2）北碚区天府镇嘉陵江水源地：$R_{整合风险源影响后的敏感保护目标}=4559$；

（3）九龙坡区长江和尚山水源地：$R_{整合风险源影响后的敏感保护目标}=223154$。

2）平水期（每年的 4 月、5 月、9 月、10 月）

（1）九龙坡区长江汤家沱水源地：$R_{整合风险源影响后的敏感保护目标}=1950$；

（2）北碚区天府镇嘉陵江水源地：$R_{整合风险源影响后的敏感保护目标}=5698$；

（3）九龙坡区长江和尚山水源地：$R_{整合风险源影响后的敏感保护目标}=2771133$。

3）丰水期（每年的 6 月、7 月、8 月）

（1）九龙坡区长江汤家沱水源地：$R_{整合风险源影响后的敏感保护目标}=2440$；

（2）北碚区天府镇嘉陵江水源地：$R_{整合风险源影响后的敏感保护目标}=6838$；

（3）九龙坡区长江和尚山水源地：$R_{整合风险源影响后的敏感保护目标}=3325359$。

3. 敏感保护目标评估

1）基于集中式饮用水水源地服务人口数量的敏感保护目标分级

从敏感保护目标（集中式饮用水水源地）服务人口数量的角度，对敏感保护目标评估分析对象进行分级，采用的分级标准如下。

特大敏感保护目标：$R_{敏感保护目标} \geqslant 50000$；

重大敏感保护目标：$10000 \leqslant R_{敏感保护目标} < 50000$；

一般敏感保护目标：$R_{敏感保护目标} < 10000$。

2）整合风险源影响后的敏感保护目标分级

综合敏感保护目标的价值（重要性）和敏感保护目标的总受胁度，对敏感保护目标评估分析对象整合风险源影响后的敏感保护目标进行分级，采用的分级标准如下。

特大敏感保护目标：$R_{整合风险源影响后的敏感保护目标} \geqslant 1500000$；

重大敏感保护目标：$300000 \leqslant R_{整合风险源影响后的敏感保护目标} < 1500000$；

一般敏感保护目标：$R_{整合风险源影响后的敏感保护目标} < 300000$。

3）敏感保护目标分级结果

根据建立的三峡库区事故型水环境污染敏感保护目标分级方法及计算结果，对九龙坡区长江汤家沱水源地、北碚区天府镇嘉陵江水源地和九龙坡区长江和尚山水源地三个敏感保护目标进行了分级。针对集中式饮用水水源地的风险值大小，以及整合集中式饮用水水源地的风险值和总受胁度，确定了集中式饮用水水源地的级别，结果见表2-10。

表 2-10 敏感保护目标分级结果

敏感保护目标名称	基于集中式饮用水水源地服务人口数量		整合风险源影响后					
			枯水期		平水期		丰水期	
	风险值	分级级别	风险值	分级级别	风险值	分级级别	风险值	分级级别
九龙坡区长江汤家沱水源地	1600	一般敏感保护目标	239	一般敏感保护目标	1950	一般敏感保护目标	2440	一般敏感保护目标
北碚区天府镇嘉陵江水源地	21000	重大敏感保护目标	4559	一般敏感保护目标	5698	一般敏感保护目标	6838	一般敏感保护目标
九龙坡区长江和尚山水源地	980000	特大敏感保护目标	223154	一般敏感保护目标	2771133	特大敏感保护目标	3325359	特大敏感保护目标

2.1.3 基于风险源与敏感保护目标的突发性风险分区技术

2.1.3.1 适用范围

该技术适用于流域管理机构对分布在流域、库区中风险分区进行分级管理，并对风险分区进行分级判定。

2.1.3.2 技术原理

流域或库区内具有许多可能引发水环境污染的风险源。根据流域或库区风险范围内分布的风险源、敏感保护目标，确定区域风险值，根据区域风险值进行分区。

2.1.3.3 技术流程和参数

在流域或库区内，风险源的类型多样，不同风险源具有的风险品种类、数量、毒性、环境风险控制效果各不相同。同时，在流域或库区风险范围内又分布许多敏感保护目标，其一旦受到污染将引起不良后果。为了便于对流域或库区的水环境污染风险进行评估和控制，同时也为了实现水环境精细化管理，需要对不同水环境污染风险进行分区。

（1）针对风险源在流域或库区的分布情况及风险源的风险大小，对流域或库区内水环境污染风险进行分区。例如，i流域或库区单元内的区域风险值可以用式（2-8）表示：

$$R_{风险源区域风险} = \sum R \Big/ i \times \overline{R}_{风险源区域风险} \qquad (2-8)$$

式中，$R_{风险源区域风险}$为风险源区的区域风险值；i为选定的流域或库区面积或长度（km^{2}或 km）；$\sum R$为选定的流域或库区内所有风险值总和；$\overline{R}_{风险源区域风险}$为选定的流域或库区内平均风险值。

如果 $R_{风险源区域风险}$ 大于 $\overline{R}_{风险源区域风险}$，则说明选定的流域或库区的风险大于整个流域平均风险；如果 $R_{风险源区域风险}$ 小于 $\overline{R}_{风险源区域风险}$，则说明选定的流域或库区的风险小于整个流域平均风险。

根据式（2-8），计算选定的流域或库区内的区域风险值 $R_{风险源区域风险}$，根据 $R_{风险源区域风险}$ 大小，确定风险大小。

高风险区：$R_{风险源区域风险} \geqslant 10 \times \overline{R}_{风险源区域风险}$；

中风险区：$\overline{R}_{风险源区域风险} \leqslant R_{风险源区域风险} < 10 \times \overline{R}_{风险源区域风险}$；

低风险区：$R_{风险源区域风险} < \overline{R}_{风险源区域风险}$。

（2）针对敏感保护目标在流域或库区内的分布情况及敏感保护目标的价值大小，可以对水环境污染风险进行分区。例如，i 流域或库区内的区域风险值可以用式（2-9）表示：

$$R_{敏感保护目标区域风险} = \left. \sum R \middle/ i \times \overline{R}_{敏感保护目标区域风险} \right. \tag{2-9}$$

如果 $R_{敏感保护目标区域风险}$ 大于 $\overline{R}_{敏感保护目标区域风险}$，则说明选定的流域或库区内的敏感保护目标的价值大于整个流域平均价值，该区域单元内的敏感保护目标受污染的风险大于整个流域平均风险；如果 $R_{敏感保护目标区域风险}$ 小于 $\overline{R}_{敏感保护目标区域风险}$，则说明选定的流域或库区内的敏感保护目标的价值小于整个流域平均价值；该区域单元内的敏感保护目标受污染的风险小于整个流域平均风险。

根据式（2-9），计算选定的流域或库区内的区域风险值 $R_{敏感保护目标区域风险}$，根据 $R_{敏感保护目标区域风险}$ 大小，确定风险大小。

高风险区：$R_{敏感保护目标区域风险} \geqslant 10 \times \overline{R}_{敏感保护目标区域风险}$；

中风险区：$\overline{R}_{敏感保护目标区域风险} \leqslant R_{敏感保护目标区域风险} < 10 \times \overline{R}_{敏感保护目标区域风险}$；

低风险区：$R_{敏感保护目标区域风险} < \overline{R}_{敏感保护目标区域风险}$。

（3）针对敏感保护目标在流域或库区的分布情况、敏感保护目标的价值大小，以及敏感保护目标受风险源污染威胁程度的大小，可以对流域或库区水环境污染风险进行分区。例如，i 流域或库区内的区域风险值用式（2-10）表示：

$$R_{风险源和敏感保护目标耦合后的区域风险} = \left. \sum R \middle/ 10 \times \overline{R}_{风险源和敏感保护目标耦合后的区域风险} \right. \tag{2-10}$$

如果 $R_{风险源和敏感保护目标耦合后的区域风险}$ 大于 $\overline{R}_{风险源和敏感保护目标耦合后的区域风险}$，则说明选定的流域或库区内的敏感保护目标的价值大于整个流域平均价值，该区域单元内的敏感保护目标受污染的风险大于整个流域平均风险；如果 $R_{风险源和敏感保护目标耦合后的区域风险}$ 小于 $\overline{R}_{风险源和敏感保护目标耦合后的区域风险}$，则说明选定的流域或库区内的敏感保护目标的价值小于整个流域平均价值。

根据式(2-10)，计算选定的流域或库区内的区域风险值 $R_{风险源和敏感保护目标耦合后的区域风险}$，根据 $R_{风险源和敏感保护目标耦合后的区域风险}$ 大小，确定风险大小。

高风险区：$R_{风险源和敏感保护目标耦合后的区域风险} \geqslant 10 \times \overline{R}_{风险源和敏感保护目标耦合后的区域风险}$；

中风险区：$\overline{R}_{风险源和敏感保护目标耦合后的区域风险} \leqslant R_{风险源和敏感保护目标耦合后的区域风险} < 10 \times \overline{R}_{风险源和敏感保护目标耦合后的区域风险}$；

低风险区：$R_{风险源和敏感保护目标耦合后的区域风险} < \overline{R}_{风险源和敏感保护目标耦合后的区域风险}$。

2.2 流域水环境累积性风险识别技术

流域水环境累积性风险的突出特点是累积性和滞后性，主要体现在以下方面：①发生时间、空间的累积性和滞后性；②污染源的累积性；③受害对象的滞后性；④污染事故信息的滞后性。

流域水环境累积性风险识别技术流程如下：①研究识别可能造成累积性风险的物质；②对识别物质进行分析并确定累积性风险物质。其中，对于累积性风险物质的识别是整体累积性风险识别技术的核心。本节重点针对可能造成累积性风险的物质的识别技术进行阐述。

2.2.1 毒性鉴别评价技术

2.2.1.1 适用范围

该技术适用于对分布在河流、湖库等水系流域中的各类累积性风险源可能引起的毒性影响进行鉴别和分析，并确定风险源毒性效应等级。

2.2.1.2 技术原理

利用毒性鉴别评价（toxicity identification evaluation，TIE）技术或者毒性效应导向分析（effect-directed analysis，EDA）技术来分析水体或者沉积物污染物中可能造成累积性风险的物质类型。

2.2.1.3 技术流程和参数

1. 毒性鉴别评价技术

首先，进行毒性初筛，即对水体或者沉积物进行预处理和稀释等，调整污染物浓度到合适的实验浓度，选择合适的受体生物。其次，进行毒性表征，即对沉积物、水体进行各种物理化学处理后，通过对比处理前后毒性的变化，明确致毒物质的大致类型。再次，进行毒性鉴定，通过合适的分离和分析技术，鉴定出废水中特定的致毒物质。最后，进行毒性确认（图2-3）。

（1）毒性初筛：对水体或者沉积物进行预处理和稀释等，调整污染物浓度到合适的实验浓度，选择合适的受体生物。

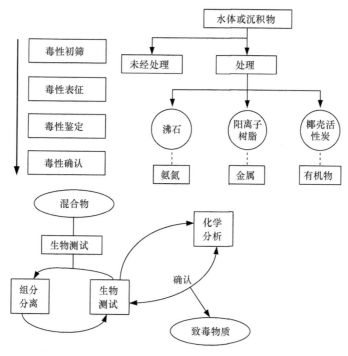

图 2-3　TIE 技术流程

（2）毒性表征：对水体或者沉积物进行各种物理化学处理后，通过对比处理前后毒性的变化，明确致毒物质的大致类型。针对要评价的环境介质选择合适的生物种类。选取合适的受试生物是 TIE 技术的关键，它直接决定了毒性测试结果和最终的致毒物质。目前可用于废水毒性鉴别的生物有大型溞、发光菌、浮萍、绿藻和斑马鱼。全沉积物 TIE 测试的淡水生物有三种可以选择，即夹杂带丝蚓（*Lumbriculus variegatus*）、钩虾（*Hyalella azteca*）和摇蚊幼虫（*Chironomus dilutus*）。毒性实验则是指将生物暴露于污染物环境中，通过改变污染物浓度来观察和测定生物异常或死亡效应的实验，包括急性、亚急性、慢性毒性实验。急性、亚急性毒性实验历时较短（多为数小时或者数天），常用成熟个体作为实验生物，并且多以死亡率作为效应参数，因此其更适用于污染严重的沉积物。相比之下，慢性毒性实验暴露时间较长（常常数周、数月乃至数年），多以生命早期阶段的生物幼体为实验对象，以半致死效应参数来评价慢性毒性效应，常见参数包括生长率、羽化率和繁殖率等，其适用于污染相对不太严重的沉积物。简单来说，慢性毒性实验是通过生物的生长发育、繁殖情况、生理指标和所处生态系统的变化等被污染物所诱导的效应来阐明环境污染状况及污染物毒性，其也被推荐作为评价污染沉积物和疏浚物的权威方法之一。

（3）毒性鉴定：目的是了解毒性表征，通过合适的分离和分析技术，鉴定出废水中特定的致毒物质。其操作方法主要包括：有机物的鉴定、氨氮的鉴定、金属致毒物质的鉴定、氯气致毒物质的鉴定等。为确定沉积物中的致毒金属，采用修订版的三步提取分析法[由欧洲共同体标准物质局（European Community Bureau of Reference）提出]。

（4）毒性确认：假设生物测试和化学分析能够鉴定特定化合物为可能致毒物质，则下一步需确认该特定化合物是否为致毒物质，主要采用的方法有相关分析法、症状分析方法、物种敏感度方法、加标方法、质量平衡方法、删减法等。通过剂量-效应关系分析筛查和确定水环境中污染物的毒性来源，鉴别主要致毒污染物。

2. 毒性效应导向分析技术

通过萃取分馏混合有机提取物的不同成分，对受体生物进行生物毒性检测，最终确定致毒污染物（图 2-4）。

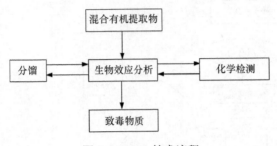

图 2-4　EDA 技术流程

EDA 技术的重点在于样品有机提取物的整体效应分析，可以是非特异性效应，如生长抑制、致死性等，也可以是特异性效应，如针对特定受体的雌激素效应、雄激素效应等。近年来，研究人员针对不同毒理效应开发出了各种快速毒性测试方法，如发光菌法、体外重组基因酵母菌雌激素活性筛选法等，且在 EDA 技术中得到了应用。因而，EDA 技术将快速毒性效应测试与化学分析相结合，通过物理化学分馏、检测与馏分效应测试，来鉴定致毒物质。

1）有机提取物

工业废水中溶解性有机物不能直接进行分馏和化学分析，因而有机萃取是 EDA 技术的第一步。

对于复杂成分的工业废水，往往需要多种萃取方法相结合。因为早期人们更多关注优先控制污染物，如多环芳烃（PAHs）、多氯联苯（PCBs）、有机氯农药（OCPs）等，这些有机物大多为脂溶性的，采用 C18 吸附剂或离子交换树脂（XAD）即可富集这些物质，也可采用半渗透膜采样装置（SPMD）萃取。然而，C18 吸附剂、XAD 或 SPMD 对极性和离子型有机物富集能力差，据估算超过 90% 的极性和离子型有机物不能由 C18 吸附剂进行富集。

采用苯乙烯-二乙烯苯共聚物作为吸附剂，或与硅胶基质 C18 固相萃取柱（C18-SPE）结合使用，可有效提高有机物的萃取率。近年来，HLB 型（二乙烯苯-N-乙烯基吡咯烷酮共聚物）两亲性吸附剂在有机物萃取方面应用很广，可同时富集极性和非极性有机物。

调节 pH 至强酸性（pH 为 2～3），有助于亲水性或酸性物质吸附。此外，许多极性或非极性多环（三环以上）有机物往往具有致突变性，因而在鉴定这类物质的致突变性时，可使用针对性的吸附剂。

2）分馏

EDA 技术通过分馏逐步降低环境样品的复杂性，一步步移除非致毒物质，最终鉴定出致毒物质。分馏原理主要是基于化合物的物理化学性质，如极性、疏水性、分子尺寸、平面特性、特殊官能团等来进行分馏。各馏分保留时间也能够提供诸如极性、分子尺寸信息，从而有助于对化学物质结构的鉴定。

吸附剂富集污染物之后，通过不同极性的溶剂按顺序洗脱，收集每部分洗脱液。每部分洗脱液采用反相高效液相色谱法（RP-HPLC）进行分馏。与正相 HPLC 分馏相比，采用 RP-HPLC 具有溶剂毒性低、信息丰富（根据保留时间可推断疏水性物质的 $\lg K_{ow}$）的特点。不过 RP-HPLC 的各馏分含水，需要进行额外的 SPE 或液液萃取。

此外，运用在线 SPE、RP-HPLC 及紫外光–可见光谱检测联用仪，可方便快速地分离鉴定污染物。薄层色谱/荧光分析与生物毒性测试相耦合的方法也得到了应用。若存在 SPE 不能富集的高极性亲水化合物，可将冻干后的样品按分子大小采用超滤或尺寸排阻色谱法进行分馏。

3）生物毒性测试

A. 生物毒性测试原则

分馏后的馏分需进行生物毒性测试，以便决定是否对馏分进一步的分离和分析。生物毒性测试方法对最终的毒性鉴定起决定作用。选择生物毒性测试方法的预期有两个：①生物毒性测试作为馏分的毒性检测器；②生物毒性测试是为了进行环境风险评价。若仅用于检测生物毒性，可选择快速、高通量、体积消耗少的方法，当然也要考虑重复性、灵敏度、可定量性、毒性和非毒性的鉴定能力等因素。若生物毒性测试是为了进行环境风险评价，则要求该方法具有低剂量情况下检测急/慢性毒性的能力，或具有专一性的毒性鉴定能力，因而往往需要综合考虑，选择合适的生物毒性测试方法。

B. 非专一性毒性效应

对于水生毒性而言，20 世纪 80 年代后期和 90 年代早期，主要使用大型溞、网纹溞和呆鲦鱼进行测试。近年来，发光菌，如费氏弧菌（Vibrio fischeri）成为常用的生物测试物种。这是因为此方法重复性好、快速、易操作、样品消耗量少，并能够与实时检测仪器（如酶标仪）结合，具有高通量的特点。不过，若将废水对发光菌的毒性效应用于风险评价的话则具有局限性。因为污染物对发光菌的毒性主要基于细菌能量代谢的机制，为非专一、非耦合效应，所以往往难以检测到化合物（如除草剂、杀虫剂、抗生素等）的专一性毒性，并且发光菌不能检测慢性毒性。单一使用发光菌可能增加鉴定结果失败的可能性。如果需要全面评价废水的生态风险，则需要一系列的生物测试，如溞、藻、鱼和发光菌测试。因而，开发基于多物种、高通量的毒性测试序列方法就显得尤为重要。

环境中许多化合物具有遗传毒性和致突变性。从污染物致突变性检测（Ames）试验发展起来的沙门氏菌/微粒体试验（Salmonella/microsome assay）是鉴定致突变性的常用方法。TA97、TA98 菌株可检测移码突变，TA100 菌株可检测碱基置换，而 TA102 菌株可检测其他菌株不能检出或极少检出的诱变性。umu/SOS 试验是遗传毒性鉴定的替代方法，它是基于鼠伤寒沙门菌（Salmonella typhimurium）TA1535/pSK1002 菌株对损伤 DNA 诱导反应而表达 umuC 基因的原理。umu/SOS 试验能够与光学检测仪器（如酶标仪）相连进行毒性定量检测，具有快速、高通量的特点，但是其灵敏度往往低于采用多个菌株的 Ames 试验。

C. 专一性毒性效应

一些污染物具有依赖细胞色素酶 P450（CYP1A）亚酶单加氧酶的诱导效应，如卤代芳烃（HAHs）和非卤代多环芳烃化合物能够与细胞内芳香烃受体（AhR）结合，诱导合成细胞色素酶 P450（CYP1A）亚酶单加氧酶。其通常用于测定生物标志物 7-乙氧基-3-异吩噁唑酮-脱乙基酶（EROD 酶）的活性。该方法具有快速、简便、重复性好、消耗样品少的特点。化合物的毒性则以相对于 2,3,7,8-四氯二苯并二噁英（2,3,7,8-TCDD）的毒性当量浓度（TEQ）来表示，废水则以加合后的毒性当量浓度进行风险评价。

雌激素活性和雄激素活性是最受注目的内分泌干扰活性。重组基因酵母菌雌激素筛选（recombinant yeast estrogen screen，RYES）法是常用的雌激素活性测试方法，重组了人雌激素受体基因的酵母菌（*Saccharomyces cerevisiae*），经环境雌激素活性物质作用后，产生的 β-半乳糖苷酶可使底物氯酚红-β-D 吡喃半乳糖苷（CPRG）从黄色变为红色，因而可采用多通道光学仪器（如酶标仪）进行检测。此外，利用 MCF-7 人乳腺癌细胞进行检测也是检测雌激素活性的方法之一。与 RYES 法类似，雄激素活性筛选最常用的方法为重组基因酵母菌雄激素筛选（recombinant yeast androgen screen，RYAS）法。

D. 化学鉴定方法

在 EDA 技术中，气相色谱/质谱联用仪（GC/MS）是最常用的化合物鉴定工具。如果 GC/MS 提供的信息不足以判断目标污染物，则需要借助其他仪器（如 ^{1}H 或 ^{13}C NMR）进行鉴定。对于亲水性物质，配有电喷雾电离（ESI）或大气压化学电离（APCI）的 LC/MS 也是非常有用的分析工具。此外，最新的液相色谱四极杆飞行时间串联质谱仪（LC-QTOF）等高分辨率质谱仪器也是鉴定未知污染物的有效工具。

2.2.1.4 应用案例

案例内容：利用 TIE 技术对广州市城区主要水体沉积物进行毒性和生物可利用性测定。

应用地点：广州市天河区和番禺区的主要水体。

案例背景：广州市是珠江三角洲区域的最大城市，也是我国华南地区最大的城市。近年来，快速的工业化和城市化导致水生环境急剧退化。已有的研究表明，该区域的水体沉积物对测试生物表现出严重的致死毒性。同时，多种污染物也在该区域水体沉积物中被广泛检出，其既包括有机氯农药、多环芳烃、多氯联苯、多溴联苯醚等持久性有机污染物，也包括重金属、氨等有毒物质。该区域沉积物污染的复杂性和复合性给沉积物风险评价和污染治理带来重大挑战。

案例介绍：

1. 样品采集

样品采集于广州市天河区和番禺区，共采集 6 个沉积物样品（每个区各 3 个样品）。天河区的样品中，1 号样品位于天河区郊区，另外两个样品位于人口密集的商业区；番禺区的样品中，1 号样品位于广州大学城，另外两个样品位于两个不同村庄。

2. 样品稀释和毒性测试

进行 TIE 测试之前需将沉积物样品稀释至合适浓度，对各稀释之后的浓度进行 10 d 沉积物毒性测试。根据测试结果，计算得出各沉积物样品的半致死浓度，以及用于 TIE 测试时的浓度，见表 2-11。

表 2-11　沉积物稀释和毒性测试　　　　　　（单位：%）

沉积物	稀释浓度	半致死浓度（LC$_{50}$）	测试浓度
天河区 1 号样品	75、25、12.5、6.25	10	12.5
天河区 2 号样品	75、25、12.5、6.25	24	50
天河区 3 号样品	75、25、12.5、6.25	28	50
番禺区 1 号样品	75、50、25	46	50
番禺区 2 号样品	100、50、25	20	—
番禺区 3 号样品	100、50、25	10	—

3. 有机物、氨氮、重金属等常规毒性单位测定

根据各污染物浓度，计算得到的各污染物毒性单位见表 2-12。沉积物毒性主要由重金属和当前使用的农药导致。进一步分析表明，主要的致毒重金属为 Cr、Cu、Ni、Pb 和 Zn，主要的致毒有机物为氯氰菊酯、三氟氯氰菊酯、溴氰菊酯和氟虫腈类有机杀虫剂。

表 2-12　广州市沉积物样品中氨氮、重金属、当前使用农药、有机氯农药、多环芳烃和多溴联苯醚的常规毒性单位

沉积物	氨氮	重金属	当前使用农药	有机氯农药	多环芳烃	多溴联苯醚
天河区 1 号样品	0.24	7.37	3.52	0.04	0.07	0.11
天河区 2 号样品	0.18	4.95	4.37	0.14	0.07	0.08
天河区 3 号样品	0.10	3.29	4.24	0.13	0.13	0.02
番禺区 1 号样品	0.19	3.91	3.52	0.03	0.05	0

以广州市为研究区域，采集了 6 个沉积物样品，评价水体沉积物的毒性风险，并推断主要的致毒物质。应用 TIE 技术对广州市水体沉积物进行测试，鉴定分析结果显示，主要的致毒重金属为 Ni、Pb、Zn 等，主要的致毒有机物为氯氰菊酯、三氟氯氰菊酯和氟虫腈类等有机杀虫剂。沉积物毒性鉴定评价方法可有效区分不同类别的污染物导致的毒性效应，即将沉积物中的污染物分为有机物、重金属和氨氮三大类，通过进一步的化学分析，可推断具体的致毒物质，为多种污染物并存的复合污染区域的沉积物风险评价提供有效手段（表 2-13）。

表 2-13　广州市沉积物样品中当前使用农药、有机氯农药、多环芳烃和多溴联苯醚的常规毒性单位的总浓度和生物可利用浓度　　　　（单位：ng/g 干重）

提取方式	沉积物	当前使用农药	有机氯农药	多环芳烃	多溴联苯醚
完全提取	天河区 1 号样品	365	5.20	3826	502
	天河区 2 号样品	223	8.59	2395	2502
	天河区 3 号样品	63.1	7.78	1294	1724
	番禺区 1 号样品	587	7.41	3402	97.5

续表

提取方式	沉积物	当前使用农药	有机氯农药	多环芳烃	多溴联苯醚
吸附提取	天河区 1 号样品	77.4	2.56	674	ND
	天河区 2 号样品	30.9	3.35	417	ND
	天河区 3 号样品	10.9	1.69	307	ND
	番禺区 1 号样品	32.2	1.94	439	ND

注：ND 表示未检测到。完全提取对应总浓度；吸附提取对应生物可利用浓度。

4. 生物可利用性测定

生物可利用性称为生物可给性，指物质进入生物体内并被利用的难易程度。通过 TIE 技术可测定污染物的生物可利用性，从而为风险污染物的管控提供进一步的数据支撑。

1）重金属的生物可利用性测定

采用修订版的三步提取分析法进行连续提取，采取电感耦合等离子体质谱仪（ICP-MS）进行测定。

2）有机污染物的生物可利用性测定

有机污染物的生物可利用性的测定方法如下：取 2 g 经冷冻干燥后的沉积物于 50 mL 的螺口试管中，加入 0.1 g 活化铜粉、5 mg NaN_3、0.5 g Tenax 树脂和 45 mL 中等硬度水，以 20 r/min 的旋转速度在 23 ℃下萃取 24 h。之后，回收 Tenax 树脂，并分别用 5 mL 丙酮、5 mL 1∶1（$v∶v$）正己烷和丙酮混合液反萃取 2 次。使用正己烷作为溶剂对萃取液进行合并、浓缩和置换，按与总提取相同的方法进行净化和测定。

2.2.2　流域优先控制水污染物筛选技术

2.2.2.1　适用范围

该技术适用于对各类可能造成河流、湖库等水系流域环境风险的累积性水污染物进行筛选，确定需优先控制的水污染物种类。

2.2.2.2　技术原理

对于流域水环境污染物，以生态风险评价为基础，将水生态高风险作为优先控制水污染物的必要条件，参考必要的影响因子对其赋值并排序，最终得到高风险流域水环境污染物名单。

2.2.2.3　技术流程和参数

该技术流程如图 2-5 所示。

1. 污染物筛选流程

1）筛选模型建立

通过环境统计和污染源普查以及补充调查的方法和手段，确定水环境污染物调查清单。以生态风险评价为基础，将水生态高风险作为优先控制水污染物的必要条件，参照美国毒物与疾病登记署的《国家优先治理污染场地顺序名单（NPL）》优先控制水污染物的筛选排序程序及欧盟筛选水环境优先控制物质的 COMMPS 方法的流程。

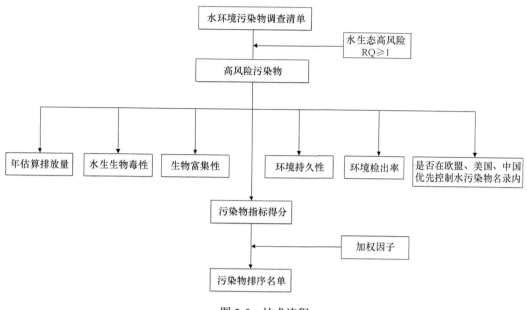

图 2-5　技术流程

2）筛选指标选取

筛选指标的选取主要考虑以下几个方面：产量（含进口量）大的；排放量、废弃量大的；毒性效应大的；在环境中降解缓慢、有蓄积作用的；环境检出率高的；已造成污染或环境浓度高的；环境污染事故频繁、造成损失严重的；已列入有关国际组织及一些发达国家公布的各类环境优先控制水污染物名单中的；已有条件可以监测的；人群敏感的。

污染物环境暴露风险指标包含化学物质年产量/排放量、环境污染物检出浓度以及环境检出率。所选指标包含了化学物质对水生态系统危害及潜在风险等方面，抛弃了目前数据严重不足以及实验对象、实验方法等不同而带来的数据不统一、数据间不具可比性的指标，具体选取指标见表 2-14。

表 2-14　指标类别与名称

指标类别	指标名称
环境效应（environmental effects）	生物富集性 环境持久性 水生生物毒性 是否已列入国家优先控制水污染物名录
暴露因子（exposure factor）	年产量/排放量 环境污染物检出浓度 环境检出率

3）筛选法则

化合物最终得分由式（2-11）计算得到：

$$总得分 = 环境效应 \times 暴露因子 \qquad (2-11)$$

2. 影响因子选取

1）生物富集性

指标选取理由：许多污染物在生物体内的浓度远远大于其在环境中的浓度，并且只要环境中这种污染物继续存在，生物体内污染物的浓度就会随着生长发育时间的延长而增加。对于一个受污染的生态系统而言，处于不同营养级上的生物体内的污染物浓度，不仅高于环境中污染物的浓度，而且具有明显的随营养级升高而增加的现象。因此，由于环境污染物的生物富集作用，生物富集作用大的污染物对生态系统尤其是处于食物链上层的生物危害作用更大（表 2-15）。

表 2-15　生物富集因子得分赋值表

$\lg K_{ow}$	生物富集等级	分数
> 5	很高	10
4～5	高	8
3～4	中等	6
1～3	低	4
< 1	很低	2

2）环境持久性

指标选取理由：环境污染物，尤其是持久性有机污染物（POPs）在环境介质中可以稳定存在，其在环境中和生物体内的半衰期很长，在环境中具有持久性的污染物对环境的危害随着其半衰期的增长而增加（表 2-16）。

表 2-16　化合物环境持久性（半衰期）得分赋值表

生物体	空气	土壤	沉积物内	水体	分数
> 100d	>100d	>100d	>100d	> 100d	10
50～100d	50～100d	50～100d	50～100d	50～100d	8
20～50d	20～50d	20～50d	20～50d	20～50d	6
4～20d	4～20d	4～20d	4～20d	4～20d	4
< 4d	< 4d	< 4d	< 4d	< 4d	2

化学物质半衰期的得分取其在各环境介质中的最高分值；对于各环境介质半衰期数值均为估计值的，得分需乘以 0.9；没有半衰期数据的化合物，给其赋值为 5。对于环境持久性数据，表 2-17 中列举了环境介质中污染物可接受的半衰期数据类型。

表 2-17　环境介质中污染物可接受的半衰期数据类型

环境介质	可接受的半衰期数据类型
空气	光分解半衰期 与氧自由基、羟基自由基、烷基过氧化氧自由基、臭氧以及硝酸根反应的半衰期
水	从水中挥发的半衰期 水解半衰期 光分解半衰期 水中生物降解半衰期

续表

环境介质	可接受的半衰期数据类型
土壤	土中生物降解半衰期 从土中挥发的半衰期 从土中渗出到水中的半衰期 底泥中生物降解半衰期
生物体	生物净化作用半衰期 新陈代谢半衰期

3）水生生物毒性

指标选取理由：污染物被释放到环境中会通过大气干湿沉降、雨水冲刷等途径进入水体。进入水体的污染物会通过颗粒吸附进入底泥被底栖生物、藻类或植物富集，同时通过食物链的作用富集于高等水生生物体内。当污染物在生物体内蓄积达到一定浓度时会对水生生物造成危害（表 2-18）。

表 2-18　水生生物中化合物的毒性赋值表

水生生物富集浓度 EC_{50}/（mg/L）	水生生物半致死浓度 LC_{50}/（mg/L）	分数
<1	<1	10
1～10	1～10	8
10～100	10～100	6
100～1000	100～1000	4
>1000	>1000	2

注：对于无水生生物毒性数据的化合物赋值为 5。

4）是否已被列为优先控制水污染物

指标选取理由：众所周知，对于当前已被我国和西方发达国家以及国际公约列入优先控制水污染物名单或观察名单的污染物，其环境危害性及毒性行为已经被验证，会对生态系统及人类的健康、生产和生活造成严重的危害，同时某些世界上著名的环境污染事件也都和其有关。因此，应重视已被各国列入黑名单的环境污染物（表 2-19）。

表 2-19　不同类型优先控制水污染物黑名单

美国	欧盟	中国	检测水体	分数
Y	Y	Y	Y	10
	含有任意两个		Y	9
	含有任意一个		Y	8
Y	Y	Y		8
Y		Y		7
	Y	Y		7
Y	Y			7
	含有任意一个			6
				4

注：该表表示对于需要筛选的优先控制水污染物在美国、欧盟、中国、检测水体中出现的频率。Y 表示该污染物为相应国家优先控制水污染物黑名单中的污染物。需要筛选的优先控制水污染物都出现则赋值为 10；全部没有出现则赋值为 4；较新的毒性较大化合物可能并没有进入优先控制水污染物名录，将其赋值为 5。

5）年产量/排放量

指标选取理由：化合物的年产量或污染物的年排放量的大小可以间接地表示化学物质环境暴露风险的大小，因此利用该指标对污染物进行环境风险评估具有重要意义（表2-20）。

表2-20 化合物年产量得分赋值表

年产量/t	分数
≥10000	≥10
5000～10000	8
100～5000	6
10～100	4
<10	2

注：表中数据以我国化合物的年产量或年进口量为依据；对于无数据的赋值为5。

6）环境浓度

指标选取理由：某些污染物本身的毒性并不大，但如果其在自然界中的浓度超过一定限值时则会对环境和人类健康造成危害，有的化合物并不被人类生产但是其可以作为副产物出现而进入自然环境，其在自然界中的含量与相关物质有密切的联系（表2-21）。

表2-21 化合物环境浓度得分赋值表

环境浓度		分数
$>10^{-2}LD_{50}$	$>LC_{50}$	10
$10^{-3}\sim10^{-2}LD_{50}$	$10^{-1}\sim LC_{50}$	8
$10^{-4}\sim10^{-3}LD_{50}$	$10^{-2}\sim10^{-1}LC_{50}$	6
$10^{-5}\sim10^{-4}LD_{50}$	$10^{-3}\sim10^{-2}LC_{50}$	4
$<10^{-5}LD_{50}$	$<10^{-3}LC_{50}$	2

注：LD_{50}数据为大鼠口服急性毒性数据；LC_{50}为鲔鱼96h暴露数据；对于无浓度数据的赋值为5。

7）环境检出率

指标选取理由：对某一流域设置若干检测断面，某一污染物的检出率能客观地反映这一污染物在这一流域的污染状况水平，其是反映当地该污染物区域分布状况的重要指标（表2-22）。

表2-22 化合物环境检出率得分赋值表

环境检出率/%	得分
80～100	10
60～80	8
40～60	6
20～40	4
0～20	2

注：对于无浓度数据的赋值为5。

3. 缺失数据处理

对于缺失毒性参数的物质，如果采取审慎的方式，可以将其毒性参数取所有化合物的最大值。如果采取非不确定的方式，可以取"0"值。如果采取妥协的方式，可以取已知毒性化合物的平均值。

4. 指标权重确定

七项指标权重因子和两类指标权重系数分别见表 2-23 和表 2-24。

表 2-23　指标权重因子

权重表筛选指标 A	权重因子 ε
生物富集性（B）	0.12
环境持久性（Pe）	0.12
水生生物毒性（AA）	0.2
是否为优先控制水污染物（P）	0.1
环境检出率（De）	0.1
环境浓度（EC）	0.1
年产量/排放量（W）	0.15

表 2-24　指标权重系数确定

指标类别	权重系数
环境效应	1
暴露因子	1

5. 综合得分

该方法最终得分的公式为

$$总分 = \sum (各环境效应分数 \times 权重) \times \sum (各暴露因子 \times 权重) \qquad (2\text{-}12)$$

2.2.2.4　应用案例

案例内容：利用筛选技术筛选流域优先控制水污染物。

应用地点：松花江流域。

案例介绍：通过松花江流域优先控制水污染物的排序模型及方法，确定松花江流域 50 种生态风险水污染物清单及优先顺序（表 2-25）。

表 2-25　松花江流域 50 种生态风险水污染物清单及优先顺序

序号	化合物名称	得分	序号	化合物名称	得分
1	蒽	83.97	7	菲	72.08
2	五氯酚	80.24	8	萘	66.64
3	芘	78.20	9	汞	65.40
4	二苯并呋喃	78.20	10	1,3-二氯苯	65.28
5	荧蒽	74.80	11	硝基苯	64.26
6	苊	72.60	12	氯苯	62.70

序号	化合物名称	得分	序号	化合物名称	得分
13	1,2,4-三氯苯	61.20	32	2-甲基萘	46.74
14	1,4-二氯苯	60.30	33	乙苯	45.90
15	对二甲苯	59.10	34	异丙苯	45.90
16	苊烯	58.20	35	苯胺	45.90
17	蒄	57.33	36	2-硝基苯胺	45.12
18	1-甲基萘	53.58	37	1-甲基-4-丙醇基环己烯	45.10
19	阿特拉津	52.75	38	苊	44.80
20	甲苯	51.30	39	六氯环戊二烯	44.23
21	酞酸二正丁酯	50.63	40	间二甲苯	44.10
22	苯并[b]荧蒽	50.57	41	咔唑	43.87
23	间二乙基苯	49.50	42	磷酸三丁酯	43.79
24	苯并[g, h, i]苝	49.00	43	联苯	43.66
25	邻苯二甲酸丁苄酯	48.53	44	间甲酚	43.24
26	酞酸二异丁酯	48.30	45	2,4-二硝基甲苯	42.90
27	2-硝基甲苯	48.00	46	2,4,5-三氯酚	42.47
28	3-硝基甲苯	48.00	47	茚	42.30
29	邻二甲苯	48.00	48	二乙烯基苯	42.30
30	2-硝基苯酚	48.00	49	2-硝基氯苯	41.70
31	丁草胺	47.28	50	4-氯-3-甲酚	41.08

2.2.3 重点行业优先控制水污染物筛选技术

2.2.3.1 适用范围

该技术适用于对可能造成河流、湖库等水系流域环境风险的累积性污染的典型重点行业排放水污染物进行筛选,确定需进行优先控制的重点行业排放水污染物种类。

2.2.3.2 技术原理

对于重点行业涉水污染物,通过了解正常工况、非正常工况下的污染物排放状况,考虑工艺废水污染物、水处理设施进口污染物、原料、中间物质、产品、水处理设施用料、易发事故下产生的污染物、他人筛选出的行业优先控制水污染物、水环境质量标准和行业排放标准涉及但污染源未检出的物质等因素,对重点行业水污染物排序,最终得到高风险污染物名单。

2.2.3.3 技术流程和参数

该技术流程如图 2-6 所示。

1. **建立水污染物排放谱库**

优先控制水污染物筛选首先应该建立优先控制水污染物目录库,可以采用的方法包括调查法和监测分析法。调查时应先制定污染源调查表,主要包括企业基本信息、

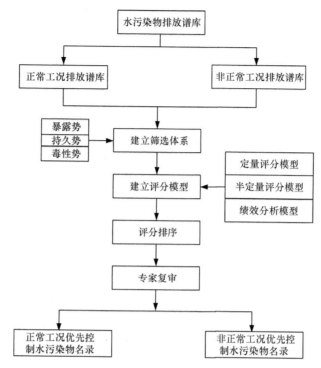

图 2-6　技术流程

企业产品原料基本信息、企业废水处理和污染物排放情况等。此外，还应采取其他方法获取信息，具体包括污染源生产工艺流程、原辅材料相关信息、污水处理设施方法等。如果采用调查方式不能全面了解污染源的情况，则应对污染源污水处理设施进出口及主要工艺水进行采样分析，将具体有效的数据作为优先控制水污染物的筛选基础。

主要调查内容应包括：

（1）污染源生产工艺流程（其中包括主反应、副反应）。

（2）原辅材料及产品的物化性质，重金属重点考虑其在水中的存在形态和吸附降解情况，有机污染物重点考虑其在水中的溶解性、污染物的熔点或升华点、辛醇–水分配系数等。

（3）原辅材料及产品的储存方式。根据产品产量和原辅材料使用量，选取年产量（使用量）在 1t 以上且去除量在 1t 以上但无毒（如氯化钠）的化学品，以该条件来选取初始化合物。根据其进入水相的可能性（主要根据是否溶于水、常温下是否具有流动性、是否具有被吸附性），建立初始水污染物名单。

（4）污染源污水处理设施进口水污染物清单。

（5）污染源污水处理设施出口水污染物清单。

（6）易发事故等非正常工况下排放水污染物清单。

（7）最新的各行业优先控制水污染物名录。

中国水环境中 68 种优先控制水污染物名单见表 2-26。

表 2-26　中国水环境中 68 种优先控制水污染物名单

类别	种类
挥发性卤代烃类（10 个）	二氯甲烷、三氯甲烷、四氯化碳、1,2-二氯乙烷、1,1,1-三氯乙烷、1,1,2-三氯乙烷、1,1,2,2-四氯乙烷、三氯乙烯、四氯乙烯、三溴甲烷
苯系物（6 个）	苯、甲苯、乙苯、邻二甲苯、间二甲苯，对二甲苯
氯代苯类（4 个）	氯苯、邻二氯苯、对二氯苯、六氯苯
多氯联苯（1 个）	多氯联苯
酚类（6 个）	苯酚、间甲酚、2,4-二氯酚、2,4,6-三氯酚、五氯酚、对硝基酚
硝基苯类（6 个）	硝基苯、对硝基甲苯、2,4-二硝基甲苯、三硝基甲苯、对硝基氯苯、2,4-苯-硝基氯苯
苯胺类（4 个）	苯胺、二硝基苯胺、对硝基苯胺、2,6-二氯硝基苯胺
多环芳烃类（7 个）	萘、荧蒽、苯并[b]荧蒽、苯并[k]荧蒽、苯并[a]芘、茚并[1,2,3-cd]芘、苯并[g,h,i]芘
酞酸酯类（3 个）	酞酸二甲酯、酞酸二丁酯、酞酸二辛酯
农药类（8 个）	六六六、滴滴涕（DDT）、敌敌畏、乐果、对硫磷、甲基对硫磷、除草醚、敌百虫
丙烯腈（1 个）	丙烯腈
亚硝胺类（2 个）	N-亚硝基二乙胺、N-亚硝基二正丙胺
氰化物（1 个）	氰化物
重金属及其化合物（9 个）	砷及其化合物、铍及其化合物、镉及其化合物、铬及其化合物、铜及其化合物、铅及其化合物、汞及其化合物、镍及其化合物、铊及其化合物

资料来源：原国家环境保护总局"七五"科研项目"中国环境优先监测研究"研究成果。

美国水环境中 129 种优先控制水污染物名单见表 2-27。

表 2-27　美国水环境中 129 种优先控制水污染物名单

类别	种类
挥发性卤代烃类（27 个）	溴仿、氯仿、双（2-氯乙氧基）甲烷、二氯甲烷、氯代甲烷、溴代甲烷、二氯二溴甲烷、三氯氟甲烷（1981.1.8 取消）、二氯二氟甲烷（1979.1.8 取消）、氯溴甲烷、1,2-二氯乙烷、1,1,1-三氯乙烷、六氯乙烷、1,1-二氯乙烷、1,1,2-三氯乙烷、1,1,2,2-四氯乙烷、氯乙烷、1,1-二氯乙烯、反-1,1-二氯乙烯、1,2-二氯丙烷、反-1,3-二氯丙烯、四氯乙烯、三氯乙烯、氯乙烯、六氯丁二烯、六氯环戊二烯、四氯化碳
苯系物（3 个）	乙苯、苯、甲苯
多氯联苯（1 个）	多氯联苯
氯代苯类（7 个）	氯代苯类、2-氯苯、1,2,4-三氯苯、六氯苯、1,2-二氯苯、1,3-二氯苯、1,4-二氯苯
醚类（6 个）	二（氯甲基）醚（1981.2.4 取消）、二（氯乙基）醚、2-氯乙基乙烯基醚、4-氯苯基苯醚、4-溴苯基苯醚、双（2-氯异丙基）醚
酚类（11 个）	苯酚、2-硝基苯酚、4-硝基苯酚、2,4-二硝基苯酚、4,6-二硝基邻甲酚、五氯苯酚、2,4,6-三氯苯酚、对氯间苯酚、2,4-二甲基苯酚、2-氯苯酚、2,4-二氯苯酚
硝基苯类（3 个）	2,4-二硝基甲苯、2,6-二硝基甲苯、硝基苯
苯胺类（3 个）	联苯胺、N-亚硝基二苯胺、3,3-二氯联苯胺
多环芳烃类（16 个）	苯并[a]蒽、苯并[a]芘、3,4-苯并荧蒽、苯并[k]荧蒽、䓛、苊、蒽、苯并[g,h,i]芘、芴、菲、二苯并[a,b]蒽、茚并[1,2,3-cd]芘、芘、荧蒽、二氢苊、萘
邻苯二甲酸酯类（6 个）	邻苯二甲酸双（2-乙基己基）酯、邻苯二甲酸丁基苄酯、邻苯二甲酸二正丁酯、邻苯二甲酸二正辛酯、邻苯二甲酸二乙酯、邻苯二甲酸二甲酯
杀虫剂类（26 个）	艾氏剂、狄氏剂、氯丹、4,4-DDT、4,4-DDE、4,4-DDD、α-硫丹、β-硫丹、硫丹硫酸酯、异狄氏剂、异狄氏醛、七氯、七氯环氧烷、α-六六六、β-六六六、γ-六六六、δ-六六六、PCB-1242、PCB-1254、PCB-1221、PCB-1232、PCB-1248、PCB-1260、PCB-1016、毒杀芬、2,3,7,8-四氯苯并-对-二噁英
丙烯类（2 个）	丙烯醛、丙烯腈
亚硝胺类（2 个）	N-亚硝基二甲胺、N-亚硝基二正丙胺

类别	种类
重金属及其化合物（13 个）	锑、砷、铍、镉、铬、铜、铅、汞、镍、硒、银、铊、锌
其他（3 个）	石棉、氰化物、异佛尔酮

资料来源：美国国家环境保护局 1978 年公布成果。

2. 确定筛选因子

综合考虑物质的暴露势、持久势和毒性势，设置 13 项筛选因子，分别是污染物对总量控制指标的 COD_{Cr} 贡献值、环境检出率、检出浓度/浓度占标率、环境释放程度、使用量、水中溶解度、挥发度、生物累积性、生物降解性、一般毒性、致突变性、致畸性、致癌性。各类物质的筛选因子见表 2-28。

表 2-28　　各类物质的筛选因子

筛选依据	序号	原辅料筛选因子	排放物筛选因子	
			有机污染物	金属/氰化物/六价铬
暴露势	1	COD_{Cr} 贡献值	COD_{Cr} 贡献值	
	2	环境释放程度	环境检出率	环境检出率
	3	使用量	检出浓度	浓度占标率
	4	水中溶解度	水中溶解度	水中溶解度
	5	挥发度	挥发度	挥发度
持久势	6	生物累积性	生物累积性	生物累积性
	7	生物降解性	生物降解性	生物降解性
毒性势	8	一般毒性	一般毒性	一般毒性
	9	致突变性	致突变性	致突变性
	10	致畸性	致畸性	致畸性
	11	致癌性	致癌性	致癌性

3. 筛选因子的赋分标准

按照固定标准评分，大多参数可制定定量标准。不宜定量的数据采取定性–数量化方法进行标准化定量。数据缺项时可通过污染物性质及类比方式给出适当分值。加权叠加得出污染物总分值，分值越高表明危害潜力越大。

1）COD_{Cr} 贡献值

通过计算理论需氧量（ThOD）、参考已有物质 COD_{Cr} 氧化率和有机污染物的稳定性等方式，计算得到 COD_{Cr} 贡献值，氧化率最大以 100%计量。

对于一般有机物而言，其以经验式 $C_aH_bO_cN_dP_eS_f$ 表示，其氧化反应用式（2-13）表示：

$$C_aH_bO_cN_dP_eS_f + \frac{1}{2}\left(2a + \frac{1}{2}b + d + \frac{5}{2}e + 2f - c\right)O_2 \longrightarrow$$

$$aCO_2 + \frac{b}{2}H_2O + dNO + \frac{e}{2}P_2O_5 + fSO_2 \qquad (2\text{-}13)$$

1mol 的有机化合物 $C_aH_bO_cN_dP_eS_f$ 在氧化反应中要消耗 $\frac{1}{2}\left(2a+\frac{1}{2}b+d+\frac{5}{2}e+2f-c\right)$ mol 的 O_2，用该方法计算的 COD 值称为 ThOD。

COD_{Cr} 贡献值计算如式（2-14）所示：

$$COD_{Cr}\ 贡献值（g/g）= ThOD（g/g）\times 氧化率（\%） \qquad (2\text{-}14)$$

COD_{Cr} 氧化率分级表见表 2-29，COD_{Cr} 的贡献值赋分表见表 2-30。

表 2-29　COD_{Cr} 氧化率分级表　（单位：%）

物质类别	氧化率	物质类别	氧化率	物质类别	氧化率
羧酸类	95	硝基苯、苯胺类	100	酰胺类	20
醇类	95	氨基酸	100	卤代类	10
酯类（不含苯环）	80	多糖类	95	氰化有机物	10
醛酮类	50～80	酚类	100	吲哚类	20
酞酸酯类	50	苯类	20	烷烃、烯烃	10
多环芳烃类	10	吡啶类	20	噻唑类	10
多氯联苯类	10	醚类	35	喹啉类	20
				呋喃类	90

表 2-30　COD_{Cr} 贡献值赋分表　（单位：g/g）

分值	0	1	2	3	4	5
COD_{Cr} 贡献值	0	0～50	50～100	100～200	200～300	>300

2）环境检出率

正常工况下，环境检出率按照污水处理设施出口检出频次赋分；非正常工况下，环境检出率按照污水处理设施进口和工艺废水总的检出频次赋分，即将二者的检出次数相加，除以总的采样次数，得到环境检出率。环境检出率赋分表见表 2-31。

表 2-31　环境检出率赋分表　（单位：%）

分值	0	1	2	3	4	5
环境检出率	0	0～20	20～40	40～60	60～80	80～100

3）检出浓度/浓度占标率

对于有机污染物，根据检出污染物的浓度范围进行赋分，赋分表见表 2-32。

表 2-32　有机污染物检出浓度赋分表　（单位：μg/L）

分值	1	1.5	2	2.5	3	3.5	4	4.5	5
检出浓度	0～5	5～10	10～50	50～100	100～250	250～500	500～750	750～1000	>1000

由于金属污染物有常量、微量和痕量之分，因此检出浓度相差很大，天然水中也存在许多金属元素，且浓度存在巨大差异，所以在选择金属优先控制污染物时不能以金属本身的浓度进行比较，而是对金属元素的浓度与标准限值的比值进行比较，该比值称为浓度占标率，为了严格控制金属污染物对水环境的影响，该筛选技术中选择地表水Ⅲ类

标准作为参比，浓度占标率低于 50%的金属元素不参与优先控制污染物的筛选，其赋分表见表 2-33。

表 2-33　金属浓度占标率赋分表　　　　　　　（单位：%）

分值	0	1	2	3	4	5
浓度占标率	<50	50~100	100~500	500~1000	1000~2000	>2000

4）环境释放程度

释放到环境中的百分率以使用方式和储存的差异为评分依据，用以计算环境释放程度的多少，其分四级赋分，见表 2-34。

表 2-34　环境释放程度赋分表　　　　　　　（单位：%）

分值	0	1	2	3
标准	封闭系统中使用	一般工业系统开放使用	特殊用户大量扩散使用	大量扩散使用，用户广泛使用
进入环境量	<0.3	0.3~4	4~30	>30

5）使用量

原辅材料储存和使用、反应中间产物、产品使用和储存量分五级赋分，见表 2-35。

表 2-35　使用量赋分表　　　　　　　（单位：t/a）

分值	0	1	2	3	4	5
使用量	<1	1~10	10~100	100~1000	1000~10000	>10000

6）生物降解性

通常生物降解性用生物转化和降解系数（K_b）来表示。生物转化是指生物酶对化合物的催化转化过程。生物转化的可能性取决于化合物的稳定性和毒性、经驯化的微生物的转化能力以及环境因素等（包括 pH、温度、溶解氧的量和可利用的氮）。生物降解的难易程度通常称为可生化性。可生化性的比例是用生化法处理含毒有机废水的重要指标，生化过程是一个较长的过程。生物转化速率的二级反应速率常数取决于化合物的浓度和微生物的量。

生物降解性参数资料不全，按照分解、无数据、不分解或很难分解三级赋分，通过污染物类比方式对无数据污染物适当赋分。生物降解性赋分表见表 2-36。

表 2-36　生物降解性赋分表

分值	1	2	3
生物降解性	分解	无数据	不分解或很难分解

7）生物累积性

生物累积一般采用生物富集系数（BCF）评价，对于没有数据的污染物采用化合物的 K_{ow} 确定分值，分三级赋分，见表 2-37。

生物富集系数是生物组织（干重）中化合物的浓度和溶解在水中的浓度之比，也可以认为是生物对化合物的吸收速率与生物体内化合物净化速率之比，生物富集系数是描述化学物质在生物体内累积趋势的重要指标。例如，根据国际潜在有毒化学品登记中心（IRPTC）的资料，生活在 PCBs 含量为 1μg/L 的水中的鱼类，28d 后的生物富集系数为水体中含量的 37000 倍，再放回不含 PCBs 的清洁水中，84d 以后的净化率为 61%。水生生物在水体中对化学物质的吸收和积累作用，往往是通过水和脂肪之间的分配来完成的。

K_{ow} 是有机化合物在辛醇和水两相的平衡浓度之比。研究发现，辛醇对有机物的分配与有机物在土壤有机质中的分配极为相似，所以当有了化合物在辛醇和水中的分配比 K_{ow} 以后，就可以顺利地计算出 K_{oc}。通常有机物在水中的溶解度往往可以通过它们对非极性的有机相的亲和性反映出来。亲脂有机物在辛醇–水体系中有很高的分配系数，在有机相中的浓度可以达到水相中浓度的 $10\sim10^6$ 倍。例如，常见的环境污染物 PAHs、PCBs 和邻苯二甲酸酯类等，在辛醇–水体系中的分配系数是一个无量纲值。K_{ow} 是描述有机化合物在水和沉积物中、有机质之间或水生生物脂肪之间分配的一个很有用的指标。分配系数的值越大，有机物在有机相中的溶解度也越大，即在水中的溶解度越小。

表 2-37　生物累积性赋分表

分值	1	2	3
标准	$\lg K_{ow}\leqslant1$	$1<\lg K_{ow}<2$	$\lg K_{ow}\geqslant2$
	$\lg BCF\leqslant1.5$	$1.5<\lg BCF<3$	$\lg BCF\geqslant3$

8）水中溶解度和挥发度

在对化合物，特别是有毒化合物的环境监测和环境效应研究过程中，它们在水中的溶解度可能是影响化合物在各种环境要素，如大气、水体、水生生物和沉积物（底质）中迁移、转化的最重要性质之一。大部分无机化合物在水中呈离子态，故其溶解度都比较大，许多有机化合物呈非离子态，在水中的溶解度则比较小。非离子性化合物的溶解性主要取决于它们的极性，非极性或弱极性的化合物易溶于非极性或弱极性溶剂中，反之，强极性化合物易溶于极性溶剂，水是强极性溶剂之一。所以，四氯化碳等非极性化合物在水中溶解甚少，芳烃类化合物呈弱极性，在水中的溶解度也不大。随着芳烃环上取代基的增加（如 PAHs），它们在水中的溶解度变得越来越小，相反，强极性的醇、有机酸等及带—OH、—SH、—NH 基团的化合物在水中的溶解度则相当大。

化合物的蒸气压表达了该化合物从环境水相向大气中迁移的程度，一般而言，具有高蒸气压、低溶解度和高活性系数的化合物最容易挥发，挥发的速度有时还取决于风、水流和温度。一般低分子量的化合物，如烷烃、单环芳烃和一些有机氮化合物都有很高的蒸气压和很低的水溶性，有的资料也用亨利常数（HC）来表示化合物的挥发性（计算单位 Torr[①]/mol）。HC 表示在标准温度和压力下，化合物在空气和水中的相对平衡浓度，蒸气压与化合物在水中溶解度的比值表示该化合物的挥发性。

水中溶解度和挥发度参数参考已有化学化工手册，水中溶解度分易溶于水、微溶于水和难溶或不溶于水，分别赋 3 分、2 分、1 分，具体赋分标准见表 2-38。

---

① 1Torr=1.33322×10^{2}Pa。

表 2-38　溶解度赋分表

分值	1	2	3
标准	难溶或不溶于水	微溶于水	易溶于水

　　世界卫生组织定义沸点在 50~250℃、室温下饱和蒸气压超过 133.32Pa、常温下以蒸气形式存在的化合物依据化学结构的不同可分为：烷类、芳烃类、烯类、卤烃类、酯类、醛类、酮类和其他。挥发性有机物（VOC）的主要成分有烃类、卤代烃、氧烃和氮烃，包括苯系物、有机氯化物、氟利昂系列、有机酮、胺、醇、醚、酯、酸和石油烃化合物等。一般空气中有机化合物按照沸点不同可以分为四类：沸点小于 0℃及 0~50℃的为易挥发性有机化合物（VVOC）；沸点 50~240℃的为 VOC；沸点 240~380℃的为半挥发性有机化合物（SVOC）；沸点 380℃以上的为颗粒状有机化合物（POM）。

　　挥发度分挥发性、半挥发性和难挥发性，分别赋 3 分、2 分、1 分，具体赋分标准见表 2-39。

表 2-39　挥发度赋分表

分值	1	2	3
标准	难挥发性沸点>380℃	半挥发性沸点 240~380℃	挥发性沸点<240℃

9）一般毒性

　　一般毒性分为慢性毒性和急性毒性，引入半致死量 LD_{50}（mg/kg）、半致死浓度 LC_{50}（mg/m^3）、最小毒性作用剂量参数最低中毒剂量（TDL_0）（mg/kg）、最低中毒浓度（TLC_0）（mg/m^3）对慢性毒性和急性毒性进行评价，分五级赋分，根据世界卫生组织推荐的毒性分级标准进行一般毒性赋分，见表 2-40。

表 2-40　一般毒性赋分表

一般毒性赋分	毒性分级	大鼠一次经口 LD_{50}/（mg/kg）	6 只大鼠吸入 4h 后，死亡 2~4 只的浓度/ppm	兔涂皮时 LD_{50}/（mg/kg）	对人可能致死量/（g/kg）	总量（60kg体重）/g
5	剧毒	<1	<10	<5	<0.05	0.1
4	高毒	1~50	10~100	5~44	0.05~0.5	3
3	中等毒	50~500	100~1000	44~350	0.5~5	30
2	低毒	500~5000	1000~10000	350~2180	5~15	250
1	微毒	>5000	>10000	>2180	>15	>1000

10）特殊毒性

　　特殊毒性即致癌性、致畸性和致突变性，赋分标准见表 2-41~表 2-43。

表 2-41　致癌性赋分表

分值	0	1	2
标准	无致癌性	按 RTECS 标准致肿瘤	按 RTECS 标准致癌或疑似人类致癌

注：RTECS 指化学物质毒性数据库。

表 2-42　致畸性赋分表

分值	0	1	2
标准	无致畸性	具有生殖毒性	受试动物致畸或人类致畸

表 2-43　致突变性赋分表

分值	0	1	2
标准	无致突变性	微生物实验致突变为阳性	人类细胞或动物细胞致突变为阳性

按照上述赋分标准对涉及的每一种化学物质分别进行赋分，将每种化学物质的筛选指标的分值进行归一化处理，得到归一化分值，然后将归一化分值相加得到最后的筛选分数。根据筛选分数选出优先控制水污染物初始名单。

2.2.3.4　应用案例

案例内容：利用筛选技术筛选重点行业优先控制水污染物。

应用范围：重点行业（钢铁、炼油、印染、杂环类除草剂农药、啤酒酿造、化肥等行业）。

案例介绍：应用优先控制水污染物筛选方法，得到钢铁、炼油、印染、杂环类除草剂农药、啤酒酿造、化肥等行业正常工况、非正常工况优先控制水污染物名录（表 2-44）。

表 2-44　典型行业优先控制水污染物

正常工况	
行业类别	优先控制水污染物
合成氨化肥	无
钢铁行业　焦化	苯酚、镍
钢铁行业　联合钢铁	2,3,4-三甲基-3-戊醇、镍
炼油行业	苯酚、3-甲基苯酚、2-噻吩硫基
印染行业	无
发酵类头孢菌素制药行业	二氯甲烷、三氯甲烷、甲苯、乙醇、四氢呋喃、苯酚、3-甲基苯酚、4-甲基苯酚、2-甲基苯酚、乙酸乙酯、丙酮、甲基异丁基酮
杂环类除草剂农药行业	3-甲基苯酚、汞
啤酒酿造行业	无
造纸行业	三氯甲烷、2,6-二甲氧基苯醌、三氯乙醇
精细化工行业	3-甲基苯胺、邻苯二甲酸二丁酯
城市综合污水处理厂	邻苯二甲酸二异丁酯、2,2″-亚甲基联苯酚、4,4″-亚甲基联苯酚
非正常工况	
行业类别	应急优先控制水污染物
合成氨化肥	苯酚、2-甲基苯酚、3-甲基苯酚、4-甲基苯酚、甲苯、二甲苯
钢铁行业　焦化	苯酚、2-甲基苯酚、4-甲基苯酚、2,4-二甲基苯酚、1-萘酚、2-萘酚、苯胺、萘胺、四氯乙烷、丙烯腈、喹啉、1,1,2,2-四氯乙烷、镍
钢铁行业　联合钢铁	苯酚、2,6-二叔丁基苯酚、镍

续表

非正常工况	
行业类别	应急优先控制水污染物
炼油行业	苯系物：苯、甲苯、对二甲苯、邻二甲苯； 萘系物：萘、一甲基萘、二甲基萘、十氢萘、四氢化萘； 苯酚类：苯酚、2-甲基苯酚、3-甲基苯酚、4-甲基苯酚； 苯胺类包括：苯胺、2-甲基苯胺、3-甲基苯胺、4-甲基苯胺； 酮类：丙酮、2-甲基丁酮、2-丁酮； 醇酸类：2-甲基丙醇，乙酸、2,5-二氯苯甲酸； 有机氰化物：乙腈、2,4,6-三甲基苯基异氰酸酯； 其他类别：2,4-二甲基吡啶、环己烷； 重金属：镍、汞
印染行业	苯酚、4-甲基苯酚
发酵类头孢菌素制药行业	二氯甲烷、乙醇、苯酚、三氯甲烷、四氢呋喃、3-甲基苯酚、甲苯、乙酸乙酯、4-甲基苯酚、2-甲基苯酚、丙酮、甲基异丁基酮、乙酸甲酯、苯并噻唑、镍
杂环类除草剂农药行业	苯酚、苯、三氯甲烷、2-溴苯乙酮、N-乙酰基-2,5-二甲氧基、4-甲基苯丙胺、四氢呋喃、3-甲基苯酚、2,3-二氟苯甲腈、乙酸、2-溴-5-甲基苯酚、3,5-二甲基吡啶、3,4,5-三氯苯胺、N,N-二甲基苯胺、3,4,5-三氯苯酚、3-乙基苯酚、4-甲基苯酚、α-苯基苯甲醇、3,4-二甲基苯酚、2-氨基-1-丙醇、4,4′-联吡啶、镍、汞
啤酒酿造行业	苯酚、乙醇、乙酸
造纸行业	苯酚、三氯甲烷、1,3-二氯-2-丙醇、2-硝基丙烷、1-甲基-2-亚甲基环己烷、4-羟基-3-甲氧基苯乙酮、4-羟基-3′,5-二甲氧基、乙酰苯、十六烷酸
精细化工行业	苯酚、二氯甲烷、乙醇、苯、三氯甲烷、2-甲基苯酚、乙醛、2-羟基对甲基苄醇、氯乙酸、2-呋喃甲醇（糠醇）、2-羟基苯甲醛、丙酮、2,2-二甲基-3-己醇、1,3-二氯-2-丙醇、N-甲基烟酰胺、1,3-二氢异苯并呋喃、2-氯苯酚
城市综合污水处理厂	己酸、苯基丙二酸、十八烷酸、十六烷酸、3-乙硫基、3β,5α-胆甾烷、戊酸、2-甲基苯酚

第 3 章　流域水环境风险评估技术

流域水环境风险评估技术分为突发性水环境风险评估技术和累积性水环境风险评估技术。突发性水环境风险评估技术建立了应对突发性环境污染的评估流程：①有机污染物快速定性定量；②通过物种敏感度分布（SSD）曲线推导污染物水环境风险阈值；③以商值法作为表征技术，对水环境风险等级进行划分和进行水环境风险评估。累积性水环境风险评估着重于污染物在环境中的分布与行为，确立了水环境风险评估内容：①以被动采样技术为基础，发展水环境暴露评估技术，并将其作为累积性水环境风险评估的重要组成部分；②以商值法、概率法作为风险表征方法，针对不同的情况，科学地选择合适的方法对水环境风险进行表征。

3.1　突发性水环境风险评估技术

从突发性水环境风险评估的内涵和需求出发，以突发事故条件下的水源安全保障为核心；围绕突发性水环境风险保护目标问题、对象问题、评估手段问题、控制标准问题和应急控制问题等关键问题，研究并建立了应急监测与毒性测试技术、应急生态风险表征技术、基于饮用水水源地安全的应急控制阈值确定技术三类关键技术。

3.1.1　应急监测与毒性测试技术

3.1.1.1　适用范围

该技术适用于地表水系的突发性水污染事故。

3.1.1.2　技术原理

该技术主要针对突发性污染事故所引起的短时间内大量有机污染物进入水环境中、水环境恶化迅速、需要快速响应等特点，是一种具有针对性的污染物检测方法。以萃取技术为基础，对萃取剂和分散剂的检测效果进行了研究分析、并对其体积进行了优化，对混合了污染物的溶液体积进行了优化。在现场应用过程中，该技术具有简便、快速和连续的特点，能对浓度分布非常不均匀的各类有机物样品进行选择性的分析，从定性到定量分析都能做到快速实现。

对有机污染物的快速定量分析是以萃取技术为基础进行的。在玻璃离心试管中加入一定体积的水样，用微量进样器向样品溶液中快速加入一定量的分散剂与萃取剂混合溶剂，轻轻振荡 20s 左右，使三相体系充分混合均匀且能保持较长时间。室温静置 2min 后，在控温离心机中离心，三相乳浊液中的萃取剂液滴将沉积到离心试管锥形底部，形成有机沉淀相，用微量进样器直接吸取有机沉淀相进行气相色谱质谱分析，最终确定污染物的种类与浓度。

3.1.1.3 技术流程和参数

1. 萃取剂和分散剂的筛选

萃取剂的选择必须满足以下几个条件：密度大于水、难溶于水、对目标化合物有较高的萃取能力。分散剂则必须与水和萃取剂都有良好的混溶能力，能促使萃取剂快速分散到水体中。

通过系列实验得出，三氯甲烷（$CHCl_3$）作为萃取剂，配上分散剂乙腈，可以取得良好的浓缩富集效果。

2. 萃取剂和分散剂体积的优化

针对给定体积的水样量，混合溶剂体积的变化也可能影响到目标化合物的萃取效率。使用 40μL 的 $CHCl_3$ 作萃取剂，搭配 500μL 乙腈作分散剂，对目标污染物进行萃取可以获得较为理想的萃取效果。

3. 混合溶剂体积的优化

抽取 5 mL 待检水样，选择 500μL（分散剂：萃取剂 500∶40）混合溶剂与水样混合，对目标物进行萃取，此时混合溶剂可获得较为理想的萃取效果。

4. 污染物检测

现场检测时，所需要的仪器包括：离心机、离心管以及便携式 GC/MS 仪器。

3.1.2 应急生态风险表征技术

3.1.2.1 适用范围

该技术适用于地表水系的突发性水污染事故。

3.1.2.2 技术原理

应急生态风险表征技术借鉴美国生态毒理数据库数据构建物种敏感度分布曲线，确定风险污染物的应急安全阈值，对采用水效应比（WER）计算获取的突发性水污染事故条件下保护水生态系统的特征污染物风险控制阈值进行修正；实时监控突发性水污染事故的水质状况，确定流域风险污染物的环境暴露浓度；应用商值法比较预测/实测的环境浓度与预测的无效应浓度，依据应急生态风险等级划分进行生态风险表征。

3.1.2.3 技术流程和参数

1. 应急生态风险阈值确定

1）物种敏感度分布曲线法

物种敏感度分布曲线法是利用物种敏感度分布曲线推断最大环境许可浓度阈值（HC_x，通常取值 HC_5），HC_5 表示该浓度下受到影响的物种不超过总物种数的 5%，或达到 95%物种保护水平时的浓度。

利用物种敏感度分布曲线法构建特征污染物的控制阈值原则如下。

（1）在 3 门 8 科中，至少选用一种水生生物急性毒性试验的受试物种：硬骨鱼纲鲤科；硬骨鱼纲非鲤科的物种；脊索动物门中的其他一个科（硬骨鱼纲或两栖纲）；甲壳纲浮游类（枝角类、桡足类等）；底栖甲壳纲（介形类、等足类、端足类、十足目）；水生昆虫（可以选择水生或半水生昆虫，但毒性数据为水生生活史半水生昆虫，尽量选择蜉蝣、石蝇、石蛾类较为敏感的物种）；节肢动物门和脊索动物门之外的一个门的一个科（如轮虫纲、环节动物门、软体动物门等）；昆虫的任何一目中的一科或者上述未提到的任何一门中的一科。

（2）毒性数据需要考虑毒性试验的设计测试方法是否合理，测试浓度、测试容器的选择是否有据，水温、硬度、碱度、pH、溶解氧、盐度、有机质等水质参数是否被监测；根据收集筛选出的毒性数据，采用荷兰国家公共卫生及环境研究院开发的风险分析软件 ETX2.0 对采用的毒性数据进行自动拟合，在 50%的置信度下，得到最优的数据分配模式，并对物种敏感度分布曲线模型采用概率图和吻合度来检验随机样本来源于某个特定分布的初始假设是否合理；按照水体中 95%水生生物避免受到污染物危害的原则，基于物种敏感度分布曲线确定风险污染物能够有效保护 95%的物种的危险浓度 HC_5，其根据不同暴露时间分别表述为 24h-HC_5^{acute}、48h-HC_5^{acute} 以及 96h-HC_5^{acute}。环境安全浓度阈值 $PNEC_{acute}$ 的计算公式如下：

$$PNEC_{acute} = HC_5^{acute}/2 \qquad (3\text{-}1)$$

式中，使用 2 作为安全系数，是因为在用毒性值构建物种敏感度分布曲线时，表征的是影响 50%的效应水平。

2）突发性水污染事故条件下特征污染物风险控制阈值的修正

对采用水效应比（WER）计算获取的突发性水污染事故条件下保护水生态系统的特征污染物风险控制阈值进行修正，如式（3-2）和式（3-3）所示：

$$WER = LC_{50}（原水）/LC_{50}（实验室） \qquad (3\text{-}2)$$
$$实际水体的急性效应阈值：PNEC_{site,specific} = PNEC_{acute} \times WER \qquad (3\text{-}3)$$

2. 水生态应急风险表征

1）应急生态风险表征——商值法

在突发性污染事故应急生态风险评估中，采用商值法进行快速评估。商值是指预测或实测的环境浓度（PEC）与预测的无效应浓度（PNEC）二者的商。

急性水污染事件主要考虑的是短期暴露和在该暴露浓度下水生生物所能承受的效应阈值或风险，因此根据常规风险商计算方法，短期风险商的计算公式如下：$RQ = PEC_{acute}/PNEC_{acute}$，$PEC_{acute}$ 是指测定或模型预测的暴露浓度（单位为 mg/L、mg/kg 等），其值为实际测量或由暴露模型预测评估的浓度；$PNEC_{acute}$ 是指急性效应阈值，建立在急性毒性数据的基础上，其单位与暴露浓度的单位一致。

2）应急生态风险等级划分

借鉴亚历山大水环境研究院的分级标准，将突发性污染事故应急生态风险分为五个等级：

RQ＜0.001，无风险；

0.001≤RQ＜0.1，低风险；

0.1≤RQ＜0.3，中等风险；

0.3≤RQ＜1，较高风险；

RQ＞1，高风险。

3）不确定性分析

评估结果的不确定性主要来源于几个方面。

（1）源于毒理效应评估的不确定性：由于我国目前在风险污染物毒性效应研究方面相对滞后，因此在开展风险污染物的生态风险评估时，主要依赖于美国生态毒理数据库公布的毒理数据，虽然剔除了部分美国特有物种，但是缺乏事故区域水体优势物种、代表性物种以及需要特别保护物种的毒理数据。由于不同物种针对同一污染物的毒理响应不一致，因此毒理响应的种间外推也会导致评估结果的不确定性。

（2）源于暴露表征的不确定性：突发性污染事故一般事发突然，在污染物暴露分析中主要采用应急分析方法，在一个实验室完成，因此暴露数据存在一定的偶然误差；此外，在突发性污染事故中，有害物质的组成、暴露量、暴露频率、有害污染在环境介质中的赋存等均会导致风险评估的不确定性。

（3）源于风险表征方式的不确定性：在突发性污染事故中，应急响应人员根据污染物暴露浓度以及效应阈值，采用商值法进行低层次风险表征。这是风险评估结果不确定性的一个主要来源。

（4）不确定性的传递：风险评估的每一个步骤中，均会产生一定程度的不确定性。由于风险评估是一个过程，在评估过程中，不确定性均会逐步传递到风险表征结果，并在传递过程中被不断放大。

3.1.2.4　应用案例

2005 年 11 月 13 日，位于松花江沿岸的中国石油天然气总公司吉林石化公司双苯厂发生爆炸，数百吨苯类污染物流入松花江，其中主要污染物为硝基苯，其造成突发性水污染事故。

采用了商值法开展生态风险评估，结果见表 3-1。

表 3-1　松花江肇源段水体生态风险商值

日期	时间	硝基苯浓度/（mg/L）	超标倍数	RQ	风险等级
2005 年 11 月 20 日	16：00	0.1052	5.19	0.012	低风险
	17：00	0.3622	20.31	0.040	低风险
	18：00	0.3634	20.38	0.041	低风险
	19：00	0.4535	25.68	0.051	低风险
	20：00	0.4645	26.32	0.052	低风险
	21：00	0.3940	22.18	0.044	低风险
	22：00	0.4102	23.13	0.046	低风险
	23：00	0.3902	21.95	0.044	低风险

日期	时间	硝基苯浓度/（mg/L）	超标倍数	RQ	风险等级
	0：00	0.3988	22.46	0.045	低风险
	1：00	0.3352	18.72	0.037	低风险
	2：00	0.3645	20.44	0.041	低风险
	3：00	0.3912	22.01	0.044	低风险
	4：00	0.4116	23.21	0.046	低风险
2005 年 11 月 21 日	5：00	0.4327	24.45	0.048	低风险
	6：00	0.4389	24.82	0.049	低风险
	7：00	0.4871	27.65	0.054	低风险
	8：00	0.5035	28.62	0.056	低风险
	9：00	0.5115	29.09	0.057	低风险
	10：00	0.2249	12.23	0.025	低风险
	11：00	0.2220	12.06	0.025	低风险

从表 3-1 中可以看出，如果基于地表水环境质量标准（0.017mg/L）来判断，该监测断面硝基苯污染超标十分严重。如果基于应急风险安全阈值来判断，24h 内硝基苯污染对当地水生态系统的风险等级为低风险。

3.1.3　基于饮用水水源地安全的应急控制阈值确定技术

3.1.3.1　适用范围

该技术主要适用于确定水污染事件中，化学性污染物经饮用水途径急性暴露的安全阈值（浓度）。

3.1.3.2　技术原理

水污染事故应急控制阈值的确定方法主要包括两个方面：非致癌物与致癌物的阈值确定。对水污染事件非致癌物急性暴露安全阈值的确定，需收集污染物急性暴露的无不良反应浓度、暴露人群体重、暴露人群的日均饮水量、不确定性因子及饮用水途径暴露的百分比相关参数，根据相应计算模型确定其阈值。依据污染物终生暴露的安全浓度来确定水污染事件致癌物急性暴露安全阈值。

3.1.3.3　技术流程和参数

目前，人体经口急性暴露化学物质可接受的阈值主要有两种表述方式：急性参考剂量（acute reference dose，ARfD）和健康建议值（health advisory，HA）。世界卫生组织、欧盟、荷兰、德国将 ARfD 作为食物和饮用水中农药残留人体短期暴露的应急控制阈值，并给出了化学物质急性参考剂量的定义："在现有的认知水平下，在等于 24h 或少于 24h 期间内，人体摄入的食物或水中某物质对消费者不产生可察觉的健康危害的量，单位为 mg/（kg 体重·d）"。美国在 1978 年开始启动饮用水健康建议值项目，采用健康建议值表征突发性水污染事故下污染物在人体短期暴露的应急控制阈值。健康建议值指"人体短期暴露不会造成任何有害的非致癌性影响的饮用水中某种化学物质的浓度，单位为 mg/L"。

1. 急性人体健康风险评价方法

1）非致癌物急性人体健康风险评价方法

A. 非致癌物急性人体健康风险识别方法

水污染事件污染物急性人体健康风险识别，主要是确定污染水体中含有的污染物对饮用人群健康产生的潜在不良影响，从而确定需要进行健康风险评价的污染物种类。水污染事件污染物急性暴露风险识别主要包括水体中特征污染物流行病学调查、动物实验、短期实验和体外实验、结构活性关系等数据的收集及判定。

a. 污染物暴露情景分类

根据人体暴露历时长短的不同，健康风险评价者们通常讨论 3 种暴露场景下污染物的"剂量–效应"关系。①急性暴露场景：主要研究 2 周以内，污染物的不同暴露剂量与其所导致的健康危害之间存在的定量关系。这种暴露情形的研究结果比较适合于突发性污染事故历时短、高浓度污染排放的情形。②亚慢性暴露场景：主要研究暴露历时 2 周至 7 年暴露情景下，污染物的不同暴露剂量与其所导致的健康危害之间存在的定量关系。该情形比较适合于研究突发性污染事故结束后污染物在环境中后期残留的情形。③慢性暴露场景：主要研究暴露历时 7 年至终生情况下，污染物的不同影响剂量与其所导致的健康危害之间存在的定量关系。

b. 污染物人体健康风险识别方法

污染物人体健康风险识别是判定某种污染物对人体健康产生的危害，并确定危害的后果。对于现存的化学物质，主要是评审该化学物质的现有毒理学和流行病学资料，从而确定其是否对人体健康造成损害。一般来讲，评估某种化学物质是否对人体健康造成损害，通常采用的方法是药物代谢动力学实验、短期动物实验、长期动物实验、人类流行病学研究等。此外，做鉴定时，还要根据各种法令与管理规则的不同要求而选取不同的侧重点，如在控制饮用水和空气污染时，宜侧重神经毒作用；对己二醇实施管理时，主要基于小剂量接触能引起致畸效应，而不是基于大剂量误服后能导致肾损害。从广义上讲，环境中有害物质对人体健康的影响主要有以下几个方面：①致癌；②遗传缺陷，包括致突变，会造成一代一代相传的基因变化，或造成遗传基因损害；③再生性障碍，包括对发育中的胎儿的损害；④免疫生物学的自动动态平衡的变化；⑤中枢神经系统错乱；⑥先天畸形。

c. 污染物急性人体健康危害识别数据来源

进行污染物急性人体健康风险识别时，可参考美国能源部（Department of Energy，DOE）资助橡树岭国家实验室（Oka Ridge National Laboratory，ORNL）建立的风险评估信息系统（risk assessment information system，RAIS），该系统收集整理了美国国家环境保护局的综合风险信息系统（integrated risk information system，IRIS）和健康影响评价概要表（health effects assessment summary tables，HEAST），以及暂定毒性数据库

（provisional peer reviewed toxicity values database，PPRTV）等数据源中放射性核素及化学污染物对人体健康造成危害的数据。

B. 污染物急性暴露剂量–效应关系分析方法

健康风险评价过程中污染物急性暴露剂量–效应关系评价，是确定污染物毒性类型及其可能产生的人体健康风险大小的一种定量关系。污染物急性暴露剂量–效应关系的研究主要开展关于水体中污染物急性暴露场景、污染物急性暴露剂量–效应关系的工作。污染物急性暴露的剂量–效应关系分析的依据主要为已发表的相关研究成果。在对研究成果收集分析的基础上，确定污染物急性暴露情景下，污染物暴露剂量与人体健康效应之间的关系。其中，最主要的是确定污染物急性暴露情景下，污染物对人体的无不良反应浓度（NOAEL）、最低出现不良反应的浓度（LOAEL）、半致死浓度（LD_{50}）等污染物的毒理学参数。

对于少有、未见关于污染物急性暴露的毒理学特征的污染物，可采用两种方法建立污染物急性暴露剂量–效应关系。第一种方法：根据毒理学实验的相关要求，实地开展污染物急性暴露下的动物实验，从而获得建立污染物急性暴露剂量–效应关系的数据资料。这一方法建立的数据可靠，但是会消耗更多的人力、财力和工作时间。第二种方法：通过污染物低剂量慢性暴露下的剂量–效应关系，按照一定的数学模型，推导污染物高剂量、短时间暴露的剂量–效应关系。这一方法省去了开展动物实验的工作，但是推算结果可能会存在较大的不确定性。在某些情况下，还可以采用与其特性相近的污染物的急性暴露特征，确定污染物急性暴露剂量–效应关系。

C. 非致癌物急性暴露评价方法

非致癌物急性暴露评价主要是确定暴露人体经暴露途径对水体中污染物的暴露量大小。区别于污染物慢性暴露，由于水污染事件污染物急性暴露具有暴露持续时间短的特点，污染物急性暴露量主要是确定人体 1～10d 对水体中污染物暴露量的大小。

暴露人体污染物暴露量的计算应根据污染物在不同介质中的浓度、分布、生物检测数据及其迁移转化规律等参数，利用数学模型进行估算。目前，污染物暴露量计算公式可以参照式（3-4）：

$$D_i = \frac{C_i \times W_i \times GI_i}{BW} \tag{3-4}$$

式中，D_i 为人体经饮用水途径对水体中污染物的日均暴露量，μg/（kg·d）；C_i 为水体中污染物的浓度，μg/L；W_i 为日均饮用水量，L/d；GI_i 为肠胃道吸收因子，%；BW 为暴露人体体重，kg。

各参数选择情况如下：成人日均饮用水量取 2 L/d，儿童日均饮用水量取 1 L/d；当水体中污染物为非致癌物时肠胃道吸收因子取 0.001，当污染物为致癌物时取值为 0.01；成人体重取 60 kg，儿童体重取 10 kg。

D. 非致癌物急性人体健康风险表征方法

污染物健康风险表征是将危害识别、剂量–效应关系、暴露评价的研究结果综合起来，并以风险度的方式定量地反映环境污染物对人体造成的健康风险。健康风险表征的目的是表示经不同途径人体暴露污染物后产生不利健康风险的大小情况及不确定性分析。风险表征包括同行关于风险危害及暴露情况的评价信息及其他不确定性的分析信息。

污染物的风险表征过程也是连接健康风险评价和风险管理的桥梁。健康风险表征阶段，风险评价者要为风险管理者提供污染物详细而准确的评价结果，以确定风险发生的概率及其对人体健康的风险大小。风险表征需要将前面 3 个步骤收集的资料和分析结果加以综合，以确定污染物导致的人体健康危害发生的概率、可接受的风险水平及评价结果的不确定性等，从而为风险决策及采取的必要防范和减缓风险发生的措施提供科学依据。美国国家环境保护局建立的人体健康风险评价过程，如图 3-1 所示。

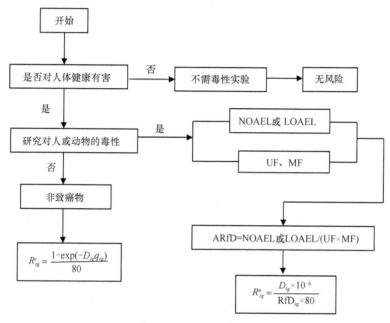

图 3-1　人体健康风险评价过程图

NOAEL，污染物对人体的无不良反应浓度；LOAEL，最低出现不良反应的浓度；UF，不确定因子；MF，修正因子；ARfD，急性参考剂量；R_{ig}^c，非致癌人体健康风险；R_{ig}^n，致癌人体健康风险；D_{ig}，人体经饮用水途径对水体中污染物的日均暴露量

一般认为非致癌物是一类有阈值污染物。有阈值污染物在低于实验确定的阈剂量时，对人体而言是不存在风险的。对于有阈值污染物来讲，通过确定其阈剂量并规定相应的安全系数值，来计算非致癌物可接受的浓度。而无阈值污染物的风险表征相对于有阈值污染物而言要复杂很多。

非致癌物不是以检出率或病死率来表达其风险度，而是以暴露人群中出现不良反应及其严重程度来表达其风险大小。目前，非致癌物的定量评定数学模式尚未被普遍认可，其评价还处于定性阶段，而且假设多数非致癌物是有阈值的。对于致癌物，则是通过剂量–效应关系来建立安全浓度。

水体中非致癌污染物人体健康风险以风险指数表示，即进行人体对污染物的暴露量与毒性（或应急控制阈值）比较。水污染事件持续时间较短，给人体造成的危害也是短时间的，一般在 10d 之内。因此，进行水污染事件污染物急性人体健康风险评价时，应关注水污染事件中污染物造成的短期风险，可不采用慢性暴露评价，以年风险的方式表达污染物对人体的健康风险。基于以上考虑，污染物急性暴露人体健康风险可采用式

（3-5）来表征污染物的非致癌人体健康风险。

$$R_a = \frac{D_i}{ARfD} \qquad (3-5)$$

式中，R_a 为污染物急性健康风险度，无量纲；ARfD 为污染物的急性参考剂量，$\mu g/(kg \cdot d)$；D_i 为人体经饮用水途径对水体中污染物的日均暴露量，$\mu g/(kg \cdot d)$。

$R_a = 1$，表明水体中污染物浓度对人体造成的健康风险属于可接受的最高水平；$R_a < 1$，表明水体中污染物浓度对人体不造成健康风险；$R_a > 1$，表明水体中污染物浓度对暴露人体存在健康风险，且随着 R_a 值的升高，其对人体造成的健康风险增大。

E. 污染物急性健康风险表征的不确定性分析

美国国家科学院将公众健康风险评价的定义描述为人类暴露于环境污染之后，出现不良健康效应的特征。其主要以毒理学、流行病学、环境监测和临床资料为基础，决定潜在的不良健康效应的性质；在特定暴露条件下，对不良健康效应的类型和严重程度做出估计和外推；对不同暴露强度和不同时间受影响的人群数量和特征给出判断；对所存在的公共卫生问题进行综合分析。健康风险评价的另一个特征是整个评价过程中的每一步都存在着一定的不确定性。

F. 健康风险评价的不确定性因素与误差来源分析

大多数健康风险评价都包括一个或多个不确定性因素或误差来源。健康风险评价的不确定性与误差来源大体上包括以下几个方面，即对实验组或危险人群组的暴露定义不完善，也就是浓度、持续时间、化合物种类、有关途径、剂量率等都不十分准确；采用低于终生暴露或短期观察的实验研究；采用暴露途径不合适的实验研究；在实验研究或危险人群组暴露中有毒物质的相互作用；未能诊断或错误诊断患病或死亡的原因；由于每天活动形式的复杂性，将一个危险人群组中的个体暴露做错误的分组；种属间药物代谢动力学的差异；不适当的对照组；将实验结果外推到极低剂量范围；实验组和危险人群组之间存在差异，如初次暴露的年龄、性别、混杂接触、吸烟习惯、潜伏期的长短等都可能不同。不确定性的存在，使得对给定变量的大小和出现的概率不能做出最好的估算，或者说评估的结果可信度不能保证，从而给管理者的决策造成一定的影响。

在健康风险评价中，鉴定某一有毒物质的毒性对人体的健康产生危害时，往往选择动物进行毒理实验，再由实验所得数据外推到人类。在外推的过程中，有时附加 10 倍安全因子甚至 100 倍安全因子，然后把所得数据作为该有毒物质对人体健康危害的标准值。可以说，在整个实验过程中，动物是受试者，而真正受到健康危害的却是人类。尽管在外推的过程中附加了一定的安全因子，但确切地说，有毒物质在人体内的反应机理、对人体健康的影响及影响程度是不清楚的，也无法用语言准确地加以描述。限于现有的科学水平，往往难以对化学物质所致的损害及其风险度的大小进行确切判断，对某些因素的评价不够肯定。例如，在应用动物实验资料时，人和动物之间、动物种属之间、动物品系之间都有差异，究竟哪种动物更接近人，很难肯定。短期筛选实验能否预测长期结果，从高剂量得出的效应与反应结果能否推算到低剂量，均有很大的不确定性。此外，致癌和致突变作用究竟有无阈值；由样本推测总体时，代表性是否理想；数学模式的推算是否与实际相符；各类环境物质的接触剂量、机体摄取剂量和体液监测剂量等，是否能真实反映起有效作用的靶组织剂量，都存在种种未知数。

美国国家环境保护局将健康风险评价的不确定性来源分为 3 类：①事件背景的不确定性。其包括事件描述、专业判断失误以及信息丢失造成分析的不完整性。②参数选择的不确定性。例如，气象水文条件随着季节而变化，不同的人群包括性别、年龄和地理位置等不同。③模型本身的不确定性。在环境风险评价中，评价模型中的每一个参数都存在不确定性。

G. 评价过程中的不确定性识别

在环境风险评价过程中，通过危害识别判定非致癌物的种类，通过阈值确定非致癌物的危害性。非致癌物的剂量–效应评估通常采取 4 种方式：①利用化学物质的结构–活性关系；②长期接触的参考剂量（RfD）；③剂量–效应模型；④决策分析法。在获得数据最少的情况下，利用待评价化合物与已知有毒物质的分子结构进行比较得出结论。利用化学物质的结构–活性关系进行剂量–效应的评估不确定性大、可信度差，而且需要深入的专业判断和解释，其一般在数据资料非常少的情况下采用。剂量–效应模型用于评估非致癌物在不同接触浓度梯度下对人体器官的反应，其应用模型同致癌物模型相似。决策分析法在获得大量风险分布数据的情况下，在接近待评价的暴露水平的条件下直接得出结论。

健康风险评价最常用的方法是分析有害物质的参考剂量，在低于参考剂量值的情况下对人体不会产生不利影响。非致癌物的阈值因人而异，有的人在很低的剂量暴露水平下仍然会有不良反应，因此现有的有毒物质的阈值只能作为一般的参考，对于具体的个人具有很大的不确定性。大多数剂量–效应评估是基于低剂量的长期暴露，实际上暴露浓度和暴露周期也具有很大的不确定性。

2）致癌物急性人体健康风险评价方法

目前广泛采用的健康风险评价模式是由美国科学院国家研究委员会（U.S. National Research Council of National Academy of Sciences）提出的"4 步法"，它由风险识别、暴露评价、剂量–效应关系分析和风险表征组成。

A. 致癌物健康风险识别

风险识别的目的是识别出水体中所含有的特征污染物及其对饮用人群产生的健康效应，从而确定需要进行健康风险评价的污染物种类。人体发生癌变是一个复杂的、多因素、多阶段的生物学过程。多数肿瘤细胞是由外部因素导致内部生理性状发生改变而产生的。

肿瘤的发生包括三个阶段：启动、促进、演进。水体中化学致癌物经消化道渗透穿过细胞膜进入人体正常细胞内，并最终到达细胞核，引起染色体畸变或者 DNA 损伤，从而激活原癌基因，导致肿瘤发生。启动阶段：化学致癌物进入细胞核后，会导致 DNA 损伤。①原癌基因被激活：一般是通过点突变激活、LTR 插入激活、重排/重组激活、基因扩增提高表达量。②抑癌基因失活：突变失活、磷酸化修饰失活、与癌蛋白结合失活。③染色体畸变：染色体断裂，或者是姐妹染色体不正常互换。促进阶段：一旦原癌基因被激活，原癌基因就会大量编码生长因子、生长因子受体以及蛋白激酶。原癌基因本身是管理细胞分裂周期的基因，一般都是 Cdk 家族或者一些信号的受体家族，如 EGF 生长因子。但是如果 EGF 大量表达，分泌出细胞，则与邻近的细胞膜表面相关的 EGF receptor 特异性结合。演进过程：细胞大量分裂增殖，细胞黏着和连接相关的成分（如 ECM、CAM）发生变异或缺失，相关信号通路受阻，细胞失去与细胞间和细胞外基质间的联结，易于从肿瘤上脱落。细胞开始浸润和迁移，随血液扩散到不同的组织和器官。

B. 致癌物剂量–效应关系分析

剂量–效应关系是毒理学中确定有毒有害物质毒性类型和大小最重要的一种关系。根据暴露历时的长短，污染物对人体的危害可以进一步分为急性危害（暴露历时 2 周以内，通常针对突发性污染事故历时、高浓度污染排放的情形）、亚慢性危害（暴露历时 2 周至 7 年,通常针对突发性污染事故结束后污染物在环境中后期残留的情形）和慢性危害（暴露历时 7 年至终生，主要针对常规污染状况下污染物长时间低浓度暴露的情形）。

在对致癌物进行急性风险评价之前，首先需要确定癌症风险与暴露剂量之间的关系。传统的癌症风险评价通常是在致癌风险随癌症剂量的积累而增加的假设上进行的。通常在研究致癌物极端暴露风险时，采用致癌风险与暴露剂量呈线性相关的假设，即化学物致癌风险随暴露剂量的增加而线性增加。例如，人体对某一致癌物每年摄入量为 1000g，那么持续 70 年摄入该致癌物所致的癌症风险与 1 年内摄入 70000 g 致癌物导致的人体发生癌症的概率相等，即致癌风险、平均暴露剂量与暴露持续时间之间的关系可用式（3-6）表示：

$$d \times t \longleftrightarrow I \tag{3-6}$$

式中，d 为日均摄入剂量，g；t 为暴露持续时间，d；I 为癌症发生概率。

这一假设也存在很多不确定性，如人体在不同的生命期间对相等剂量致癌物的暴露导致的风险应该是不相同的，一般情况下为生命早期暴露的致癌风险会高于其他时间的致癌风险，因此在致癌物急性风险评价中需要特别考虑暴露人群所处的生命时间段。

C. 致癌物急性健康风险表征

水污染事件污染物急性人体健康风险评价中，风险表征是定量风险评价的最后步骤，其目的是把上述定性、定量的评价综合起来，分析判断污染物导致饮水人群发生有害效应的可能性，并对其可信程度和不确定性加以阐述，从而为环境管理机构的决策提供科学依据。美国国家环境保护局在进行化学物质的人体健康风险评价时，一般采用化学物质的毒性参数和人体暴露量来评价化学物质的风险大小，即风险 ＝ f（毒性，暴露量）。对于水体污染事故致癌物急性人体健康风险评价，可采用致癌物急性暴露应急控制阈值和短期暴露量表征致癌物急性风险，其可以用式（3-7）表示：

$$aRisk = f(ST_a, E_{acute}) \tag{3-7}$$

式中，aRisk 为水体中致癌物对人体健康的急性风险度，为无量纲参数；ST_a 为人体对水体中致癌物的短期暴露量，g；E_{acute} 为人体对水体中致癌物的急性暴露量，g。

水体污染事件污染物急性人体健康风险评价只需评价污染物短时间、高剂量经饮用水途径摄入人体造成的健康风险。人体对污染水体的暴露量可以参照式（3-8）进行：

$$E_{acute} = \frac{Q \times C}{BW} \tag{3-8}$$

式中，Q 为平均每日饮水量，L/d；C 为水体中污染物的浓度，mg/L；BW 为暴露人体体重，kg。

在确定致癌物急性暴露应急控制阈值和儿童暴露量之后，可采用人体污染物暴露量与致癌暴露应急控制阈值的比值来衡量水体中化学致癌物对人体健康的急性风险大小，如式（3-9）所示：

$$aRisk = \frac{E_{acute}}{ST_a} \qquad (3-9)$$

式中，急性风险度（aRisk）的大小表示短时间的饮用水体污染物对人体造成的急性健康风险。如果 aRisk < 1，表明水体中污染物对人体的急性暴露是"安全"的，人体在短期内饮用这一污染物浓度下的水体对人体造成的健康风险是可以接受的；如果 aRisk > 1，表明水体中污染物对特定人群的暴露是"不安全"的，且 aRisk 值越大，对人体存在的风险就越大。

D. 致癌物急性健康风险评价不确定性分析

在剂量–效应关系评价中，致癌物的暴露水平决定人体反应的定量预测。致癌物的剂量–效应评价包括：①从高剂量到低剂量的外推；②从动物剂量外推到人。流行病学和毒理学数据一般高于正常情况下的环境浓度，所以必须进行剂量效应的评价。常利用数学模型实现有害物质从高剂量到低剂量的外推。在没有人体数据的情况下，由动物实验数据外推到人，种属间的外推基于生理学和药效学的数据。在剂量–效应关系评价中，常常利用流行病学资料或动物的毒理实验数据外推，估算人体对有害物质的未观察到有害剂量、观察到有害反应的最低剂量、最大可接受浓度、半致死剂量、半致死浓度、安全因子（AF）和斜率因子（SF）等。

不确定性的来源、类型和性质不同，其分析方法也不同。有的根据数学、实验等方法可以避免；有的能够进行定量或定性分析，减少不确定性；有一些不确定因素是不可避免的，需要决策者综合考虑各种因素，权衡不确定性后果的影响。水污染事件污染物急性暴露人体健康风险评价不确定分析方法包括以下几类。

a. 蒙特卡罗分析（Monte Carlo analysis，MCA）

MCA 法通过运用概率方法传播参数的不确定性，更好地表征风险和暴露评价。其分析步骤包括：定义输入参数的统计分布；从这些分布中随机取样；使用随机选取的参数系列重复模型模拟；分析输出值，得到比较合理的结果。

目前，大多数风险评价是基于最大日均暴露剂量的风险评价，该分析方法相对保守，存在很大的不确定性，保守的程度难以度量，提供给决策者的信息有限。在风险值为 10^{-5} 的情况下，运用 MCA 法可以得到合理的概率分布区间，可以提供给决策者更多的信息。但是，MCA 法的不足之处是：评价过程变得复杂；难以确定 MCA 法本身的优劣程度。美国国家环境保护局趋向于应用 MCA 法的概率技术，研究不同概率情况下的事故发生后果，给环境风险管理者提供更为广泛的参考。

b. 泰勒简化法

由于有时风险评价模型中输入值和输出值之间的函数关系过于复杂，因此不能从输入值的概率分布得到输出值的概率分布。运用泰勒扩展序列对输入的风险模型进行简化、近似，以偏差的形式表达输入值和输出值之间的关系。利用这种简化法能够表达评价模型的均值、偏差以及其他用输入值表示输出值的关系。

c. 概率树法

概率树法来源于风险评价中的事故树分析。概率树可以表示 3 种或更多种不确定结果，其发生的概率可以用离散的概率分布定量表达。如果不确定性是连续的，在连续分布可以被离散的分布所近似的情况下，概率树法仍然可以应用。

d. 专家判断法

专家判断法认为任何未知数据都可以看作一个随机变量，分析者可以把这个未知数据表达成概率分布的形式，把未知参数设定为特定的概率分布，从概率分布可以得到置信区间，依靠专家给出的概率进行主观的风险评价。专家判断法认为个人具备丰富的专业知识、具备风险评价的信息。信息不仅来源于传统的统计模型，而且包括一些经验资料。因此，专家所提供的资料符合逻辑，其主观判断具有科学性和技术性。应用该方法的第一步是组织专业领域的专家开展讨论会。

e. 其他方法，如灵敏度分析、置信区间法等。

E. 致癌物急性人体健康风险评价流程

水体污染事件中遗传性致癌物安全浓度计算流程如下，即第一步：确定水污染事件中致癌物短期暴露的持续时间。基于安全考虑，应将污染物暴露持续时间定为 10d。第二步：确定致癌物暴露剂量与致癌风险之间的关系。第三步：确定敏感人群。由于儿童对水体中致癌物比成年人更敏感，因此在水污染事件中一般选择儿童作为敏感人群。第四步：根据水污染事件的具体情况，设置合理的可接受风险水平。不同机构推荐的最大可接受风险水平和可忽略风险水平以及各种风险水平及其可接受程度见表 3-2、表 3-3。第五步：计算遗传性致癌物短期暴露的安全浓度。按照致癌物暴露剂量与致癌风险之间线性相关的假设，采用致癌物终生暴露安全浓度推算不同人群 1 d 和 10 d 暴露持续时间下的暴露安全浓度。

表 3-2　部分机构推荐的最大可接受风险水平和可忽略风险水平

机构	最大可接受风险水平/a^{-1}	可忽略风险水平/a^{-1}	备注
瑞典王国环境保护局	1×10^{-6}	—	化学污染物
荷兰王国住房、规划和环境部	1×10^{-6}	1×10^{-8}	化学污染物
英国皇家学会	1×10^{-6}	1×10^{-7}	—
美国国家环境保护局	1×10^{-4}	—	—
国际辐射防护委员会	5×10^{-5}	—	—

表 3-3　各种风险水平及其可接受程度

风险值/a^{-1}	危险性	可接受程度
10^{-3}	危险性特别高，相当于人的自然死亡率	不可接受，必须采取措施改进
10^{-4}	危险性中等	应采取改进措施
10^{-5}	与游泳事故和煤气中毒事故属同一数量级	人们对此关心，并愿意采取措施预防
10^{-6}	相当于地震和天灾风险	人们并不关心该事故的发生
10^{-7}	相当于陨石坠落伤人	没人愿意为该类事故投资加以防范

2. 急性暴露控制阈值确定方法

1）非致癌物的阈值确定

在突发性水污染事件中，公众主要关心水体中污染物对人体是否存在健康危害及造成危害的大小，水体中污染物浓度是否超过了人体可接受的水平。这一系列问题的焦点在于如何为水体中污染物确定一个急性暴露情况下，对人体健康不造成不良反应的安全阈值。

我国以往突发性水污染事件应急管理中，这一急性暴露安全阈值一般采用饮用水或地表水质量标准中规定的限制值，这一做法是较为保守和安全的，同时也是较为严格的。本书将水污染事件污染物的安全阈值定义为：当水污染事件发生时，人体短时间内可以放心饮用的水体中污染物浓度，单位一般为 mg/L。其计算过程主要包括以下 3 个步骤：①急性暴露安全阈值计算模型；②根据水污染事件的暴露特征，合适地界定模型参数；③确定污染物急性暴露毒理学数据。

A. 急性暴露安全阈值计算模型

水污染事件特征污染物急性暴露安全阈值的计算分为以下 3 个步骤：①水体中污染物急性暴露毒理学数据的收集；②根据收集的急性暴露数据，判定污染物急性暴露时是否为有阈值污染物；③污染物急性暴露安全阈值的计算。

国内外在制定化合物经不同途径暴露时的人体安全阈值时，一般采用污染物的无不良反应浓度、暴露人体体重、日均饮水量、饮用水占日均可耐受量的比例及数据来源的不确定因子来确定水质基准，其计算过程如式（3-10）所示：

$$SV = \frac{NOAEL \times BW}{UF \times D} \times P \tag{3-10}$$

式中，SV 为污染物暴露的安全阈值，mg/L；NOAEL 为污染物的无不良反应浓度，mg/(kg·d)；BW 为暴露人体体重，kg；D 为暴露人体日均饮用水量，L/d；P 为饮用水占日均可耐受量的比例；UF 为不确定因子。

B. 模型参数的界定

污染物无不良反应浓度（NOAEL）的选择，对于确定污染物安全阈值合适与否具有重要的意义。制定不同暴露场景、不同暴露途径的指导值，最好选用与之相对应的暴露时间里污染物的无不良反应浓度作为计算依据。例如，美国在制定突发性水污染事故的饮用水健康建议值时，采用少于 7 d 的污染物毒理学暴露终点值作为确定 1 d 健康建议值（1-d HA）的计算依据。采用少于 30 d 暴露的终点值作为 10 d 健康建议值（10-d HA）的计算依据。

暴露人体体重（BW）和暴露人体日均饮用水量（D）是两个计算安全阈值的默认值。目前普通接受的原则为一个成年人日均饮用水量的默认设定值是 2 L，体重的默认设定值是 60 kg；儿童日均饮用水量的默认设定值是 1 L，体重的默认设定值是 10 kg。对于大部分物质而言，饮水摄入量的范围是很小的。

在建立水污染事件污染物安全阈值中，饮用水占日均耐受量的比例（P）应该根据污染事故影响区域的具体情况进行设定。当水污染地区居民除来自饮用水还有来自食物、空气等其他途径的暴露时，应该减小该值，反之则需增大该值。除此之外，对于不能获得计算污染物短期暴露的无不良反应浓度，但必须设定污染物短期暴露的安全阈值时，可采用污染物慢性暴露的无不良反应浓度作为计算污染物短期暴露安全阈值的基础。

C. 污染物急性暴露毒理学数据的来源

污染物急性暴露毒理学数据主要采用两种方式确定：①通过全面检索已报道的污染物短期暴露的相关资料。化学物急性暴露毒理学数据可参考美国进行的国家毒理学项目（National Toxicology Program，NTP）、世界卫生组织进行的国际化学品安全项目（The International Programme of Chemical Safety，IPCS）所建立的化学物质毒理学数据。污染物短期暴露终点值数据的收集主要包括污染物在肝或肾方面的毒性、免疫学或神经毒性影响方面的数据。对收集到的污染物数据进行分析，如果结果表明该污染物短期暴露具有致癌风险，则需要采用其他计算方法。污染物暴露终点值应尽量选择来自人体或动物实验方面的研究成果，最好采用来自饮用水方面的数据，如果缺少经口的实验数据，也可以考虑使用来自其他暴露途径（吸入途径、注射途径）的数据。②开展单一污染物暴露的毒理学实验。当已有的数据不足以精确地反映污染物的急性暴露信息时，需要进行单一污染物的毒理学研究实验。进行毒理学研究实验之前首先需要确定污染物的敏感物种和相关的毒理学终点。毒理学终点主要包括血液毒性、免疫毒性、神经毒性、肝和肾神经作用、内分泌影响和发育影响。需要进行不同水平的动物实验和对照组实验，动物实验的目的在于确定最合适的无不良反应浓度或出现不良反应的最低浓度，暴露时间包括 7 d 和 14 d 两个阶段，并需进行重复实验，以验证数据的可靠性。

2）致癌物的阈值确定

突发性水污染事件的一个重要特征为各种人体有毒、有害的污染物在短期内，大量、高浓度地进入水体，给附近的居民或水生态造成了极大的危害。这一系列污染物中存在大量具有致癌风险的物质，如砷、铅、苯等。致癌物对人体健康具有高危害性和高风险性，使其越来越受到人们的重视。对于突发性水污染事件，人们关心的重点是致癌物短期、高剂量暴露对于人体健康造成的风险大小，如人体经饮水途径暴露 1d 或 10d 的健康风险及人体可接受的安全阈值。在以往的研究中，研究者主要开展水体中致癌物低剂量、长期摄入的人体健康风险并建立了较为成熟的计算模型。与致癌物慢性人体健康风险评估的研究相比，致癌物的急性健康风险评估则是相对薄弱的，只见少数报道。目前采用的致癌物人体健康风险推算方法主要分为非线性模型和线性模型，相对而言，致癌物急性人体风险与暴露剂量的线性相关模型更为成熟，因此本书是在致癌风险与暴露剂量呈线性相关的假设下，探讨水体污染事件中致癌物急性人体健康风险的评估方法。水污染事件中致癌物急性人体健康风险评估方法的建立对于正确认识水污染事件的严重程度、合理地评价致癌物对人体造成的急性人体健康风险、科学管理水体污染事故、有效保护公众身体健康和保障饮用水安全具有极其重要的意义。

由于遗传毒性化学致癌物的始动过程是在体细胞的遗传物质中诱发突变，其在任何暴露水平都具有理论上的危险性，为无阈值污染物，因此只能在一定可接受的风险下，讨论人体可接受的急性暴露遗传性致癌物的安全浓度。

参照致癌物终生慢性暴露安全浓度的定义，将水污染事件遗传性致癌物急性暴露安全浓度（safety concentration，SC_a）定义为："当致癌物人体急性暴露导致的年风险在人体可接受范围内（$10^{-6} \sim 10^{-4} \ a^{-1}$）时，人体经饮用水途径可接受的水体中遗传性致癌物浓度，mg/L。"

在假设致癌物的致癌风险与暴露剂量呈线性相关的前提下，采用动物慢性暴露实验中所测得的毒理学数据计算致癌物急性暴露的安全浓度。假设动物实验中的癌症发生率 I_e 对应的致癌物积累剂量为 $d_e \times t_e$，则致癌物急性暴露致癌风险与动物实验致癌风险的关系采用式（3-11）表示：

$$\frac{SC_a \times t_a}{d_e \times t_e} = \frac{I_a}{I_e} \tag{3-11}$$

式中，SC_a 为致癌物急性暴露的安全浓度，mg/L；d_e 为慢性动物实验中动物的日均暴露剂量，mg/L；t_a 为致癌物急性暴露持续时间，d；t_e 为动物实验暴露持续时间，d；I_a 为致癌物人体急性暴露的最大可接受年风险，a^{-1}；I_e 为动物暴露实验中供试动物的癌症风险，d^{-1}。

将式（3-11）变形可得采用动物实验结果，计算人体急性暴露安全浓度的公式，即式（3-12）：

$$SC_a = \frac{I_a}{I_e} \times \frac{t_e}{t_a} \times d_e \tag{3-12}$$

同样地，致癌物终生暴露风险与动物暴露实验风险之间的关系可用式（3-13）表示：

$$\frac{SC_c \times t_c}{d_e \times t_e} = \frac{I_c}{I_e} \tag{3-13}$$

式中，SC_c 为致癌物终生暴露安全浓度，mg/L；t_c 为人一生存活的天数 25000d（接近 70 年），d；I_c 为致癌物终生暴露的最大可接受的年风险，a^{-1}。

将式（3-13）转化可得终生暴露安全浓度的计算公式：

$$SC_c = \frac{I_c}{I_e} \times \frac{t_e}{t_c} \times d_e \tag{3-14}$$

将式（3-12）与式（3-14）相除，则得到使用致癌物终生暴露安全浓度计算急性暴露安全浓度的公式（3-15）：

$$SC_a = SC_c \times \frac{t_c}{t_a} \times \frac{I_a}{I_c} \tag{3-15}$$

当 $t_a = 10$、$t_c = 25000$ 时，致癌物急性暴露安全浓度 SC_a 如式（3-16）所示：

$$SC_a = SC_c \times \frac{I_a}{I_c} \times 2500 \tag{3-16}$$

目前建立的遗传性致癌物终生暴露安全浓度均是以成年人作为暴露人群，根据污染物急性人体健康风险评估原则，需要考虑污染物对易感人群（儿童、孕妇等）的暴露，增加额外的安全因子，该因子一般取 10。综合以上因素得出水污染事件中遗传性致癌物急性暴露安全浓度的计算公式：

$$SC_a = SC_c \times \frac{I_a}{I_c} \times 250 \tag{3-17}$$

动物实验已经广泛被认为是进行人体健康风险评估的可行方式，生物体代谢过程、修复机制和器官特性方面的影响因素已经在动物实验中被考虑，并且当使用动物实验数据推算终生暴露安全浓度时，已经考虑了模型推算过程中的不确定因素。因此，当使用致癌物终生暴露安全浓度计算致癌物急性暴露安全浓度时，为避免风险推算过程中涉及的对不确定因素的重复计算，则不必再次考虑不确定因素，可直接采用终生暴露安全浓度计算致癌物急性暴露的安全浓度。

3.1.3.4　应用案例

以松花江硝基苯污染事件为例进行急性人体健康风险评价，并确定水污染事件中污染物的应急控制阈值，该案例在进一步验证本书研究建立的非致癌物急性暴露健康风险评价方法有效性的同时，也为开展其他水污染事件污染物的急性健康风险评价提供了借鉴。

2005 年 11 月 13 日，中国石油天然气总公司吉林石化公司双苯厂一车间发生爆炸。截至同年 11 月 14 日，共造成 5 人死亡、1 人失踪，近 70 人受伤。爆炸发生后，约 100t 苯类物质（苯、硝基苯等）流入松花江，造成了江水严重污染，沿岸数百万居民的生活受到影响。2005 年 11 月 21 日，哈尔滨市政府向社会发布公告称全市停水 4 天，11 月 22 日，哈尔滨市政府连续发布 2 个公告，证实上游化工厂爆炸导致了松花江水污染，动员居民储水。11 月 23 日，国家环境保护总局向媒体通报，受中国石油吉林石化公司双苯厂爆炸事故影响，松花江发生重大水污染事件。

1. 污染物健康风险识别

硝基苯是化工生产中的重要原料，属有机有毒物质，美国国家环境保护总局将其列为 129 种"优先控制有毒有机污染物"之一。硝基苯污染皮肤后的吸收率为 $2mg/(cm^2 \cdot h)$，其蒸气可同时经皮肤和呼吸道吸收，其在体内总滞留率可达 80%。硝基苯的转化物主要为对氨基酚，还有少量间硝基酚与对硝基酚，和邻氨基酚与间氨基酚。生物转化所产生的中间物质的毒性常比其母体更强。硝基苯在体内经转化后，其水溶性较高的转化物即可经肾脏排出体外，完成其解毒过程。

硝基苯的主要毒理作用为①形成高铁血红蛋白的作用：主要是硝基苯在生物体内转化所产生的中间产物对氨基酚、间硝基酚等的作用。②溶血作用：发生机制与形成高铁血红蛋白的毒性有密切关系。硝基苯进入人体后，经过转化产生的中间物质可使维持细胞膜正常功能的还原型谷胱甘肽减少，从而引起红细胞破裂，发生溶血。③肝脏损害：硝基苯可直接作用于肝细胞致肝实质病变，引起中毒性肝病、肝脏脂肪变性，严重者可发生亚急性重型肝炎。④急性中毒者还有肾脏损害的表现，此种损害也可继发于溶血。

急性硝基苯中毒可在工作接触时或工作后经几小时的潜伏期发病。高铁血红蛋白达 10%～15%时，患者黏膜和皮肤开始出现发绀。最初，口唇、指（趾）甲、面颊、耳壳等处呈蓝褐色，舌部的变化最明显。高铁血红蛋白达 30%以上时，其他神经系统症状随之发生，头部沉重感、头晕、头痛、耳鸣、手指麻木、全身无力等相继出现。高铁血红蛋白升至 50%时，可出现心悸、胸闷、气急、步态蹒跚、恶心、呕吐，甚至昏厥等。若高铁血红蛋白进一步增加到 60%～70%时，患者可发生休克、心律失常、惊厥，甚至昏迷。患者经及时抢救，一般可在 24h 内意识恢复，脉搏和呼吸逐渐好转，但头昏、头痛等持续数天。高铁血红蛋白的致死浓度为 85%～90%。

急性硝基苯中毒的神经系统症状较明显，中枢神经兴奋症状出现较早，严重者可有高热，并有多汗、缓脉、初期血压升高、瞳孔扩大等自主神经系统紊乱症状。硝基苯对眼有轻度刺激性，对皮肤由于刺激或过敏可产生皮炎。据短期内经皮肤吸收或吸入大量硝基苯的蒸气的职业接触史，以及以高铁血红蛋白血症、溶血性贫血或肝脏损害为主要病变的临床表现，结合现场卫生学调查及空气中硝基苯浓度测定资料，排除硫化血红蛋白血症、肠源性青紫症、NADH-MHb 还原酶缺乏症、血红蛋白 M 病、各种原因的缺氧性发绀等其他病因后，可诊断为急性硝基苯中毒。

2. 污染物剂量–效应关系

由于在以往的研究过程中只制定了硝基苯出现不良反应的最低浓度 LOAEL=5mg/（kg 体重·d），因此在计算过程中均采用此数据，按照美国国家环境保护局的规定，用 LOAEL 代替 NOAEL 时，需要增加安全性系数，所以本次研究中取 UF=1000。硝基苯急性参考剂量的计算公式如式（3-18）所示：

$$\text{ARfD} = \frac{\text{NOAEL or LOAEL}}{\text{UF}} = \frac{5\ \text{mg/（kg 体重·d）}}{1000} = 0.005\ \text{mg/（kg 体重·d）} \qquad (3-18)$$

3. 污染物暴露评价

硝基苯暴露途径分析：水污染事件爆发后，暴露人群主要通过饮用水途径和皮肤接触途径暴露硝基苯，从而危害到人体健康。常规状态下水体中硝基苯浓度较低，多数情况下不能检测出硝基苯的存在，而污染事件发生之后，水体中硝基苯大量存在，因此在硝基苯急性健康风险评价中，应关注硝基苯高剂量摄入时，对人体造成的健康风险大小。在进行硝基苯暴露评价时，可以忽略暴露人群来自其他途径对硝基苯的暴露量。

人体对水体中硝基苯暴露量的计算按照式（3-4）。

各参数选择情况如下：成人日均饮用水量取 2 L/d，儿童日均饮用水量取 1 L/d；人体对硝基苯的肠胃道吸收因子取 0.001；成人体重取 60 kg，儿童体重取 10 kg。

4. 污染物健康风险表征

以此次突发性水污染事件中的饮用水水源地不同时间水体中硝基苯含量监测数据为依据，选取第一次检测出硝基苯时作为研究的起点、水体中硝基苯含量接近 0 时作为终点，在这一时间区间内每隔 2h 设置一个研究点。美国国家环境保护局在饮用水污染物的急性风险评估中以儿童的急性健康风险来表征水体中硝基苯的风险情况。而荷兰政府在进行污染物的急性暴露风险评估时指出，完善的风险评估过程除需进行敏感人群的急性风险评估外，对于非敏感人群也需要考虑污染物的风险度大小。为比较不同人群对硝基苯急性人体风险的差异，本书的研究中除进行儿童急性硝基苯暴露的风险评估外，也对成年男性、成年女性对水体中硝基苯健康风险度进行评估。

此次突发性水污染事件中不同人群对硝基苯风险度的变化情况如图 3-2 所示。在此次突发性水污染事件中，儿童对硝基苯急性暴露的风险度是人群中最高的，而成年男性和女性只在第 8 与第 24 个时间点之间才存在风险。儿童在第 6 个监测时间点（硝基苯浓度为 0.0989 mg/L）和第 32 个监测时间点（硝基苯浓度为 0.0419 mg/L）之间存在急性人体健康风险。成年女性在第 8 个监测时间点（硝基苯浓度为 0.162 mg/L）至第 25 个监测时间点（硝基苯浓度为 0.1464 mg/L）之间存在急性人体健康风险。成年男性在第 8 个监测时间点（硝基苯浓度为 0.162 mg/L）至第 26 个监测时间点（硝基苯浓度为 0.1724 mg/L）之间存在急性人体健康风险，不同的人群都在第 14 个监测时间点（硝基苯浓度 0.5805 mg/L）处风险度达到最高。对人群存在的风险时间长短进行比较得出，在此次突发性水污染事件中成年人存在风险的时间为 38 h，明显低于儿童的 54h，整个风险期明显缩短了 16 h。以上结果表明，在突发性水污染事件中，儿童为敏感人群，成年人对硝基苯的风险度明显低于儿童的风险度，这一结果表明，若在突发性水污染事件仅采用儿童的风险阈值作为整体人群的安全阈值是过于保守的。如果采用儿童标准作为风险管理的基准，那么无疑会增加风险管理的成本。

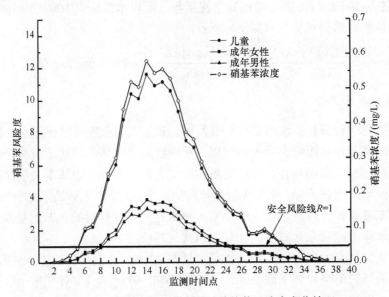

图 3-2　污染事件中不同人群对硝基苯风险度变化情况

5. 不确定性分析

硝基苯急性健康风险评价的结果存在一定的不确定性。其不确定性主要来源于以下两个方面。

1）人群生活习惯的不确定性

这里没有将城市和农村人群分别计算，于是将产生健康风险的不确定性。农村人口劳动强度较大，饮用水的量可能高于城市人群，在其他条件不变的情况下，农村人群健康风险度又可能较高。目前，城市人群大部分有饮用纯净水的习惯，经过膜等一些方式将自来水重新过滤净化可能降低水中硝基苯的浓度，人群的健康风险度也可能较低。

2）暴露参数不确定性

由于我国没有经口饮水暴露剂量计算相关参数的报道，本书引用了美国的参数，但美国人和中国人体征与生活习惯不同。因此，上述参数与中国实际相比较，可能会存在或偏大或偏小的误差，这将会造成计算出来的风险比实际风险偏大或偏小。

6. 污染物应急控制阈值

采用突发性水污染事件中非致癌物急性暴露人体健康安全阈值计算方法，对此次突发性水污染事件中的不同人群的硝基苯应急控制阈值进行了计算，计算结果见表 3-4。

表 3-4 不同人群的硝基苯应急控制阈值

暴露人群	儿童	成年女性	成年男性
急性暴露安全阈值（aST）	0.05	0.15	0.175

表 3-4 显示，不同人群的硝基苯应急控制阈值存在差异，应急控制阈值顺序为儿童＜成年女性＜成年男性。这一结果表明，在突发性水污染事件风险管理中，首先需要保护儿童的饮用水安全。

美国国家环境保护局在计算人体膳食健康日均安全剂量时，对于敏感人群还需按照食品安全法律法规的要求，为敏感人群（婴儿或孕妇等）增加特定的安全系数，但在计算短期暴露的健康建议值时未考虑这一因素，只考虑来自动物实验数据外推人体健康的安全因子。因此，在中国进行水环境污染物健康风险评估是将敏感人群的安全阈值作为判断突发性水污染事件是否安全的阈值，还是对不同人群分别设定不同的安全阈值，这一问题还需要进一步讨论。

3.2 累积性水环境风险评估技术

3.2.1 基于原位被动采样的水生态暴露评估技术

3.2.1.1 适用范围

该技术适用于地表水中化学污染物生态风险评估的原则、程序、内容和方法。主要针对化学污染物，风险受体是水生生物。

3.2.1.2 技术原理

基于生物有效性的流域水生态暴露技术旨在获得水环境介质中对生物产生毒性效应的那部分有机物。通过发展被动采样技术，包括开放式水体被动采样技术、多段式沉积物孔隙水被动采样技术和界面通量被动采样技术，对水环境中目标污染物进行有效采集，避免了通过研究水体、沉积物、水体–沉积物界面中污染物总含量与生物毒性效应的关系所造成的误差。暴露评估技术的发展有效提高了水环境中污染物对水生生物毒性效应的研究精度。

3.2.1.3　技术流程和参数

1. 开放式水体被动采样技术

开放式水体被动采样器是开放式水体被动采样技术的重要组成部分，开放式水体被动采样器是 20.7cm×13.1cm×4.4cm 的长方体铜框，上下有两个中空的盖。采样器中空的部分（图 3-3），内置 80 目不锈钢筛板、玻璃纤维过滤滤膜和不锈钢筛板覆盖。上下盖与中间的铜框用螺钉相连并固定。同时，低密度聚乙烯（LDPE）膜固定装置（图 3-4）的梳状结构保证 LDPE 无重叠。

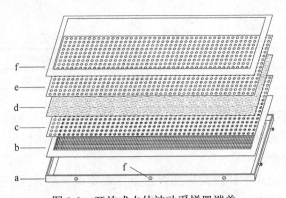

图 3-3　开放式水体被动采样器端盖
a，黄铜端盖框；b，不锈钢网；c，不锈钢筛板；d，玻璃纤维滤膜；e，聚乙烯密封圈；f，固定孔

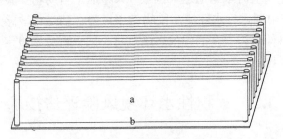

图 3-4　开放式水体被动采样器的 LDPE 膜固定装置
a，低密度聚乙烯膜；b，支架

2. 多段式沉积物孔隙水被动采样技术

1）多段式沉积物孔隙水被动采样器

多段式沉积物孔隙水被动采样器装置是多段式沉积物孔隙水被动采样技术的主要组成部分。多段式沉积物孔隙水被动采样器装置由两部分组成：不锈钢主杆和独立的小单元。不锈钢主杆为每个小单元提供支撑，长度可根据沉积物采样的深度进行变化。每个小单元由不锈钢多孔筛套、铝块或者不锈钢块、玻璃纤维（GFF）膜及 LDPE 膜组成。玻璃纤维膜包裹 LDPE 膜（也可根据目标化合物的性质选用其他介质）紧贴在铝块或不锈钢块上，外面套上不锈钢多孔圈。不锈钢多孔筛套上的小孔直径为 1.6mm，长度为 2cm，其作用是过滤大颗粒物及保护 GFF 膜。铝块或不锈钢块为中空底座形状，长度为 2.1cm。比不锈钢多孔圈长的 1mm 为间隔环，其防止上下两个单元的孔隙水交换。GFF 膜用来过滤细小的颗粒物。

2）目标物通量和浓度计算

通过多段式沉积物孔隙水被动采样技术获得的目标物被 LDPE 膜吸附的通量（F）为

$$F = -D_{\text{w}} \frac{\text{d}C_{\text{pw}}}{\text{d}Z} = D_{\text{LDPE}} \frac{\text{d}C_{\text{LDPE}}}{\text{d}Z_{\text{LDPE}}} = \frac{1}{A} \frac{\text{d}n_{\text{LDPE}}}{\text{d}t} \tag{3-19}$$

式中，D_{w} 和 D_{LDPE} 分别为目标物在水体和 LDPE 膜中的扩散系数；Z 和 Z_{LDPE} 分别为目标物在水体和 LDPE 膜中扩散层的长度，m；A 为 LDPE 膜的表面积，m²；n_{LDPE} 为吸附在 LDPE 膜上的质量，g；t 为采样时间，s。

采样速率（R）为

$$R = \frac{D_{\text{w}} A}{Z} \tag{3-20}$$

对于理想吸附相或在零汇（zero sink）条件下，目标物的浓度为

$$\overline{C}_{\text{pw}} = \frac{n_{\text{LDPE}}}{Rt} \tag{3-21}$$

式中，$\overline{C}_{\text{pw}}$ 为在一段时间 t 内，目标物在孔隙水中的时间加权平均（TWA）浓度。

3. 界面通量被动采样技术

1）界面通量被动采样装置

界面通量被动采样技术的主要组成部分是界面通量被动采样装置。界面通量被动采样装置是基于水体被动采样装置和多段式被动采样器，以不锈钢多孔板、不锈钢柱及其他零件为材料，以 LDPE 膜为吸附相材料组成的被动采样装置、水体-沉积物界面有机污染物渐升螺旋式被动采样装置，如图 3-5 和图 3-6 所示。

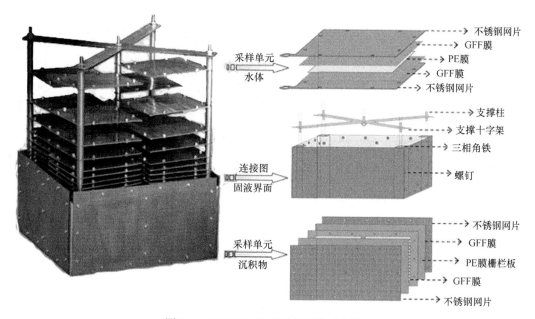

图 3-5　界面通量被动采样装置示意图

该装置包括两部分：上层水体部分（采样单元横向排列）和下层沉积物部分（采样单元纵向排列），这两部分通过十字架、三相角铁、螺丝–螺母进行连接。

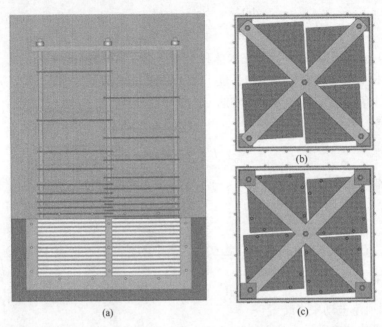

图3-6 界面通量被动采样装置的剖面图（a）、俯视图（b）、仰视图（c）

2）界面通量被动采样器的理论依据

A. 浓度定量

界面通量被动采样器的定量方法主要有两种：一种是采样速率校正法；另一种是PRC校正法。

采样速率校正法定量环境介质（开放性水体、沉积物孔隙水总称水体）中疏水性有机物的公式为

$$\bar{C}_{w} = \frac{n_{LDPE}}{R_{s}t} \tag{3-22}$$

式中，$\bar{C}_{w}$为目标物在水体中的时间加权平均浓度，g/m^3；n_{LDPE}为LDPE膜上目标物的吸附量，g；R_{s}为采样速率，m^3/s；t为采样时间，s。

PRC校正法定量目标物在水体中的浓度（C_{w}）可以表示为

$$C_{w} = \frac{C_{LDPE(t)}}{\left(1 - e^{-k_{e}t}\right) \times K_{fs}} \tag{3-23}$$

B. 通量计算

目标物在高度 Z_{w}（沉积物–水界面为基点）处的浓度为 C_{w}，目标物通过沉积物–水界面的扩散通量（F_{s}）为

$$F_{s} = -D_{w}\frac{dC_{w}}{dZ_{w}} = -D_{w}C_{0}a_{1} \tag{3-24}$$

F_s 进行时间加权平均化为

$$\overline{F_s} = -D_w C_0 \overline{a_1} \qquad (3\text{-}25)$$

3.2.2　流域水生态风险表征技术

3.2.2.1　适用范围

该技术适用于地表水中化学污染物生态风险评估的原则、程序、内容和方法。主要针对化学污染物，风险受体是水生生物。

3.2.2.2　技术原理

风险表征主要有定性的风险表征和定量的风险表征。传统的定性风险表征主要运用商值法，定量的风险表征主要为概率生态风险评估，包括概率密度函数重叠面积法、安全阈值法、联合概率分布曲线法、水生生物潜在危害比例法及商值概率分布法。

3.2.2.3　技术流程和参数

1. 商值法

商值法（HQ）又称比率法，是使用普遍、广泛的风险表征方法。它是用来判定某一浓度的化学污染物质是否具有潜在有害影响的定性或半定量的生态风险评估方法。使用式（3-26）可计算风险的商值：

$$HQ = EEC/PNEC \qquad (3\text{-}26)$$

式中，EEC（environmental expose concentration）为环境暴露浓度；PNEC（predicted no effected concentration）为预测无效应浓度。

1）使用最低毒性数据

商值法为最初步的生态风险评估方法，可采用每类生物的最低毒性效应得到最为保守的风险评估结果，从而得到对每类生物的危害商值。

2）基于评估因子的危害商值

当获得的毒性数据较少时，PNEC 通常采用评估因子法（AF_1）获得，就是由某个物种的最低急性毒性数据或慢性毒性数据除以评估因子（AF_1）来得到 PNEC，如式（3-27）所示：

$$PNEC = \frac{TOX}{AF_1} \qquad (3\text{-}27)$$

式中，TOX 为某物种的最低毒性数据；AF_1 为评估因子。

评估因子的确定主要取决于毒性效应数据所涉及的物种数量、数据量和数据质量。评估因子选择的具体数据要求、所涉及的物种数及选取标准见表 3-5。

3）基于 HC_5 的危害商值

当获得的毒性数据较多时，可由物种敏感度分布曲线得到保护 95% 水生生物的效应浓度（毒性数据）阈值（HC_5）。通过 HC_5 和评估因子 AF_2 可以计算 PNEC，如式（3-28）所示：

$$PNEC=\frac{HC_5}{AF_2}$$ （3-28）

表 3-5 评估因子的选取标准

数据要求	评估因子	标准
获取数据中 3 个营养级中的每 1 个物种，至少有 1 个短期 L（E）C_{50} 值	1000	涉及 3 个营养级，并且每 1 个营养级都至少有 1 个 LC_{50} 值
有 1 个长期 NOEC 值（鱼类或蚤类）	100	涉及 1 个营养级时，要同时具有 NOEC 值和 LC_{50} 值；涉及 2 个营养级时，可只具有 NOEC 值，无 LC_{50} 值
对于代表 2 个营养级的物种，有 2 个长期的 NOEC 值（鱼或蚤或藻）	50	涉及 2 个营养级时，要同时具有 NOEC 值和 LC_{50} 值；涉及 3 个营养级时，可只具有 NOEC 值，无 LC_{50} 值
对于代表 3 个营养级的至少 3 个物种(通常是鱼、蚤和藻)，有长期 NOEC 值	10	涉及 3 个营养级，并且每 1 个营养级都有 NOEC 值

注：NOEC 指慢性毒性值。

AF_2 的范围为 1～5，具体根据毒性数据涉及的物种数和数据质量进行选择。为保守估计污染物的生态风险，一般选择评估因子为 5。

2. 概率法

概率生态风险评估模型（PERA）用来估计污染物对水生生物不利影响发生的频率和大小。概率生态风险评估模型依赖统计模型并以概率的形式表达风险，主要是通过暴露浓度与毒性数据的概率分布曲线，考察污染物对水生生物的毒害程度，从而确定污染物对生态系统的风险。概率生态风险评估中将暴露评估和效应评估作为独立变量，在此基础上考虑其概率统计意义。

1）概率密度重叠面积法

概率密度重叠面积法将暴露浓度和毒性数据作为独立的观测值。概率密度重叠面积法将表征污染物的暴露浓度和毒性数据的概率密度曲线置于同一坐标体系下，位于最大环境暴露浓度和对污染物最敏感生物的毒性数据之间重叠部分的面积即可以反映污染物的生态风险。

2）安全阈值法

安全阈值（MOS_{10}）是物种敏感度分布曲线 10%对应的浓度与环境暴露浓度累积分布曲线上 90%对应的浓度，如式（3-29）所示：

$$MOS_{10}=\frac{SSD_{10}}{ECD_{90}}$$ （3-29）

式中，MOS_{10} 为安全阈值；SSD_{10} 为物种敏感度分布曲线中累积概率为 10%对应的毒性数据；ECD_{90} 为暴露浓度分布曲线中累积概率为 90%对应的暴露浓度。

3）联合概率分布曲线法

联合概率分布曲线是以生物物种受损害的比例为横轴，以超过影响边界的概率为纵轴，进而确定污染物的联合概率分布曲线（图 3-7）。曲线上的点表示 x 比例的生物物种受到危害的概率为 y；x 轴和 y 轴所构成的面积表示风险大小，面积越大，风险越大。

联合概率分布曲线位置反映了污染物的生态风险大小，曲线离坐标轴越远，风险越大，生物受损害的比例越大。

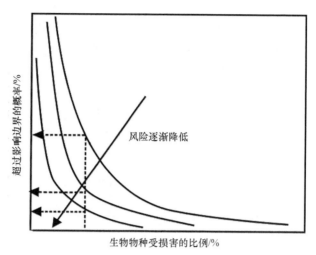

图 3-7　联合概率分布曲线示意图

4）水生生物潜在危害比例法

水生生物潜在危害比例（PAF）是基于实验室毒性数据建立的物种敏感度分布曲线，其可以预测在给定环境浓度水平对水生生物潜在危害比例（图 3-8），可以使用式（3-30）来计算单体污染物的生态风险。

$$PAF = \frac{1}{1+\exp\left[-(\chi-\alpha)/\beta\right]} \tag{3-30}$$

式中，α 为对数转化后的毒性数据平均值；β 为 $(\sigma\sqrt{3})/\pi$，σ 为对数转化后毒性数据的标准差；χ 为对数转化后的暴露浓度值。

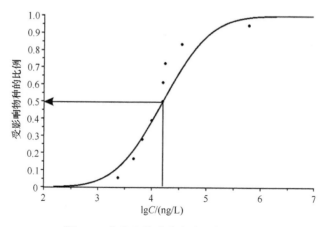

图 3-8　水生生物潜在危害比例示意图

3.2.2.4　应用案例

根据已分析得到的典型重金属的暴露特征及其毒性效应数据，分别使用商值法（评价因子法和物种敏感度法）和安全阈值法对 8 种典型重金属进行生态风险评估。

1. 商值法生态风险评估结果比较

使用商值法对重金属的生态风险进行初步筛选得出，镉、铬、镍、铜、锌、铅已对太湖水生生物造成了生态风险，砷和汞尚未造成明显的生态风险。其中，铜的生态风险最高，其次是镉、铬、锌、镍、铅。

根据风险分级标准对各种重金属造成的生态风险进行分析，确定各种重金属造成的风险程度与等级。通常认为，RQ＜1，无风险；1≤RQ＜10，低风险；10≤RQ＜100，中等风险；RQ≥100，高风险。8 种典型重金属对太湖全湖造成的生态风险等级见表 3-6。

表 3-6　8 种典型重金属生态风险等级

风险等级	无风险	低风险	中等风险	高风险
重金属	砷、汞	镍、锌、铅	镉、铬	铜

使用商值法评估 8 种重金属对太湖生态风险的结果表明，除砷和汞外，其余 6 种重金属均已对太湖造成了生态风险。为探究各湖区受影响程度，使用物种敏感度法对镉、铬、镍、铜、锌、铅共 6 种重金属进行全湖区的生态风险评估。

通过调研鄱阳湖、洞庭湖及巢湖 3 个相似湖泊水体中的重金属暴露水平，拟使用物种敏感度法得出的各金属 HC_5 数值，对这些湖泊中的重金属进行生态风险评估（表 3-7）。采用物种敏感度法对鄱阳湖、洞庭湖以及巢湖中的镉、铬、铜、锌和铅进行生态风险评估，并与太湖进行对比，仅镉和铜对太湖水生生物造成的生态风险要稍高。

表 3-7　类似湖泊水体中的重金属的生态风险对比

重金属	项目	太湖	鄱阳湖	洞庭湖	巢湖
镉	浓度	0.85	0.70	1.15	0.80
	RQ	33.56	23.33	38.33	26.67
铬	浓度	40.04	3.13	17.50	37.20
	RQ	12.02	0.94	5.26	11.17
铜	浓度	18.97	13.00	22.50	6.01
	RQ	240.00	164.00	284.00	76.08
锌	浓度	68.25	15.96	27.80	18.52
	RQ	5.69	1.33	2.32	1.54
铅	浓度	16.9	10.00	26.50	6.64
	RQ	2.06	1.22	3.23	0.81

2. 使用安全阈值法进行生态风险评估

结合安全阈值法可得出 8 种典型重金属中有 5 种重金属的安全阈值小于 1，其余 3 种的安全阈值大于 1（表 3-8）。由 $C_{0.1}$ 毒性/$C_{0.9}$ 暴露所得，镉、铬、镍、铜、锌、铅、砷、汞的安全阈值分别是 1.011μg/L、0.632μg/L、0.578μg/L、0.010μg/L、0.105μg/L、

0.697μg/L、2.515μg/L、16.429μg/L，表明在当前状况下，重金属铬、镍、铜、锌、铅对太湖全湖已造成生态风险；而镉、砷和汞尚未对太湖全湖造成明显的生态风险，并且铜造成的生态风险最大，其次是锌、镍、铬、铅。

表 3-8　8 种典型重金属的安全阈值

	镉	铬	镍	铜	锌	铅	砷	汞
$C_{0.1}$ 毒性/（μg/L）	0.95	30.55	13.65	0.17	20.23	14.87	22.41	2.30
$C_{0.9}$ 暴露/（μg/L）	0.94	48.31	23.61	17.22	193	21.32	8.91	0.14
安全阈值	1.011	0.632	0.578	0.010	0.105	0.697	2.515	16.429

第4章 流域水环境风险预警技术

流域水环境风险预警技术是分析和评价某一特定水域或断面的特定状态,以得出相应级别的警戒信息,对水环境发生的影响变化进行分析,以期实现对水环境未来情况的预测,并对流域水环境存在的问题加以控制或提出对应的解决方法。开展流域水环境风险预警工作有利于及时发现水环境存在的问题并快速解决,其对解决流域水环境问题和进行科学的流域水环境管理至关重要。

本章对流域水环境风险预警技术进行了阐述,具体包括流域水环境突发性风险快速模拟技术、流域水环境累积性风险预警技术和流域水质安全预警技术三个部分。其中,流域水环境累积性风险预警技术包括基于水库水华暴发的水华风险预警技术和基于生物响应的生物早期预警技术;流域水质安全预警技术包括基于压力驱动的流域水质安全预警技术、基于河口受体生态安全的流域水质安全预警技术和基于饮用水水源地受体敏感特征的流域水质安全预警技术。流域水环境风险预警技术可为流域水环境安全管理提供参考和技术支持。

4.1 流域水环境突发性风险快速模拟技术

针对具有高度不确定性的突发性水污染事故,水环境影响快速模拟技术可及时、准确地预测流域内突发性水环境风险事故中污染物的迁移过程,评估污染物对人类健康风险的影响,从而为生成应急处置预案提供科学依据。同时,该技术结合突发性水环境风险预警要求,提出计算流域突发性水环境风险应急快速模拟方法,给出污染物峰值浓度、峰值到达时间、污染物影响范围和下游某断面污染物通量的计算方法,解决了资料缺乏地区流域突发性水环境风险事故应急的模型预测技术需求,建立了一套包括参数选择、模型选择,以及突发性事故应急所需要参数估算方法在内的流域水环境突发性风险快速模拟技术。

4.1.1 适用范围

该技术主要用于流域内突发性水污染事件,并且能够对突发性污染事件进行快速模拟预测。

4.1.2 技术原理

流域水环境突发性风险快速模拟技术分别针对资料详全地区和资料缺乏地区做出相应的突发预警。以突发性水环境风险应急模型为核心,通过准备相关的模型输入调用模型,获得模拟预测结果的成套技术体系。该体系包含算法选择、模型构建、模型数据处理、结果表达四个部分。依据实用性和经济性原则，选择使用最简单的，又能应用于所研究的水体特定的水质问题的突发性水环境风险预测模型，建立突发性水环境风险预测模型的相关参数，形成相应的技术方法以及应急预警软件（单机版和手机版）。

4.1.3　技术流程和参数

面对来势凶猛、危害极大的流域突发性水污染事件，流域水环境突发性风险快速模拟技术对其进行应急预警模拟分析，以获取突发性水污染事件后污染物在水体中的峰值或浓度变化过程，从而为实时突发性水污染事件应急预警提供支持。流域水环境突发性风险快速模拟技术包括资料详全地区和资料缺乏地区的突发预警技术，其技术流程如图 4-1 所示。

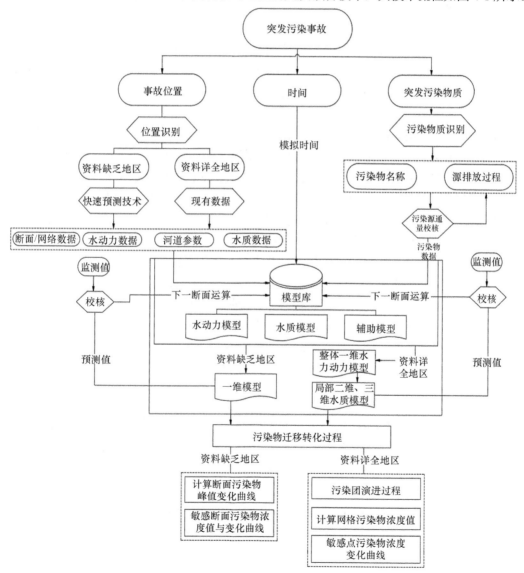

图 4-1　流域水环境突发性风险快速模拟技术流程图

流域水环境突发性风险快速模拟技术主要由以下几个部分构成：突发性水环境风险应急预警技术，突发性水环境风险预测模型，突发性水环境风险预测模型方法，突发性水环境风险预测模型参数，突发性水环境风险应急模拟软件。

4.1.3.1 构建突发性水环境风险应急预警技术

依据技术需求和技术框架，构建突发性水环境风险应急预警技术。其主要包括算法选择、模型构建、模型数据处理、结果表达几个部分。

1. 资料详全地区

基础资料较为翔实、历史研究资料较多，并已对该河道地区进行地形概化，生成区域二、三维网格的大江大河等区域，一旦发生突发事件，由国控水文站点水文数据通过一维模型快速计算，为突发事件点附近河段提供二维或三维的计算边界条件，解决水文大尺度与应急模型小区域的时间、空间匹配问题，提高模型的计算速度和精度。

采用预置的模型库构建预警模型，预置的模型库包含有 11 类 120 多种物质不同水文条件下的水质模块，不同水质模块以污染物在水体中的物理、生物、化学变化情况为依据，可添加河床底质污染物迁移转化模型、污染物转化动力学模型、重金属迁移转化模型、溢油模型等辅助模块来进行模型构建。一维数值模型的上游流量和下游水位作为边界条件由水文站实测值给出。应急局部精细高维模型运算边界条件由一维模型输出得到水文边界数据。根据突发事件污染物名称，选择 120 种污染物数据库中对应的污染物模型；若污染物不存在该库中，则通过水质模型专家给出其对应的参数，得出污染物属性。污染物排放状况包括污染物排放浓度和污染物排放量过程，相关数据通过现场监测多次校核后给出，从而得到污染物排放状况。

依据流域突发性污染风险分级标准，对事故水体中污染物的浓度级别进行渲染，通过数值计算可直观地看到污染团运移、扩散过程。在河流水动力条件复杂或重点监测区域，采用分层平面二维或三维显示水动力和污染物迁移扩散过程。按照流域突发性污染风险分级标准，通过数据分类统计，得到污染团浓度范围实时动态统计数据。选择下游敏感点，统计出事故污染团通过该点时的污染物浓度变化过程，浓度变化曲线直观地表现出污染团对敏感点的影响持续时间、程度过程和峰值浓度。

2. 资料缺乏地区

资料缺乏地区一律选择一维解析解模型的算法来求解污染物浓度峰值变化情况。

推荐使用浮标法测定河流流速。利用建立的 120 种污染物的水质模型参数库，结合突发事件特性、污染源特性，选取合适的模块构建该河段突发性水环境风险应急模型。

输入事故河段河道形态、比降、糙率等地形数据，模拟河段长度，即可生成资料缺乏地区模型计算所需的地形数据。输入事故河道流速或上游流量、下游水位，作为模型运算水动力学的边界条件。通过输入突发性污染事件污染物名称，查询特征污染物库参数库，并运用区域化方法获取模型运算所需的污染物特征参数，经判断后确定输入。

为保证预测的最大精确度，资料缺乏地区的突发事件模拟预测采用分段校核的技术思路，突发事件发生后，在起始位置下游敏感点布设相应的监测点。将模型模拟的过程与监测点实测过程进行对比，输入校核模型，以监测所得数据替代污染物排放过程数据并输入模型，以监测断面所在位置为新的突发事件起始点，重新评估完善水域地理数据、水文边界数据，进而进行下一步的运算。其技术思路如图 4-2 所示。

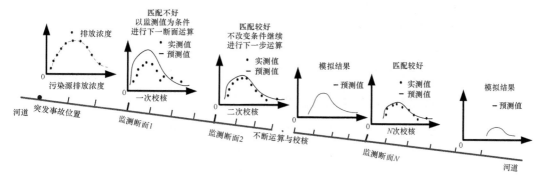

图 4-2　模拟结果校核的技术思路

依据风险分级标准，对水体中污染物的浓度级别进行颜色渲染，展现河段污染物运移情况。按照突发事件风险等级评价标准，对模拟数据分类统计，得到河段浓度范围实时动态统计数据。选择下游敏感点，做出污染物通过该点时的浓度变化曲线，来反映污染事件对敏感点的影响时间和程度，从而表达数据结果。

4.1.3.2　选择突发性水环境风险预测模型

在突发性水环境风险预测模型的选择方面，需明确水体类型，如河流型水体、水库型水体、湖泊型水体等，并对突发性水环境事故的污染物进行分析，确定合适的突发性水环境风险预测模型。表 4-1 为针对常见污染物建立的突发性污染事件污染物模型库。

表 4-1　突发性污染事件污染物模型库

污染物类型	污染物
非金属氧化物类	黄磷、氰化物、过氧化氢、氰化钠、氰化钾、甲基汞、氯化汞、氰化氢
重金属类	镉、铬、镍、汞、铅、铍、砷、铊、锑、铜、硒、锌、银
酸碱盐类	氨水、连二亚硫酸钠、磷酸、硫酸、氢氧化钡、氢氧化钾、氢氧化钠、硝酸、盐酸
致色物质类	H 酸、2,4,6-三硝基甲苯、苯胺、4-硝基甲苯、联苯胺 、2-氯苯酚、2-硝基（苯）酚、荧蒽、2,4,6-三氯苯酚、2,4-二硝基甲苯、3-硝基氯苯 、4-硝基苯胺、N,N-二甲苯胺
石油类	柴油、沥青、煤焦油、松节油、汽油、石脑油、萘
有机物类	三氯甲烷、二甲胺、苯、甲苯、对二甲苯、 苯酚、丙酮、甲醛、硝基苯、敌百虫、环己烷、乙腈、乙酸、乙醇、正己烷、3-甲苯酚、乙醛、邻苯二甲酸二丁酯、邻苯二甲酸二辛酯、邻苯二甲酸二甲酯、邻苯二甲酸二乙酯、对二氯苯、邻二氯苯、1,2-二氯乙烷、1,1,1-三氯乙烷、乙醚、甲醇、正丁醇、2-丁醇、苯甲醇、丙烯醛、丁醛、丙烯酸甲酯、环戊酮、四氯乙烯、三氯乙烯、苯甲醚

从理论上考虑，模型应该包括在所模拟的河流中对水质组分起重要作用的现象和过程；从实用性和经济性考虑，最好选择使用最简单的，但又能应用于所研究的水体的特定水质问题的模型。

对于突发性风险预警实际应用来说，模型必须能够解决在所考虑的时间和空间尺度下的突发性污染事件迁移问题；必须进行一定的假设，忽略常规污染源影响以及水质模拟中所有不重要的水质组分和过程，以上这两个准则是十分重要的。

在实际工作中，选择模型最合适的方法是首先对所研究的河流系统的水文、水质特性进行初评价，以确定对水质模拟来说哪些是水质控制因素，即弄清现有的和将面临的水质问题；确定污染事件污染物种类、特性及释放过程；确定控制水质的重要的反应过程；确定事故水体的水文、水力学特征；确定污染源附近的水利枢纽。

完成上述工作后，一般来说，可以较有把握地确定所选择的水质模型中必须包括的水质组分和反应过程，以及对于水质模型来说最合适的时间和空间尺度。

4.1.3.3 建立突发性水环境风险预测模型方法

突发性水环境风险预测模型包括水动力学水质模型、污染物反应动力学模型以及流域突发性水环境风险预警模型。其中，水动力学水质模型还可以分为河流水动力学水质模型、水库水动力学水质模型、湖泊水动力学水质模型。

1. 河流水动力学水质模型

对于中小型河流来说，其深度和宽度相对于它的长度是非常小的，排入河流的污水，经过一段距排污口很短的距离，便可在断面上混合均匀。因此，绝大多数中小型河流的水质计算常常简化为一维问题，即假定污染浓度在断面上均匀一致，只随水流方向变化。中小型河流水动力学水质模型的适用范围包括山区、平原的中小型河流和潮汐河流。

连续方程：

$$\frac{\partial A}{\partial t} + \frac{\partial Q}{\partial x} = q \tag{4-1}$$

动量方程：

$$\frac{\partial Au}{\partial t} + \frac{\partial Qu}{\partial x} + gA\frac{\partial z}{\partial x} + g\frac{n_{1d}^2 |Q\|u|}{R^{4/3}} = 0 \tag{4-2}$$

式中，A 为过水断面面积，m^2；t 为时间，s；x 为河水的流动距离，m；z 为水位，m；$\frac{\partial z}{\partial x}$ 为水面坡降；Q 为流量，m^3/s；g 为重力加速度；u 为流速，m/s；n_{1d}、R 分别为河段的糙率和水力半径。

污染物对流扩散基本方程：

$$\frac{\partial(hC_i)}{\partial t} + \frac{\partial(uhC_i)}{\partial x} = \frac{\partial^2(EhC_i)}{\partial x^2} + h(C_s + C_d) \tag{4-3}$$

式中，C_i 为污染物浓度，mg/L；t 为时间，s；x 为河水的流动距离，m；u 为流速，m/s；E 为河段水流的纵向离散系数，m^2/s；h 为水深，m；C_s、C_d 为污染物输移的源漏项，mg/L。

根据水文气象和河段地形等资料，联解式（4-1）和式（4-2）可求得河段的水位 z、流量 Q、流速 u、水深 h 等水力因素沿程 x 和随时间 t 的变化规律。这些工作常在计算水质迁移转化方程之前完成，并作为求解水质方程的条件给出。但当水质因素（如水温）对水流运动有明显影响时，则要同时联解水流、水质方程。

对于大型和特大型河流来说，平原地区大型和特大型河流采用一、二维模型网格相嵌套，一维与二维耦合的非恒定水动力学模型，一维模型和二维模型均采用非交错格式，并利用有限体积法（FVM），建立典型水域突发性水环境风险预测水动力模型。

一维模型方程与中小型河流算法一致。

一维模型的计算结果为二维模型提供边界条件。

平面二维基本方程如下。

连续方程：

$$\frac{\partial h}{\partial t} + \frac{\partial(uh)}{\partial x} + \frac{\partial(vh)}{\partial y} = 0 \tag{4-4}$$

式中，h 为微小水体的水深，m；u 为 x 方向的流速，m/s；v 为 y 方向的流速，m/s。

动量方程：

$$\frac{\partial u}{\partial t} + u\frac{\partial u}{\partial x} + v\frac{\partial u}{\partial y} = fv - g\frac{\partial z}{\partial x} - \frac{gu\sqrt{u^2+v^2}}{(c^2 h)} + \xi_x \nabla^2 u + \frac{\tau_x}{\rho h} \tag{4-5}$$

$$\frac{\partial v}{\partial t} + u\frac{\partial v}{\partial x} + v\frac{\partial v}{\partial y} = -fu - g\frac{\partial z}{\partial y} - \frac{gv\sqrt{u^2+v^2}}{(c^2 h)} + \xi_y \nabla^2 v + \frac{\tau_y}{\rho h} \tag{4-6}$$

式中，g 为重力加速度，m/s^2；ρ 为水体密度，g/cm^3；c 为谢才系数；f 为柯氏力常数；ξ_x、ξ_y 分别为 x、y 方向上的涡动黏滞系数；τ_x、τ_y 分别为 x、y 方向上的风切应力。

污染物对流扩散方程：

$$\frac{\partial(Ch)}{\partial t} + \frac{\partial(uCh)}{\partial x} + \frac{\partial(vCh)}{\partial y} = \frac{\partial}{\partial x}\left(E_x h\frac{\partial C}{\partial x}\right) + \frac{\partial}{\partial y}\left(E_y h\frac{\partial C}{\partial y}\right) + h\sum S_i \tag{4-7}$$

式中，E_x 为 x 方向的分子扩散系数、紊动扩散系数和离散系数之和；E_y 为 y 方向的分子扩散系数、紊动扩散系数和离散系数之和；S_i 为河段水体污染物的源漏项。

2. 水库水动力学水质模型

对于面积小、深度不大、封闭性强的小型水库，污染物进入该水域后，滞留时间长，加之湖流、风浪等的作用，水库中水与污染物可得到比较充分的混合，使整个水体的污染浓度基本均匀。此时，可近似采用零维水动力模型计算和预测水库中的水流动力过程和污染变化。

$$\frac{dV}{dt} = Q_1 - Q \tag{4-8}$$

根据入流 Q_1 和水体蓄泄的关系，由式（4-8）可解得水体的蓄水变化 $V(t)$ 和出流过程 $Q(t)$，从而为下面应用水质迁移转化方程进行水质模拟预测提供必需的水动力学条件。

污染物对流扩散方程：

$$\frac{dVC}{dt} = Q_1 C_1 - QC + V\sum S_i \tag{4-9}$$

式中，C 为反应单元内 t 时的污染物浓度，mg/L；C_1 为流入反应单元的水流污染物浓度，mg/L；Q_1、Q 分别为 t 时流入、流出反应单元的流量，L/d；V 为反应单元内水的体积，L；$\sum S_i$ 为反应单元的源漏项，表示各种作用（如生物降解作用、沉降作用等）使单位水体的某项污染物在单位时间内的变化量，mg/（L·d），$\sum S_i$ 增加时取正号，称源；减少时取负号，称漏。

河道型中型水库的水质模拟采用一维水动力学水质模型，采用 FVM 法进行空间数值离散，时间方向采用向前差分离散，若有闸坝控制的，使其满足水力学经验模式，在网格控制体进行数值离散，并与水流控制方程组耦合求解。

3. 湖泊水动力学水质模型

中小型湖泊可以看作是一个完全混合的、水质浓度一致的反应单元，可近似采用零维水动力学模型计算和预测湖泊中的水流动力过程。其计算步骤参考对面积小、深度不大、封闭性强的小型水库的计算步骤。

4.1.3.4　确立突发性水环境风险预测模型参数

突发性水环境风险预测模型参数有河道水力学特征参数、天然水流的扩散系数和离散系数（分子扩散系数 E_m 和紊动扩散系数 ε_s）、河流纵向离散系数（E_d）以及突发性水环境风险污染物参数。

1. 河道水力学特征参数

不同类型河流的水文工程条件、水力参数不同。不同类型河道断面的过水断面面积 ω、湿周 χ、水力半径 R 和水面宽 B 的取值可以参照表 4-2。

表 4-2　河道断面类型划分和水力学参数选取

断面形式	ω	χ	R	B
矩形	bh	$b+2h$	$\dfrac{bh}{b+2h}$	b
梯形	$(b+mh)/h$	$b+2h\sqrt{1+m^2}$	$\dfrac{(b+mh)/h}{b+2h\sqrt{1+m^2}}$	$b+2mh$
复式断面	$(b_1+m_1h_1)+$ $[b_2+m_2(h-h_1)](h-h_1)$	$b_2-2m_1h_1+2h_1\sqrt{1+m_1^2}+$ $2(h-h_1)\sqrt{1+m_2^2}$	$\dfrac{\bar{\omega}}{x}$	$\begin{bmatrix} b_2+2m_2 \\ (h-h_1) \end{bmatrix}$
U 形	$\dfrac{1}{2}\pi r^2+2r(h-r)$	$\pi r+2(h-r)$	$\dfrac{r}{2}\left[1+\dfrac{2(h-r)}{\pi r+2(h-r)}\right]$	$2r$
圆形	$\dfrac{d^2}{8}(\theta-\sin\theta)$	$\dfrac{d}{2}\theta$	$\dfrac{d}{4}(1-\dfrac{\sin\theta}{\theta})$	$2\sqrt{h(d-h)}$
抛物线形	$\dfrac{2}{3}Bh$	$\sqrt{(1+4h)}h+$ $\dfrac{1}{2}\ln(2\sqrt{h}+\sqrt{1+4h})$	$\dfrac{\frac{4}{3}h^{1.5}}{\sqrt{(1+4h)}h+\frac{1}{2}\ln(2\sqrt{h}+\sqrt{1+4h})}$	$2\sqrt{h}$

2. 天然水流的扩散系数和离散系数

水中所含物质的分子扩散系数大小主要与影响分子扩散运动的温度、溶质、压力有关，与水的流动特性无关，即分子扩散系数各向同性。水质计算中，分子扩散一般仅用于静止水体或流速很小时的情况。各物质在水中的分子扩散系数变化不大，为 $10^{-9}\sim$ $10^{-8}\mathrm{m}^2/\mathrm{s}$，如 20℃下 O_2、NH_3、酚的分子扩散系数分别为 $1.8\times10^{-9}\mathrm{m}^2/\mathrm{s}$、$1.76\times10^{-9}\mathrm{m}^2/\mathrm{s}$、$0.84\times10^{-9}\mathrm{m}^2/\mathrm{s}$。

紊动扩散是紊动水流脉动流速引起的，紊动扩散系数的大小主要与水流的紊动特性有关，垂向、横向和纵向的紊动扩散系数各异，即各向异性。

对于一般的宽浅型河流，可根据雷诺比拟方法，即认为水流的质量交换与动量交换等同，紊动扩散系数等同于涡黏系数，依此推导得出明渠垂向平均紊动扩散系数 E_{tz} 为

$$E_{tz} = 0.068 H u_* \tag{4-10}$$

式中，E_{tz} 为垂向平均紊动扩散系数；H 为水深，m；$u_* = \sqrt{gHJ}$ 为摩阻流速，g 为重力加速度，$\mathrm{m/s}^2$，J 为水力坡降。

天然河流纵、横断面变化较大，岸边也会有各种建筑物，同时还可能有支流汇入、河道弯曲、岔流等情况，这些情况使垂向和横向的流速分布很不均匀，从而引起比较大的横向紊动扩散。目前仍采用垂向扩散系数的描述形式来表达横向紊动扩散系数，即

$$E_{ty} = \alpha H u_* \tag{4-11}$$

式中，E_{ty} 为横向紊动扩散系数，m^2/s；α 为经验系数。对于顺直明渠，通过对 70 多个试验资料进行统计分析，发现除灌溉渠道 $\alpha = 0.24\sim0.25$ 外，几乎所有情况的值都在 $0.10\sim0.20$。

3. 河流纵向离散系数

河流纵向离散系数视资料条件的不同，可采用下述三种途径计算。

在天然河流中，河宽远远大于水深，横向流速不均匀对河流纵向离散系数的影响远大于垂向流速不均匀的影响。费希尔考虑这一实际，将天然河流简化为平面二维水流，然后按照埃尔德（Elder）由垂向流速分布推导纵向离散系数的方法，推导得出天然河流中纵向离散系数（即 E_d）的计算公式为

$$E_d = -\frac{1}{A}\int_0^B q'(y)\int_0^y \frac{1}{E_{ty}H(y)}\int_0^y q'(y)\mathrm{d}y\mathrm{d}y\mathrm{d}y \tag{4-12}$$

$$E_d = -\frac{1}{A}\left\{\sum_{k=1}^n\left[\sum_{i=1}^k\left(\sum_{i=1}^k q'_i\Delta y_i\right)\frac{\Delta y_i}{E_{ty,i}\overline{H_i}}\right]q'_k\Delta y_k\right\} \tag{4-13}$$

$$q'_i = (H_i + H_{i+1})(\overline{u}_i - u)/2 = \overline{H}_i(\overline{u}_i - u), \quad E_{ty,i} = 0.23\overline{H}_i u_{*i}, \quad u_{*i} = \sqrt{g\overline{H}_iJ} \tag{4-14}$$

式中，E_d 为纵向离散系数；A 为过水断面面积，m^2；B 为水面宽，m；$q'(y)$ 为 y 处的流量与平均流量的差，m^2/s；E_{ty} 为横向紊动扩散系数；$H(y)$ 为 y 处的水深；J 为河流纵坡降；u 为断面平均流速，$\mathrm{m/s}$；$\overline{u}_i$ 为第 i 块部分断面的平均流速，$\mathrm{m/s}$；Δy_i 为整个过水断

面划分为 n 块中的第 i 块面积的水面宽，m；q'_i 和 q'_k 分别为第 i 和第 k 块部分的流量；H_i，H_{i+1}，$\overline{H}_i$ 分别为第 i 块部分面积的左边、右边及平均水深，m；$E_{ty,i}$ 为第 i 块面积的横向紊动扩散系数；u_{*i} 为第 i 块面积的摩阻流速，m/s；g 为重力加速度，m/s^2。

式（4-12）～式（4-14）计算的是某一断面水流的纵向离散系数，对于较长河段应取若干个有代表性的断面，然后求得其纵向离散系数的平均值。

为了比较准确地计算河流的纵向离散系数，可在河道中选择适当的位置瞬时以点源方式投放示踪剂，如诺丹明，在下游观测示踪剂浓度随时间变化的过程线来推求纵向离散系数。示踪剂为非降解性物质，其在上游某断面瞬间投入河流后，由于水流的迁移扩散作用，其向下游流动的过程中不断分散混合，因此在下游较远的断面上测得的是一条比较平缓的示踪剂浓度过程线。显然，该过程线的分布状况反过来也反映了河段的迁移扩散特征。尤其下游的监测断面均取在纵向混合区时，两监测断面过程线间的差异则比较好地反映了该河段污染物随水流迁移中的纵向离散特征。基于这一事实，该方法采用由下游不同断面观测的示踪剂浓度过程线推求纵向离散系数。当选取的下游断面均在纵向混合区时，浓度计算为一维水质问题，可由一维水质迁移转化基本方程解得下游 x 处的示踪剂浓度变化过程为

$$C(x,t) = \frac{M}{\sqrt{4\pi E_d t}} \exp\left[-\frac{(x-ut)^2}{4E_d t} \right] \tag{4-15}$$

式中，x 为以投放示踪剂的断面为起点至下游量测断面处的距离，m；t 为以投放示踪剂的时刻为零点起算的时间，d；$C(x,t)$ 为 x 处 t 时刻的示踪剂浓度，mg/L；M 为瞬时面源强度，等于投放的示踪剂质量除以过水断面面积，m^2；u 为河段平均流速，m/s；E_d 为纵向离散系数。

由式（4-15）可求得 x 处该过程线 $C(x,t)$ 的方差 σ_t^2 为

$$\sigma_t^2 = \int_0^{+\infty} C(t-\overline{t})dt \bigg/ \int_0^{+\infty} Cdt = \frac{2E_d x}{u^3}, \quad \overline{t} = \int_0^{+\infty} Ctdt \bigg/ \int_0^{+\infty} Cdt \tag{4-16}$$

当用纵向混合河段距离分别为 x_1、x_2 的两个断面计算时，可得各断面浓度过程线的方差分别为

$$\sigma_{t_1}^2 = \frac{2E_d x_1}{u^3}, \quad \sigma_{t_2}^2 = \frac{2E_d x_2}{u^3} \tag{4-17}$$

取 $\overline{t_1} = x_1/u$，$\overline{t_2} = x_2/u$，由 $\sigma_{t_1}^2, \sigma_{t_2}^2$ 解得 E_d 为

$$E_d = \frac{u^2}{2} \frac{\sigma_{t_2}^2 - \sigma_{t_1}^2}{\overline{t_2} - \overline{t_1}} \tag{4-18}$$

两个断面的示踪剂浓度过程线可以通过测量得到，从而可按式（4-18）求得纵向离散系数 E_d。

4. 突发性水环境风险污染物参数

在突发性水环境风险预测的水质数值模型研究的基础上，结合典型的湖泊、水库和

河流等流域突发性水环境风险评估结果，明确典型流域突发性水环境风险的污染物指标体系，以及水环境水生态的安全阈值标准，选取苯系物（如硝基苯）、氰化物、油类和重金属（如 As、Pb）等污染物作为特征污染物，同时结合研究区域的实际情况，再补充相应的特征污染物，作为建立突发性水环境风险预测模型的指标。突发性水环境风险典型污染物种类见表 4-3。

表 4-3　突发性水环境风险典型污染物种类

污染物分类		分类说明	亚类	污染物种类	代表性污染物
有机污染物	油类	重油与轻油不同；非极性溶剂类与轻油类似，而挥发性有差异	船舶重油	不可溶性的漂浮类污染物	船舶重油
			柴油		柴油
			卤代烃、卤代烯、卤代醚		卤代烃、卤代烯、卤代醚
	苯系物	苯系物以苯、甲苯和二甲苯（BTX）等为代表；硝基苯、卤代苯极性的挥发性、溶解性等性质与 BTX 相似；极性取代苯则有所不同	苯	非持久性污染物	苯
			硝基苯		硝基苯
			氯苯类		氯苯类
	酚类	酚类是芳烃的含羟基衍生物，酚类化合物的毒性以苯酚最大	苯酚	非持久性污染物	苯酚
			2，4，6-三氯酚		2，4，6-三氯酚
			2，4-二硝基酚		2，4-二硝基酚
	胺类	胺是极性化合物，低级胺易溶于水，胺可溶于醇、醚、苯等有机溶剂	苯胺	非持久性污染物	苯胺
			联苯胺		联苯胺
	多环芳烃	多环芳烃是分子中含有两个以上苯环的碳氢化合物，包括萘、蒽、菲、芘等150余种化合物	萘、菲	非持久性污染物	萘、菲
	多氯联苯	多氯联苯是联苯苯环上的氢被氯取代而形成的多氯化合物	多氯联苯 1016	持久性污染物	多氯联苯 1016
	有机氯农药	有机氯农药是含有有机氯元素的有机化合物	DDT、七氯	持久性污染物	DDT、七氯
	钛酸酯类	钛酸酯类是作为酯类反应的催化剂	邻苯二甲酸二甲酯	非持久性污染物	邻苯二甲酸二甲酯
无机污染物	营养盐类	造成水体富营养化的 N 和 P 等	氮、磷	非持久性污染物	氮、磷
	氰化物类	各种金属元素的氰化物、氢氰酸等	氰化钾	非持久性污染物	氰化钾
	金属类	As、Hg、Pb、Cr、Cd 等元素	Hg、As	持久性污染物	Hg、As
			Cr、Cd、Cs		Cr、Cd、Cs

　　模型中以污染物的溶解性、沉降性、挥发性、漂浮性和降解性等指标表征不同污染物在水体中的迁移扩散转化机制。

　　有机污染物在水环境中的迁移转化主要取决于有机污染物自身的性质以及水体的环境条件。有机污染物一般通过吸附作用、挥发作用、水解作用、生物富集和生物降解作用等过程进行迁移转化，研究这些过程将有助于阐明污染物的归趋和可能产生的危害。

4.1.3.5　设计与开发突发性水环境风险应急模拟软件

　　突发性水环境风险应急模拟软件是突发性水环境风险快速模拟技术的重要组成部

分，其主要针对不同规模水体类型，设计并实现了一维水动力条件设置、计算、结果表达的可视化过程。以软件平台为工具，通过人机交互的方式可对不同河段、不同断面的各种水动力参数进行设定，同时通过对事件现场实时监测，不断校核水质模型，为下一时段计算提供初值，通过调用水质模型可模拟污染事件对下游的影响时间、程度，实现事故应急预警目标。软件开发出突发性水环境风险预测平台单机版以及突发性水环境风险预测平台移动设备版（手机版）两个版本，可为流域突发性水环境风险模拟提供良好的环境分析和数据分析服务。

4.1.4　应用案例

本书选取具有代表性的九个示范区：三峡库区、新安江、涪江、松花江、东湖、姚江、北江、汉江、长江。调研工作包括自然背景资料的准备，水文资料、地形资料和监测数据的收集，水下地形的数字化，突发事件的实地调查，模型建立及验证等。本节以无资料地区——新安江水污染突发事件预警应用为例进行说明。

4.1.4.1　突发事件及污染物排放通量

2011 年 6 月 4 日 22：55 左右。一辆装载有 31t 苯酚化学品的槽罐车，经杭新景高速公路新安江高速出口互通主路段内（S31 龙游方向 48km+200m 处，距离新安江约 1.5km）时发生抛锚，当车辆正在进行抢修作业时，一辆重型货车与其发生碰撞事故，导致槽罐破裂，苯酚泄漏。事发时，因时逢黑夜和受暴雨影响，估计约有 20t 苯酚泄漏随地表水流入新安江中，造成部分水体受到污染。

2011 年 6 月 5～6 日对新安江内苯酚浓度进行了及时的应急监测，监测结果见表 4-4。

表 4-4　6 月 5 日 00：50 应急监测报表

监测点位		挥发酚（苯酚）		
		取样时间	浓度/（mg/L）	水质类别（按挥发酚单项指标评价）
事故入江点	5 日	5：30	100	劣 V 类
		11：20	35	劣 V 类
		12：25	21	劣 V 类
		13：00	22	劣 V 类
		14：30	35.9	劣 V 类
		15：10	35	劣 V 类
		15：50	31	劣 V 类
		16：35	27	劣 V 类
		17：20	25.8	劣 V 类
		18：00	26.7	劣 V 类
		22：00	20.7	劣 V 类
		23：00	20.1	劣 V 类

监测点位		挥发酚（苯酚）		
		取样时间	浓度/（mg/L）	水质类别（按挥发酚单项指标评价）
马目大桥	5 日	5：50	未检出	Ⅰ类
		9：30	未检出	Ⅰ类
		12：45	未检出	Ⅰ类
		13：15	0.16	劣Ⅴ类
		13：45	0.005	Ⅲ类
		14：15	0.003	Ⅲ类
		14：45	0.003	Ⅲ类
		15：15	0.007	Ⅳ类
		15：45	0.003	Ⅲ类
		20：00	1.47	劣Ⅴ类
		22：20	0.8	劣Ⅴ类
严陵坞	5 日	10：00	0.002	Ⅰ类
		11：51	0.002	Ⅰ类
		13：29	0.001	Ⅰ类
		14：34	未检出	Ⅰ类
		18：00	0.002	Ⅰ类
		18：30	0.002	Ⅰ类
		19：30	0.007	Ⅳ类
		20：00	0.006	Ⅳ类
		21：59	0.006	Ⅳ类
		22：30	0.003	Ⅲ类
东吴大桥	5 日	9：20	未检出	Ⅰ类
		13：30	未检出	Ⅰ类
		15：30	0.0007	Ⅰ类
		17：30	0.0007	Ⅰ类
		20：00	0.0007	Ⅰ类
		22：00	0.0024	Ⅲ类
		22：30	0.0018	Ⅰ类
		23：00	0.0015	Ⅰ类
富春江水厂	5 日	上午	未检出	Ⅰ类
		下午	未检出	Ⅰ类
渔山	5 日	9：15	未检出	Ⅰ类
		15：00	0.0013	Ⅰ类
		15：30	0.0013	Ⅰ类
		22：00	0.0007	Ⅰ类

监测点位			挥发酚（苯酚）	
		取样时间	浓度/（mg/L）	水质类别（按挥发酚单项指标评价）
萧山 123 水厂	5 日	9：30	未检出	I 类
		17：35	未检出	I 类
		18：55	未检出	I 类
		20：40	未检出	I 类
		22：00	未检出	I 类
		22：35	未检出	I 类
		23：05	未检出	I 类
九溪水厂	5 日	9：00	未检出	I 类
		15：00	0.0005	I 类
		15：30	0.0007	I 类
		22：00	0.0007	I 类
		22：30	0.0007	I 类
		23：00	0.0012	I 类
地表水标准 （挥发酚）			《地表水环境质量标准》（GB 3838—2002）： Ⅰ、Ⅱ类标准值：≤0.002 mg/L； Ⅲ类标准值：≤0.005mg/L； Ⅳ类标准值：≤0.01mg/L； Ⅴ类标准值：≤0.1mg/L	

突发事件污染物释放过程见表 4-5。

表 4-5　突发事件污染物释放过程

时间/h	流量/（m³/s）	浓度/（kg/m³）	负荷/kg
0	0	1025000.316	1063437.828
0.1	20.75	1025000.316	1063437.828
0.2	20.75	1025000.316	1063437.828
0.3	20.75	1025000.316	1063437.828
0.4	20.75	1025000.316	1063437.828
0.5	20.75	1025000.316	1063437.828
0.6	20.75	1025000.316	4253751.313
1	20.75	1025000.316	2126875.657
1.2	20.75	1025000.316	2126875.657
1.4	20.75	1025000.316	1511875.467
1.6	14.75	1025000.316	1199250.37
1.8	11.7	1025000.316	1199250.37
2	0	1025000.316	1199250.37

4.1.4.2　突发预警平台参数设定

（1）突发事件河流类型选择：东南河流。

（2）突发事件河槽类型选择：大型河流。

（3）突发事件污染条件设定：主要包括污染物种类、污染物特性、排污过程时间序列、排污量等。

（4）突发事件河流水文参数设定：主要包括各断面的流速、流量、糙率值等。

（5）突发事件污染物类型：苯酚、苯酚的降解系数。

4.1.4.3　模型验证与模拟结果

模型验证点选取为马目大桥（图 4-3）。

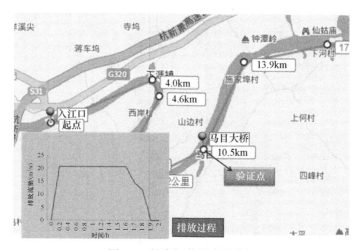

图 4-3　新安江苯酚事故验证

模型模拟包括 8 个实测断面，即事故入江点、马目大桥、严陵坞、东吴大桥、富春江水厂、渔山、萧山 123 水厂、九溪水厂。模拟河长从入口到终点，共计 135km，上游流量 1500～2000m³/s，下游水位 104m，新安江比降为 0.0003，苯酚的降解系数为 0.2D⁻¹。

假定已知参数有苯酚排放量（kg）、苯酚降解系数、排放点坐标（x，y）、排放时刻 t、河流断面宽度及断面面积、河流纵向离散系数、河流断面平均流速，预测模拟结果见表 4-6。

表 4-6　预测模拟结果

监测断面	断面	坐标 x/m	排放量/kg	断面宽度/m	断面面积/m²	纵向离散系数/（m²/s）	断面平均流速/（m/s）
事故入江点	1	0	20000	400	2000	0.02	0.4
	2	135	20000	402.5	2012.5	0.02	0.4
	3	270	20000	405	2025	0.02	0.4
	4	405	20000	407.5	2037.5	0.02	0.4
	5	540	20000	410	2050	0.02	0.4
	6	675	20000	412.5	2062.5	0.02	0.4
	7	810	20000	415	2075	0.02	0.4
	8	945	20000	417.5	2087.5	0.02	0.4

续表

监测断面	断面	坐标 x/m	排放量/kg	断面宽度/m	断面面积/m²	纵向离散系数/(m²/s)	断面平均流速/(m/s)
	9	1080	20000	420	2100	0.02	0.4
	10	1215	20000	421.2	2105.8	0.02	0.4
	11	1350	20000	422.3	2111.5	0.02	0.4
	12	1485	20000	423.5	2117.3	0.02	0.4
	13	1620	20000	424.6	2123.1	0.02	0.4
	14	1755	20000	425.8	2128.8	0.02	0.4
	15	1890	20000	426.9	2134.6	0.02	0.4
	16	2025	20000	428.1	2140.4	0.02	0.4
	17	2160	20000	429.2	2146.2	0.02	0.4
	18	2295	20000	430.4	2151.9	0.02	0.4
	19	2430	20000	431.5	2157.7	0.02	0.4
	20	2565	20000	432.7	2163.5	0.02	0.4
马目大桥	21	2700	20000	433.8	2169.2	0.02	0.4
	22	2835	20000	435.0	2175.0	0.02	0.4
	23	2970	20000	436.2	2180.8	0.02	0.4
	24	3105	20000	437.3	2186.5	0.02	0.4
	25	3240	20000	438.5	2192.3	0.02	0.4
	26	3375	20000	439.6	2198.1	0.02	0.4
	27	3510	20000	440.8	2203.8	0.02	0.4
	28	3645	20000	441.9	2209.6	0.02	0.4
	29	3780	20000	443.1	2215.4	0.02	0.4
	30	3915	20000	444.2	2221.2	0.02	0.4
	31	4050	20000	445.4	2226.9	0.02	0.4
	32	4185	20000	446.5	2232.7	0.02	0.4
	33	4320	20000	447.7	2238.5	0.02	0.4
	34	4455	20000	448.8	2244.2	0.02	0.4
	35	4590	20000	450	2250.0	0.02	0.4
	36	4725	20000	471.4	2357.1	0.02	0.4
	37	4860	20000	492.9	2464.3	0.02	0.4
严陵坞	38	4995	20000	514.3	2571.4	0.02	0.4
	39	5130	20000	535.7	2678.6	0.02	0.4
	40	5265	20000	557.1	2785.7	0.02	0.4
	41	5400	20000	578.6	2892.9	0.02	0.4
	42	5535	20000	600.0	3000	0.02	0.4
	43	5670	20000	600.9	3004.5	0.02	0.4
	44	5805	20000	603.2	3016.1	0.02	0.4
	45	5940	20000	605.5	3027.6	0.02	0.4
	46	6075	20000	607.8	3039.2	0.02	0.4
东吴大桥	47	6210	20000	610.1	3050.7	0.02	0.4
	48	6345	20000	612.4	3062.2	0.02	0.4
	49	6480	20000	614.8	3073.8	0.02	0.4
	50	6615	20000	617.1	3085.3	0.02	0.4
	51	6750	20000	619.4	3096.9	0.02	0.4

监测断面	断面	坐标 x/m	排放量/kg	断面宽度/m	断面面积/m^2	纵向离散系数/(m^2/s)	断面平均流速/(m/s)
	52	6885	20000	621.7	3108.4	0.02	0.4
	53	7020	20000	624.0	3119.9	0.02	0.4
	54	7155	20000	626.3	3131.5	0.02	0.4
	55	7290	20000	628.6	3143.0	0.02	0.4
	56	7425	20000	630.9	3154.5	0.02	0.4
	57	7560	20000	633.2	3166.1	0.02	0.4
	58	7695	20000	635.5	3177.6	0.02	0.4
	59	7830	20000	637.8	3189.2	0.02	0.4
	60	7965	20000	640.1	3200.7	0.02	0.4
	61	8100	20000	642.4	3212.2	0.02	0.4
	62	8235	20000	644.8	3223.8	0.02	0.4
东吴大桥	63	8370	20000	647.1	3235.3	0.02	0.4
	64	8505	20000	649.4	3246.9	0.02	0.4
	65	8640	20000	651.7	3258.4	0.02	0.4
	66	8775	20000	654.0	3269.9	0.02	0.4
	67	8910	20000	656.3	3281.5	0.02	0.4
	68	9045	20000	658.6	3293.0	0.02	0.4
	69	9180	20000	660.9	3304.5	0.02	0.4
	70	9315	20000	663.2	3316.1	0.02	0.4
	71	9450	20000	665.5	3327.6	0.02	0.4
	72	9585	20000	667.8	3339.2	0.02	0.4
	73	9720	20000	670.1	3350.7	0.02	0.4
	74	9855	20000	672.4	3362.2	0.02	0.4
	75	9990	20000	630	3150	0.02	0.4
	76	10125	20000	647	3235	0.02	0.4
	77	10260	20000	664	3320	0.02	0.4
	78	10395	20000	681	3405	0.02	0.4
富春江水厂	79	10530	20000	698	3490	0.02	0.4
	80	10665	20000	715	3575	0.02	0.4
	81	10800	20000	732	3660	0.02	0.4
	82	10935	20000	749	3745	0.02	0.4
	83	11070	20000	766	3830	0.02	0.4
	84	11205	20000	783	3915	0.02	0.4
	85	11340	20000	800	4000	0.02	0.4
	86	11475	20000	780	3900	0.02	0.4
	87	11610	20000	760	3800	0.02	0.4
渔山	88	11745	20000	740	3700	0.02	0.4
	89	11880	20000	720	3600	0.02	0.4
	90	12015	20000	700	3500	0.02	0.4
	91	12150	20000	680	3400	0.02	0.4

续表

监测断面	断面	坐标 x/m	排放量/kg	断面宽度/m	断面面积/m²	纵向离散系数/（m²/s）	断面平均流速/（m/s）
萧山123水厂	92	12285	20000	660	3300	0.02	0.4
	93	12420	20000	751.4	3757.1	0.02	0.4
	94	12555	20000	842.9	4214.3	0.02	0.4
	95	12690	20000	934.3	4671.4	0.02	0.4
	96	12825	20000	1025.7	5128.6	0.02	0.4
	97	12960	20000	1117.1	5585.7	0.02	0.4
	98	13095	20000	1208.6	6042.9	0.02	0.4
九溪水厂	99	13230	20000	1300	6500	0.02	0.4
	100	13500	20000	1250	6250	0.02	0.4

综上所述，实测瞬时排放苯酚结果与模拟瞬时排放结果基本一致。

4.2 流域水环境累积性风险预警技术

流域水环境累积性风险预警（early warning of accumulative risk for water environment）是指针对多种压力或组合压力下的水环境不同层面受体逆化演替、退化、恶化风险的分析、描述和及时报警。其主要是针对水质、水生态健康、生物安全状况及演变趋势进行预测和评估，提前发现和警示水环境恶化问题及其胁迫因素，从而为提出缓解或预防措施提供基础。

从累积性风险预警内涵和需求出发，针对水环境、生物群落、生物个体3个层面的生态受体以及预警需求，着眼于累积性风险问题识别/形成、问题分析、问题描述等步骤，实施流域水环境累积性风险预警分级研究，构建基于水库水华暴发的风险预警技术以及基于生物响应的生物早期预警技术。

4.2.1 基于水库水华暴发的风险预警技术

富营养化是当今世界共同面临的重大水污染问题，其危害着人类的生存环境。我国幅员辽阔，地形、地质、气候特征均具有多样性，从而使得不同地区的水体理化特征和生物群落结构特征多样化。另外，我国不同地区的经济发展水平、农业畜牧类型、居民生活状况和习惯，以及城市化进程有其自身的特点，这些都影响水的利用类型在地区分布的特异性，从而导致不同地区水体污染物的进入方式、污染程度、污染物组成在水体的分布和变化不同。我国水库分布广泛，类型繁多，随着工农业生产的深入和都市化程度的进一步提高，大量不达标或不规范排放导致我国水库营养盐浓度增加，大部分已发生了不同程度的富营养化现象，其对水库的服务功能和水生态产生一定危害，已成为水环境保护中的突出问题之一。为了避免在水资源短缺的情况下出现大面积的水质性缺水现象，在调查研究水库水华暴发特征的基础上，及时科学地对水库富营养化进行评估和预警，可以为控制水库水华暴发和提高水库管理能力提供技术支持。

4.2.1.1　适用范围

该技术适用于对水库水质、浮游藻类、水动力条件进行连续跟踪监测，阐明水库水华暴发特征及其关键影响因素。

4.2.1.2　技术原理

一般水华暴发的水域要同时具备以下特征，即氮、磷营养物质水平达到湖泊富营养化标准水平，水体流速缓慢，水体滞留时间长，而且水温等环境条件适宜，气候温暖，日照充足。总体来讲，引起水体富营养化的主要因子有 3 类：营养因子、环境因子和生态因子。

1. 营养因子

目前，国际上一般认为当水体中的总氮（TN）和总磷（TP）分别达到 0.2mg/L 和 0.02mg/L 时，从营养盐单因子考虑就有可能发生富营养化现象。上述浓度也成为富营养化发生的必需浓度。自然水体中的氮、磷以无机态和有机态等多种形态存在，其中以可被植物直接利用吸收的形态为最主要的形式。氮的存在形式以溶解的无机氮（铵、亚硝酸盐、硝酸盐三者之和）为主。天然水中磷主要包括正磷酸盐、聚合磷酸盐和有机磷 3 种主要化学形态，其中，溶解的正磷酸盐是被植物吸收的最主要形式。国内外许多专家研究表明，磷是湖泊水库生产力的主要限制因子。

2. 环境因子

环境因子是指湖泊水库水体中生物生产所必需的水环境的物理化学因子，主要包括水温（WT）、光照、pH、溶解氧（DO）、透明度（SD）、电导率（TDS）、有机物（COD、BOD_5）等。水温和光照是藻类进行光合作用的必要条件，前者决定细胞内酶反应的速率，后者提供代谢的能源，二者的共同作用决定湖泊水库生物生产力的水平。因此，它们是富营养化环境因子中的主导因子。一般弱碱性的湖泊水质适于藻类生长，而我国大多数湖泊水库的 pH 均在 7.5～9.0，这为湖泊水库藻类的发展提供了有利条件。溶解氧是藻类生长和生物降解有机物不可缺少的条件，在大气复氧和藻类光合作用增氧的作用下，一般湖泊水库的溶解氧较充沛，但在有机物负荷过大、藻类光合作用受限制时，溶解氧会出现低值，从而会抑制生物生产力的发展。

3. 生态因子

营养因子和环境因子都是湖泊水库富营养化发生发展的外在条件，即外因。水体富营养化的内因是水体的内在条件和因素，即水体的生态因子。它主要指湖泊水库的生态条件和生态系统结构。

1）湖泊水库的生态条件

湖泊水库的形态要素和水文物理要素是构成湖泊水库生态条件的基本要素。湖泊水库形态要素中面积、容积、水深、岸线系数等与湖泊水库富营养化的关系最为密切。水域的封闭度是衡量湖泊水库生态条件优劣的重要标志之一。封闭度越大，越不利于水力交换，越有利于营养物质在水体内滞留和积累，从而为生物生长提供生长繁殖的良好条件。

2）湖泊水库生态系统结构

湖泊水库的生态系统是指水体生物群落的丰度和结构。其具体指标如下：①生物生产量；②生物的种类、组成；③生物种群的结构、演替；④生物种群的空间分布。湖泊水库的生态条件和生态系统共同构成了湖泊水库生态演变的内部机制，生态演变是湖泊水库对营养因子和环境因子变化的响应，在演变过程中可能发生富营养化。

水华现象实质为以浮游植物为主的浮游生物在一定环境条件下的暴发性生长。从理论上讲，水华可能会在任一已经富营养化的水生态系统内发生，实际上主要出现在水动力交换条件比较差的湖泊、水库、河口、海湾等较封闭的水域，在氮、磷等营养盐相对比较充足、水流流态缓慢、气候适宜的条件下，才会出现某种优势藻类"疯"长的水华现象。可依据该生态机理，基于基本的浅水湖泊二维水动力和物质输移的基本方程，将浮游植物生态学机理中较为成熟的动力学方程耦合到物质输移方程的源汇项，构建综合考虑水动力条件、气象条件、营养盐条件和底泥影响、浮游植物生态动力学的蓝藻生消耦合模型。

4.2.1.3　技术流程和参数

1. 对水库水华风险进行评估

水华风险评估通常以输出指标叶绿素 a（Chl-a）浓度作为研究区水华暴发指示指标。根据《中国水资源公报编制大纲》中的《湖泊、水库富营养化评分与分类方法》，结合关于水华生消过程中各水质指标和响应指标的定性定量变化情况，以水华生消过程中 Chl-a 浓度的波动范围为基础，结合水库作为景观水体和饮用水源的服务功能（如对于蓝藻水华而言，当水体中 Chl-a 浓度为 20～30μg/L 时就会影响水体混凝效果），根据 Chl-a 浓度高低及对 Chl-a 浓度产生明显影响的相关水质因子来划分风险阈值。然后，根据风险阈值设计风险区间，即确定风险分界点，结果见表 4-7。研究中没有考虑

表 4-7　水华暴发风险阈值

风险级别	低	中	较高	高
Chl-a/（μg/L）	<20	20～30	30～70	>70
SD/m	>2.0	1.0～2.0	<1.0	
DO/（mg/L）	>8.0	6.0～8.0	<6.0	
T/℃	<20		>20	
pH	<9.0		>9.0	
COD_{Mn}/（mg/L）	<2.0	2.0～4.0	>4.0	
TP/（mg/L）	<0.02	0.02～0.05	>0.05	
蓝藻细胞密度/（cells/mL）	10^4	10^5	10^6	
藻类生物多样性	>3	1～3	0～1	
藻毒素/（μg/L）	0	<0.5	>1	
生态系统健康	健康	亚健康	不健康	

流速、水体分层等水文水动力指标,对于某些水库,水文水动力学指标是重要影响因素,不容忽视。另外,这些风险阈值在应用过程中还需要根据具体水库富营养化特征选择风险因子,且风险阈值可能会有一定的浮动。

2. 建立水库水华风险预警模型

水华生消是适宜的环境条件、充足的营养盐和缓慢的水动力条件共同作用的结果,因此确定浮游植物生物量与水体理化因子各项指标间的动态响应关系是构建水库水华预测模型的关键。图 4-4 为构建的水库水华风险预警流程图。

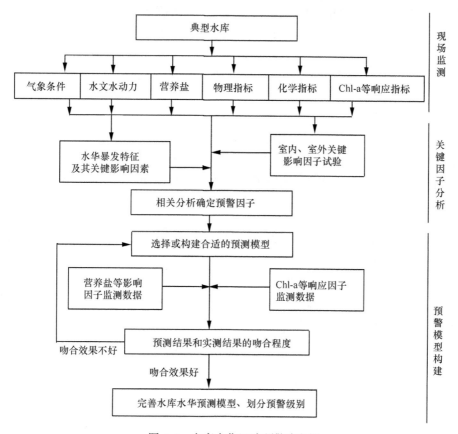

图 4-4　水库水华风险预警流程图

1) 因子分值–多元线性回归水华预警模型

在生物学或生态学研究中,野外所监测的大量现场数据资料之间存在一定的相关关系,因此,如果能够用可以反映原资料的大部分信息的少数几个综合因子来描述许多指标或因素之间的联系,将会使问题简单化且大大提高回归模型预测的精确度。因子分析的基本思想是根据相关性的大小把变量分组,使得同组内变量的相关性较高,而不同组变量的相关性较低。每组变量代表一个基本结构,这个基本结构称为一个公共因子。对于所研究的问题就可试图用最少的不可测的公共因子的线性函数与特殊因子之和来描述原来观测的每一个分量。

2）人工神经网络的水华预警模型

人工神经网络（artificial neural network，ANN）是最常用的一种水华预警模型，它采用模拟人脑的神经网络原理，能自适应地响应环境信息，自行演化出运算能力的非程序化计算模式。鉴于人工神经网络技术具有较强的适应能力、学习能力和真正的多输入多输出系统的特点，其在水华和富营养化预测中已经得到广泛应用。

3）决策树–分段性回归水华预警模型

分类决策树可以快速并准确地识别群体、发现群体之间的关系并预测未来事件。决策树方法通常与非线性回归方法结合起来进行水华预测，首先根据决策树分析结果确定主要的输入变量以及变量的区间划分，在各区间内，将确定的主要输入变量作为回归方程的自变量，将 Chl-a 浓度作为因变量，采用强迫回归法（Enter）进行分段性回归，然后对决策树预测水华暴发时机的准确率进行计算模型验证。目前，单独采取决策树对水华暴发进行预测的研究并不多见，有人尝试使用决策树和非线性回归相结合的方法对水华进行预测，并取得了一定进展。

4）遥感反演水华预警模型

水华遥感监测主要是通过研究水体反射光谱特征与水质参数浓度之间的关系，建立遥感反演水华预警模型，对湖泊水库富营养化进行监测。

根据水华预测模型本身特征，比较了常用的 4 种水华预警模型的优缺点及其适用的水库类型，结果见表 4-8。

表 4-8　4 种水华预警模型优缺点比较及其适用的水库类型

模型	优点	缺点	适用水库类型
因子分值–多元线性回归水华预警模型	①通过相关分析将原始监测数据分组，每组代表一个基本结构，从而得到少数几个综合因子来描述各变量间的联系，其使问题简单化，提高了回归模型预测的精确度；②解决了直接采用线性回归过程中各变量间的共线性问题；③明确给出了因变量和自变量间的定量关系	①线性回归法受统计数据的影响很大，个别统计值的不准确都会直接影响到预测稳定性，其容错能力较弱；②不能适应环境因子的动态变化问题，随着时间的推移，需要不断完善和修正，否则预测精度将越来越差	能够全面监测水华的生消过程，在实际工作中，需要明确水华关键影响因素以及叶绿素与环境因子间的定性定量关系的水体比较适用该方法，如三峡支流（针对每个库湾）以及中小型水库等
人工神经网络的水华预警模型	①具有良好的自适应、自组织以及很强的学习功能；②能够解决生态系统不同因子间的非线性问题，建立起简单而又切实可行的非线性的动力学系统；③神经网络是对若干基本特征的抽象和模拟，其有着很强的容错能力，即局部神经元损坏后也不会影响全局的活动	①是一种"黑箱"操作方式，不能给出输入变量和输出变量之间的定量关系；②需要大量监测数据用于模型的驯化和校正，否则预测精度较差	如果只是以预测水华暴发为目的，而不关心各因素之间的关系，则一般富营养化水库都能够适用，水华影响因素复杂且不确定的水库（如三峡水库）尤其适用
决策树–分段性回归水华预警模型	①能够将原始监测数据生成可以理解的规则；②可以清晰地显示哪些数据比较重要；③计算量相对来说不是很大	①对连续性的数据比较难预测；②当类别太多时，错误可能就会增加得比较快；③各种监测数据之间具有高度的非线性和不确定性，对水华暴发强度的预测误差较大	水华暴发藻种单一、富营养化特征在年际间变化不明显、四季分明的中小型水库适用，如洋河水库
遥感反演水华预警模型	①遥感监测能够快速、及时获取整个水域的水华信息，进行连续监测，研究水华的漂移规律，评估水华造成的损失；②目前纳米级波的光谱分辨率较高，可以获得目标物的诊断性光谱特性，捕捉水体中叶绿素等的吸收峰和反射峰	①受水库所在区域气候条件限制，在多雾多雨季节很难获得清晰的遥感影像；②精确度较差、检测频度太低、成本高；③只能监测到水华暴发后的动态变化，而不能预测水华是否暴发及其变化趋势	对于大面积水域难于快速全面地监测水华的分布和变化，而实际工作中需要动态监测水华的发生、发展趋势的水域比较适用，如新安江水库、太湖等

4.2.1.4 应用案例

大宁河是三峡水库的重要支流之一，其下游即重要的风景旅游区"小三峡"。在对大宁河富营养化特征进行连续跟踪监测的基础上，选择因子分值–多元线性回归作为水华预警概念模型，并详细阐述为提高预测效果对原始监测数据的处理过程。

1. 模型参数的获取

以原始监测数据为自变量，采用因子分析的方法获得较少的相互独立的因子变量来代替原来变量（水质数据）的大部分信息，并在此基础上进行多元回归分析，以期达到采用多种水体理化指标预测 Chl-a 浓度的目的。

监测指标包括：SD、WT、pH、TDS、悬浮物（SS）、DO、COD_{Mn}、TN、总溶解态氮（TDN）、TP、总溶解态磷（TDP）11 个水质理化因子，以及水体表面流速（V）和 Chl-a。由于这些原始自变量单位各不相同，因此通过自变量的相关矩阵获得特征值以及各变量负荷，每个因子的系数都表示相应变量的贡献百分比，也就是第 i 个原有变量在第 k 个因子变量上的负荷。第 k 个因子变量上的第 j 个目的指标的因子得分可以通过式（4-19）获得：

$$S_{kj} = t_{1k}z_{1j} + t_{2k}z_{2j} + \cdots + t_{pk}z_{pj} \tag{4-19}$$

式中，$j = 1, 2, \cdots, n$，为目的指标数量；$k = 1, 2, \cdots, q$，为所选定因子的数量；p 为自变量的数量；S_{kj} 为第 k 个因子变量中第 j 个目的指标的标准得分；z_{pj} 为第 j 个目的指标中第 p 个变量的标准值；t_{pk} 为第 k 个因子变量中第 p 个变量的标准负荷。

估计多元线性回归方程中的未知参数是多元线性回归分析的核心任务之一。T 检验用于检验回归系数，R^2 用于验证预测结果的精确度。本书的研究中将 Chl-a 作为主要因变量，在因子分析获得自变量因子得分的基础上，采用多元线性回归方法，排除掉得分较小的因子（与 Chl-a 浓度相关性不明显的参数），构建 Chl-a 预测模型：

$$\lg(\text{Chl-a}) = a + b_1 s_1 + b_2 s_2 + \cdots + b_k s_k \tag{4-20}$$

式中，a 为常数；b_k 为第 k 个因子变量中因子得分的回归系数；s_k 为第 k 个因子变量的得分值。

2. 水华预测模型的构建

选取上述 11 个水质理化因子和水体表面流速 V 作为模型因变量。表 4-9 为因子特征值和方差贡献率，从中可以看出前 7 个主因子已经解释了总体信息的 0.899。表 4-10 为因子分析中原有自变量在 7 个主成分中的负荷，由此可见，所有的 12 个自变量都包含在这 7 个因子中，TP、TDP 在 PC1 上有明显负荷；TN、TDN 在 PC2 上有明显负荷；WT、TDS 在 PC3 上有明显负荷；pH、DO 在 PC4 上有明显负荷；SS、COD_{Mn} 在 PC5 上有明显负荷；SD 在 PC6 上有明显负荷；V 在 PC7 上有明显负荷。

表 4-9 因子特征值和方差贡献率

	PC1	PC2	PC3	PC4	PC5	PC6	PC7	PC8	PC9	PC10	PC11	PC12
特征值	3.371	2.288	1.554	1.179	0.976	0.777	0.640	0.392	0.372	0.204	0.180	0.067
方差贡献率	0.281	0.472	0.601	0.699	0.781	0.845	0.899	0.931	0.962	0.979	0.994	1.000

表 4-10　因子负荷矩阵和公共因子方差

自变量	因子负荷矩阵							公共因子方差
	PC1	PC2	PC3	PC4	PC5	PC6	PC7	
SD	—	—	−0.210		−0.193	0.901	0.113	0.909
WT			0.937		0.163		−0.110	0.922
pH	—	−0.213	0.347	0.830	—	0.130		0.888
TDS	—	−0.241	−0.772		—	0.413		0.842
SS		0.207	0.121	−0.178	0.863		−0.173	0.870
DO	−0.110	0.159	−0.172	0.869	—	−0.148	−0.154	0.877
COD_{Mn}	0.252	0.191	—	0.348	0.690	−0.337		0.812
TN	0.339	0.838	0.179		0.117			0.866
TDN	0.176	0.905			0.216			0.900
TP	0.925	0.252			0.148			0.955
TDP	0.953	0.194			—			0.956
V	—	—		−0.167	−0.158		0.959	0.986

本书选择这 7 个因子的分值（score values）作为自变量进行多元线性回归，结果见表 4-11，其中 Score2 与 Chl-a 没有明显的相关性，因此该分值在 Chl-a 预测模型中可以忽略不计，Score2 中主要包括 TN、TDN 两个水质指标，因此模型 B 的预测回归模型为

$$\lg(\text{Chl-a}) = 0.583 + 0.038 \times (\text{Score1}) + 0.090 \times (\text{Score3}) + 0.098 \times (\text{Score4})$$
$$+ 0.082 \times (\text{Score5}) - 0.099 \times (\text{Score6}) - 0.271 \times (\text{Score7}) \quad (4\text{-}21)$$

表 4-11　多元回归系数表

变量	回归系数（b_k）	b_k 的标准误差	P	R^2
常数	0.583	0.18	0.001	
Score1	0.038	0.18	0.031	
Score2	0.022	0.18	0.217	
Score3	0.090	0.18	0.001	
Score4	0.098	0.18	0.001	0.773
Score5	0.082	0.18	0.001	
Score6	−0.099	0.18	0.001	
Score7	−0.271	0.18	0.001	

3. 模型的验证

采用 2011 年监测数据对模型进行验证，在大宁河大昌站、双龙站和龙门站分别选取 6 个监测数据（共计 18 个），采用所构建的模型分别加以验证，结果见表 4-12。由表 4-12 可见，模型的预测误差为−24.8%～51.9%，虽然存在一定误差，但能够较好地预测 Chl-a 浓度的峰值时间点和发展趋势。模型中的原始自变量经因子分析获得因子得分，再以能代表大多数原始变量信息的因子得分作为自变量进行多元线性回归后，有 6 个分值与 Chl-a 浓度明显相关，$R^2 = 0.773$，最终只有原始变量 TN、DTN 被忽略不计。

表 4-12　模型验证结果

编号	Chl-a 观察值/（μg/L）	Chl-a 模型预测值/（μg/L）	预测误差/%
1	1.41	1.86	31.9
2	1.54	2.12	37.7
3	3.18	2.71	−14.8
4	12.45	10.12	−18.7
5	5.51	6.28	14.0
6	11.87	10.83	−8.8
7	1.64	2.17	32.3
8	1.06	1.61	51.9
9	1.64	1.33	−18.9
10	2.12	1.66	−21.7
11	2.19	2.57	17.4
12	4.25	4.85	14.1
13	4.34	4.59	5.8
14	2.23	2.14	−4.0
15	3.29	2.95	−10.3
16	3.77	3.58	−5.0
17	4.35	3.27	−24.8
18	1.54	1.61	4.5

4.2.2　基于生物响应的生物早期预警技术

水环境早期预警系统主要包括两大类：一类是以理化监测为基础的水质预警系统，另一类是以生物监测为基础的生物预警系统。

水质预警系统是以常规的理化监测为主，辅以在线监测及遥感监测等数据，在一定范围内对一定时期的水质状况进行分析、评价，通过对生态环境状况和人为行为的分析，在水环境风险与水环境状态之间进行定量化关联，建立适当的评价方法和模拟预测模型，分析水环境在风险因素作用下发生变化的概率及变化规律，对其发生及其未来发展状况进行预测，确定水质的状况和水质变化的趋势、速度以及达到某一变化限度的时间等，预报不正常状况的时空范围和危害程度，按需要适时地给出变化或恶化的各种警戒信息及相应的综合性对策。水质预警是一个多目标系统，不仅包括对某一时刻的预警，而且包括对某段时间变化趋势的预警，具有对水质演化趋势、方向、速度、后果的警觉作用，同时也具有为水环境治理提供服务的科学功能和基础功能。

但水质预警系统受分析仪器特点的限制，在水环境风险预警方面存在一些不足，如对污染物监测的连续性不够，无法测定低浓度的有害物质及未知的污染物，难以对突发性的水体污染事故及时警告，同时也不能反映水体中各种有毒物质的长期混合效应、生物毒性与危害。而生物监测具有理化监测所不能替代的作用和所不具备的特点，如能直接反映出环境质量对生态系统的影响，能综合反映环境质量状况，具有连续监测的功能等，因而建立在生物监测基础上的生物预警系统成为理化监测预警技术的重要补充，并日益受到人们的广泛重视。

生物预警是利用生物对水环境变化产生的反应信息，实现对水环境质量退化、恶化趋势的预测和突发事件的报警。生物与环境是相互作用的统一整体，环境中各种理化条件的改变直接影响到生活在该环境中的生物，表现为生物个体上生理生化与行为及生物种群、群落、生态系统等数量与质量方面相应信息的变化，这些变化参数就是建立水环境安全预警系统的信息基础。针对环境胁迫的生物学效应指标，如生物标志物在反映水质综合效应的同时，还可以从环境风险角度提供早期警示信息，为环境管理者的预先判断提供依据。因此，生物学效应不仅能够反映污染物的生物可利用性和污染物对生物的特殊作用途径，还可以为污染物的生态风险提供评价手段和方法。根据所测得的生物学效应变化，可以有效补充水质分析结果，同时也可以在更高层次上为研究水环境风险提供理论支撑，为环境管理提供科学依据。

4.2.2.1　适用范围

该技术适用于监测水环境质量综合变化，从环境风险角度提供早期警示信息，也可用于补充水质分析结果。

4.2.2.2　技术原理

1. 基于生理特征的生物预警技术

生物标志物即在受到外源污染物胁迫或者毒理作用下，生物体组织、体液或者整个有机体水平上发生的生化、细胞、生理和行为改变。其中，最为关键的一点就是生物标志物受到外源污染物胁迫或者"暴露"所导致生物体在各种水平上发生变化。生物标志物有以下几类。

1) 生化类型的生物标志物

A. 生物解毒酶

这类解毒酶是生物适应环境的物质基础，主要包括以下几种。

金属硫蛋白（metallothionein，MT）是生物暴露重金属（如 Cu、Cd、Zn 和 Hg）环境下的首要指示标志物。通过分析生物体 MT 和重金属水平，能够确定目标生物是否已经适应了受重金属污染的环境，也可以对产生的变化进行定量分析。另外，氨基酮戊酸脱水酶（delta-aminolevolinic acid dehydralase，ALAD）是重金属铅暴露的生物标志物，即铅污染会抑制生物体 ALAD 的活性。

谷胱甘肽硫转移酶（glutathione S-transferase，GST）是生物 II 相转化酶系统的多基因形式之一，重金属等污染物与谷胱甘肽结合后变成可溶性的物质，随后被生物排出体外。GST 的酶活性不仅受体内重金属水平影响，并且还受到有机污染物如 PAHs、杀虫剂的影响。由于 GST 酶活性受到多种污染物的影响，因此 GST 作为反映环境胁迫的一般性标志物要比特定标志物具有更广泛的用途。

乙酰胆碱酯酶（AchE）是一类广泛应用的生物标志物，也是监测神经毒性的主要标志物，对有机磷和氨基甲酸盐杀虫剂具有特异性，但对重金属、去污剂和藻毒素也具有响应。在监测水环境中杀虫剂和其他污染物的污染水平研究中，这类标志物在脊椎动物和无脊椎动物中都得到了广泛应用。

7-乙氧基-异吩唑酮-脱乙基酶（7-ethoxyresorufin-O-deethylase，EROD）是细胞色素 P450 家族组成之一，是生物暴露 PAHs、PCBs 和二噁英类物质的标志物。EROD 活性用 CYP1A 催化乙氧基-异吩噁唑-脱除乙基速率来表示。然而，这些代谢产物有可能对生物体产生如致癌和遗传毒性的有毒害副作用物质，如苯并[a]芘被代谢形成苯并[a]芘二醇环氧化物。EROD 可以看作是潜在的早期警示标志物，可用于评价污染物的暴露风险。

苯并[a]芘羟化酶活性被认为是监测环境 PAHs（尤其是苯并[a]芘）的一个敏感性标志物，但是会受到环境高污染状态的抑制，还需要更多研究对苯并[a]芘羟化酶活性在野外环境中的应用进行确认和验证，如研发免疫组化的分析方法来取代当前采用的荧光分析方法分析酶活性。

B. 抗氧化酶

抗氧化防御系统是需氧生物在长期进化过程中发展起来的防御过氧化损伤的系统，是生物体内重要的活性氧清除系统。在正常生理状态下，生物体内活性氧的产生和清除处于平衡状态。然而，当生物体暴露于多环芳烃、多氯联苯等有毒化学污染物中时，可通过催化或直接参与生物体内的一些氧化还原反应，在生物体内形成大量活性氧，进而对生物体产生氧化胁迫/压力。在这个过程中，若生物体内抗氧化防御系统不能有效消除这些过量的活性氧，过量的自由基会使以超氧化物歧化酶（SOD）和过氧化氢酶（CAT）为主的抗氧化防御系统遭到破坏，对细胞构成氧化胁迫，造成 DNA 链断裂、脂质过氧化、酶蛋白失活等氧化损伤。

污染物会增加生物细胞内的活性氧（reactive oxygen species，ROS）水平，从而将抵消和削弱细胞对污染产生的抗氧化防御响应，如提高酶活性消解污染物的胁迫。总氧自由基清除能力（total oxyradical scavenging capacity，TOSC）能够定量评价生物体（或组织）对外源污染物的清除潜力和生物体应对各种抗氧化的毒理过程能力。各种抗氧化酶，如 SOD、过氧化氢酶、过氧化物酶、谷胱甘肽还原酶通过维持稳定谷胱甘肽还原态，进而在抵抗细胞活性氧代谢的过程中起到重要作用。

TOSC：在复杂的实际环境中，重金属与其他污染物（如有机锡）共同作用产生的胁迫常常超出了细胞的抵抗效应。作为一个监测氧化胁迫的标志物，TOSC 降低程度可以用来判断生物体抗氧化系统的损伤程度。然而，在低剂量、长期慢性暴露条件下，TOSC 的增加可以看作是生物体抵抗氧化胁迫的一种应对措施。因此，在使用这项标志物时，确定合适的基础值和对照样本是非常关键的。

2）分子和细胞生物标志物

测定无脊椎动物和鱼类血细胞免疫功能来反映污染暴露对生物免疫功能的影响程度和受试生物体的健康状态。例如，免疫毒性分析可以用于评价环境污染对细菌感染贝类的影响。对于免疫功能分析，有各种不同的判定指标，如总血计数、血液差异计数、吞噬作用、易感性等。无脊椎动物的免疫功能大小可以通过测定血细胞的吞噬染料颗粒来得出，吞噬指数以相对细胞数目来表示。

3）遗传毒性、DNA 损伤和染色体异常生物标志物

A. 微卫星分析

微卫星技术可以分析 DNA 损伤，如分析软体动物血细胞单链和双链 DNA 的断裂，

即将单细胞悬液如贝类血细胞包被在凝胶中（$1×10^5$ cells/mL），然后进行电泳和染色观测。得到的电泳图像就可以通过软件判断 DNA 的损伤程度。

同时，分析 DNA 在碱性条件下的解旋率是对微卫星技术的一种有效补充。分析时以一定时间段后双链 DNA 荧光信号的比值来定量，解旋率越快则说明 DNA 链断裂程度越严重。因此，在将来的一段时间内，如果这个标志物得到进一步的验证和确认后，其将是一种非常简便、快速的分析手段。

B. DNA 加合物

DNA 加合物是致癌物或其代谢产物与 DNA 分子的亲核位点形成的共价结合物，是一种重要的暴露型标志物。根据 ^{32}P-标记分子技术测定的 DNA 加合物可以反映遗传物质如 PAHs 和其他有机物对生物体遗传信息的影响。DAN 改变是发生癌变的前提，这对生物个体健康和种群延续的影响具有深远意义。急性暴露有可能会导致细胞死亡，这可能是由污染物与 DNA 直接结合，或者是由生物转化污染物的代谢产物作用于 DNA 导致的。因此，DNA 加合物的存在反映了生物体过去一段时间内（月）受到的环境污染影响。当然，讨论之前需要确定标志物的生物背景值和正常变化幅度。

4）繁殖和内分泌紊乱的生物标志物

间性，是在雌性生物体出现了雄性的性特征，这个标志物对有机锡（TBT）污染非常敏感。对于那些敏感物种[腹足类软体动物如狗岩螺（*Nucella lapillus*）]，通过观测雌性生物体上发生的不可逆转发育，如出现阴茎及输精管等器官，并且通过计算阴茎长度的相对指数及输精管发展指数对间性发生进行定量。实验证明，痕量的有机锡（大约 1 ng TBT/L）就可以诱导间性发生，而高于 10 ng TBT/L 就会使螺失去繁殖能力，进而导致种群面临灭绝的风险。例如，在英国 Helford 地区野生狗螺种群生物量自从1980 年以后就开始逐步减少，因此对狗螺间性进行监测也成为该地区环境常规监测项目之一。

性类固醇，包括睾酮和雌激素，会影响鱼类的性腺分化、配子发生、排卵排精等繁殖行为，但对无脊椎贝类的影响程度还不是很清楚。在控制分析质量和减少生物体扰动的情况下，直接测定荷尔蒙水平可以初步判定生物繁殖损伤情况。然而，多种化学物质被证明具有与生物体雌激素相似的生理作用，如人工合成雌激素–乙炔基雌二醇是雌激素效应非常强的一种化学物质，而有机氯杀虫剂、化工产品如辛基酚和壬基酚、卤代芳香烃化合物（二噁英、呋喃类和 PCBs）以及重金属的雌激素效应则相对较弱。

性腺指数（性腺重相对体重的百分比）作为评价鱼类繁殖成熟状态的一项重要参数，也可以用于评价自然和人工合成污染物影响鱼类性腺发育的标志物。另外，配子发育阶段也可以用于监测环境污染对鱼类繁殖的影响。

5）生理类型的生物标志物

条件指数是指那些生物学参数包括体长、体重等，同时躯体指数也可以说明生物体的发育状况。条件指数是生物体个体水平上的非特异性反应，会受到多种因子包括营养和繁殖状态、污染暴露和病原体感染程度等影响。躯体指数，如肝脏指数（肝重相对于体重的百分比）和性腺指数（性腺相对于体重的百分比）反映了生物机体器官发育，但会受到多种因子的影响。性腺指数常被用来指示鱼类的繁殖状态和性腺发育程度。当将这些指数作为评价指标时，需要选择规格和年龄相似的生物，并且采样时期也需要保持一致，这样才能进行各组之间的比较，否则个体偏差会掩盖差异。根据生物种类和污染类型的不同，这些指数会呈现升高或者降低趋势。因此，如何合理地解释出现的现象是需要小心谨慎的。在个体水平上体重和体长比（丰满度指数）更容易直观地判定生物体的健康状况，或大或小的指数也可以指示生物种群的发育是否异常。

通常，暴露型标志物的选择主要取决于它的早期反应和反应的特异性。尽管这类标志物不能反映环境中的复合污染，但仍是监测热点污染源和已知污染源的污染区的有效工具，同时也可以用于监测长期输入的不明化学污染源。另外，毒理效应型标志物的选择主要考虑与生态的相关性。这类标志物能够反映环境污染和环境质量退化的总体状况和趋势，但在大多数情况下，对于污染的具体情况仍难以得出明确结论。综合生物效应监测应包括不同类型的生物标志物，以能够在不同生物组织层次上反映环境污染对生物的诱导效应。因此，只有同时监测暴露型和毒理效应型标志物，才能对揭示环境质量提供足够的信息并为客观评估生态环境退化程度提供充足的数据。

2. 基于个体行为的生物预警技术

对于单细胞藻类，以小球藻、衣藻、栅藻为研究藻种，以藻液光密度值、叶绿素含量、光合效能值、藻细胞体积为监测指标进行重金属毒性研究。依据测定结果进行统计分析，建立不同污染物浓度与藻类生长、叶绿素荧光特性间的关系。

对于鱼类，以草鱼（幼鱼）、稀有鮈鲫、斑马鱼三种鱼类为研究对象，以呼吸频率和呼吸强度为预警指标建立鱼类在线预警系统。

3. 在线生物监测预警技术

将具有行为多样性的水生动物（主要是鱼类）置于由不同测试管组成的生物传感器内，使生物可以自由游动。同时，根据传感器所采用的不同信号采集技术，实时采集受试生物运动行为变化规律。结合一定压力下生物的行为学模型，通过仪器本身对实时监测的受试生物行为变化进行在线分析，并根据生物的行为学变化分析水质状况，结合仪器内设定的报警方式，对水质做出安全、污染或严重污染三级报警。根据不同水体导致的受试生物回避行为变化差异，结合生物回避行为变化规律，对水体情况进行分析，主要包括突发性污染事故爆发时间和水体内污染物造成的环境综合毒性的生物学程度。

4.2.2.3　技术流程和参数

1. 基于生理特征的生物预警技术

生物预警技术选择生物标志物，主要取决于标志物的敏感性和特异性、代表的生物学水平和功能、能够发生反应的时间、调控特征等。

对于生物评价体系，其技术流程和参数主要包括：

1）数学设计

生物评价指数就是根据生物学数据资料进行不同方法的数学组合的结果，简单来说，指数就是测定结果按照一定规则的加权总和，即指数要突出各个方面的重要性。

2）标准化处理

在大多数情况下，由不同测算方法得出的不同数据是指数计算的数据来源。因此，这就需要采用数学工具对原始数据进行转换，以克服不同质量数据间的差异，即按照一定原则将所有数据进行归一化处理。为了防止高数值参数降低其他低数值参数的贡献率，因此在进行指数计算之前，需要对数据进行标准化处理。并且，标准化转换也可以指明质量升高或降低的发展方向。有时，为了确保大多数参数能够进行标准化转换而被认为降低时，就需要对个别数据进行简单化处理或者直接将其去除。

3）加权计算

由于权重会影响所构建生物评价指数的敏感性，因此权重的分配是指数构建非常关键的一步。这就需要对选定的各项参数及相关领域的学科知识有充分的了解。通常权重分配有以下两个原则：与那些表达不严重或一般状态的参数相比，反映糟糕状态的参数需要分配更多的权重；选择的权重分配要尽量保证各项参数都在测量范围之内。其中，第一个原则要求对生物学具有深厚的理论知识，而第二个原则相对比较容易，但结果可能无法产生相关指数。

采用生物标志物综合响应（integrated biomarker response，IBR）对生物综合效应进行评价，即对于各个采样点，计算得出各生物标志物在该点基因表达的平均值 X；对于每个生物标志物，计算得出所有采样点该标志物的平均值 m 以及偏差 s；各个采样点的平均值 X 通过式（4-22）进行标准化得到 Y：

$$Y = \frac{X - m}{s} \tag{4-22}$$

如果标志物与污染呈正相关，则令 $Z = Y$，反之则 $Z = -Y$；

从所有采样点的鲫鱼样品中筛选出每个生物标志物基因相对表达的最小值 min，从而可得 S 值：

$$S = Z + |\min| \tag{4-23}$$

最后由式（4-24）计算出每个采样点的 IBR：

$$\text{IBR} = \left(\frac{S_1 \times S_2}{2}\right) + \left(\frac{S_2 \times S_3}{2}\right) + \cdots + \left(\frac{S_{n-1} \times S_n}{2}\right) + \left(\frac{S_n \times S_{n+1}}{2}\right) \tag{4-24}$$

通过计算的 IBR 值判断生物标志物的响应情况，IBR 值越低说明生物受到环境污染的影响越小，IBR 值越高说明生物栖息环境对生物健康产生的影响越大。不同标志物对 IBR 值的相对贡献率不同，反映了不同水质污染程度和污染物类型不同。

2. 基于个体行为的生物预警技术

水生生物对污染物的反应是综合性的，理论上，各种特征反应都可用作检测变量。然而，为达到连续、自动监测的目的，同时使系统具有良好的实时与灵敏性，一般优先检测行为、生理或生化反应。行为反应直观、快速，可用视频相机跟踪成像、磁场定位、超声或光速遮挡等技术确定生物的行为变化，在较短的时间内指示污染的发生。污染物对水生生物的生理、生化过程产生复杂影响，呼吸或心跳速率、光合作用、化学基质的消耗或释放、生物发光等都具有污染指示作用。可用各种电极或光电倍增管等监视这些生理或生化过程的细微变化。

1）单胞藻早期监控重金属污染方法

通常以小球藻、衣藻、栅藻为测试藻种，采用等对数方法配置不同浓度的重金属溶液，利用藻类在线监测系统研究重金属急性毒性效应。系统在线监测间隔时间分别设置为 30min、1h、2h，监测时间分别为 3h、6h 和 12h。利用藻类在线监测系统的 A-Tox 软件对自动记录的数据进行分析，最终选取不同地区最适测试藻类、不同重金属系统报警设置反应时间、报警抑制率值。

2）鱼类早期预警重金属污染方法

实验仪器为鱼早期预警系统（BIO-SENSOR7008），主要包括四部分：呼吸监测传感器（bio-sensor）、信号过滤放大器（bio-amp）、计算机数据处理与显示系统，以及自动报警与水质采样。当鱼呼吸时，鱼类的神经肌肉活动的总和产生微伏的生物电信号，其中最强的就是呼吸信号，这个信号被呼吸室的电极接收，然后送到信号过滤放大器，经过过滤放大的信号被传送到计算机上，由计算机根据预设统计算法判断是否发生了异常反应，在超出阈值范围的情况下发出警报信号，自动采样器同步采集水样，再通过理化分析，确定水质变化情况。

鱼类呼吸反应实验系统统计算法使用移动平均法（moving average），设定评估间隔为 8min，设定统计计算的样本为 6 个，报警标准偏差阈值系数为 3，报警鱼数量为 6 条。通过鱼类呼吸行为对不同类型污染物胁迫的响应研究，分析呼吸指标（呼吸频率、呼吸强度）对有毒污染物的响应变化，发现不同类型不同浓度污染物对鱼类呼吸反应不一致。结合预警鱼类的规格要求、易得性、分布情况及驯养条件，选取合适的预警指示鱼类，进一步对预警指示鱼类进行重金属的响应阈值研究，根据呼吸指标确定预警浓度、预警反应时间，以及对不同重金属的预警浓度。

3. 在线生物监测预警技术

基于关键理论技术的突破创新，我国研制了在线生物监测预警技术以及相关预警设备，图 4-5 为水质安全在线生物预警系统（biological early warning system，BEWs），综合生物毒性和在线生物毒性监控技术在东江流域进行应用示范，从而为东江流域水质监控提供技术支撑。

4.2.2.4　应用案例

1. 研究方法

在三峡水库支流的香溪河秭归段进行了生物早期在线预警的测试与应用。香溪河水域为三峡水库的重要支流，特别是三峡库区蓄水以来，香溪河流速滞缓，水质持续恶化，对库区环境和长江水质造成直接影响。研究表明，与蓄水前的历史数据相比，三峡水库蓄水后，香溪河库湾溶解态 Cu、Pb 和 Cd 的浓度都呈升高趋势，且显著高于长江干流其他水域，表明香溪河水体受到重金属污染的影响。在这里开展现场测试工作，对整个三峡库区尤其是支流、库湾的生物监测预警工作具有重要的示范意义，有

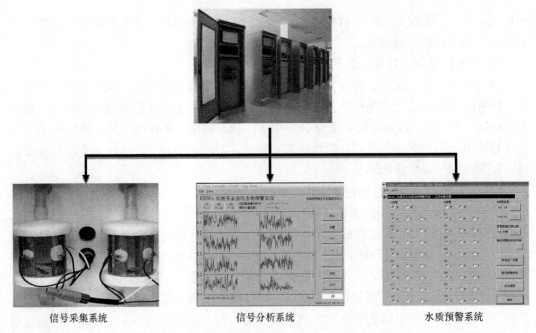

信号采集系统　　　　　　信号分析系统　　　　　　水质预警系统

图 4-5　BEWs 水质安全在线生物预警系统

利于建立具有普遍推广意义的生物早期预警技术示范体系。监测时间是 2011 年 6 月 8 日至 7 月 12 日。

用计量泵将储水箱的水或采集的废污水泵入鱼类呼吸监测室,流量约 100 mL/min。水从监测室底部进入,经过监测室后从顶端的溢流口进入排水管,然后排出。电脑每分钟从水质分析仪收集水温、pH、溶解氧和电导率数据。实验鱼在水体中适应 14d 后置于 8 个监测室中,每个监测室放 1 尾鱼,在控制水体条件下进行 4d 的呼吸反应数据收集(空白实验)。用计量泵将香溪河水持续加入监测室,系统自动记录斑马鱼呼吸反应信号的变化,主要包括呼吸频率(VF)和呼吸强度(VA)。记录频次为 1 次/min。

鱼从实验室暂养后运送至测试现场。待鱼适应持续的光照条件,以消除鱼类呼吸模式下的昼夜差异。选择用于呼吸测试的鱼全长 2.5～6cm,鱼呼吸和身体运动产生的电信号通过固定在监测室两边的电极监控被放大、过滤,然后输入电脑进行分析。每个输入通道独自用高增益差分输入放大器放大。鱼放入监测室后,要检查每条鱼的信号,信号低于 0.1Hz 的鱼都要替换。用电脑监测的呼吸参数包括呼吸频率、呼吸强度(平均信号高度)。通过替换测试鱼可以完成持续的生物监测。在监测过程中,如果 8 条鱼中的 6 条表现出与基础反应有统计学差异,则说明产生了异常反应,系统报警。

2. 研究结果

图 4-6 为三峡水库鱼类生物早期预警系统监测预警结果,三峡水库预警示范在线监测时间共 35d,前三天为调试适应阶段,正式监测时间为 32d,其中有 1 条鱼警告的时间为 1d,有 2 条鱼警告的时间为 5d,有 3 条鱼警告的时间为 6d,有 4 条鱼警告的时

间为 1d，有 5 条鱼警告的时间为 2d，有 6 条鱼警告的时间为 3d，有 7 条鱼警告的时间为 3d，8 条鱼全部发出警告的时间为 3d，所有鱼都正常的时间为 8d。

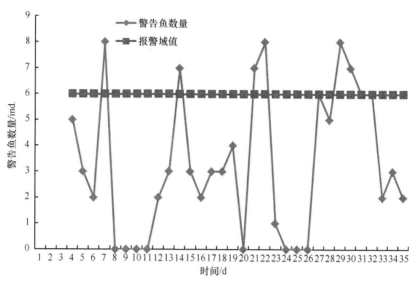

图 4-6　鱼类生物早期预警系统监测预警结果

从水质分析情况看（表 4-13 和表 4-14），香溪河总氮、汞含量超标，氨氮、总磷、铜和铅含量部分时段超标，而镉、锌等重金属含量均符合《地表水环境质量标准》（GB 3838—2002）。水体物理参数中，排污口水样具有较低的溶解氧、较高的电导率和浊度，个别水样 pH 较高。

表 4-13　香溪河预警监测基本理化指标结果

编号	时间	天气	水温/℃	pH	电导率/（μs/cm）	溶解氧/（mg/L）	浊度/（NTU）	是否报警
1	2011.6.8	晴	23.4	7.8	172	8.5	19	否
2	2011.6.9	晴	23.9	7.6	176	7.9	23	否
3	2011.6.10	阴	23.7	7.9	183	8.3	21	否
4	2011.6.11	小雨	23.4	7.8	171	8.6	22	否
5	2011.6.12	大雨	23.6	8.1	169	8.4	27	否
6	2011.6.13	暴雨	23.3	7.8	175	7.7	24	否
7	2011.6.14	暴雨	23.1	7.2	181	9.5	24	是
8	2011.6.15	晴	23.7	7.6	178	8.9	17	否
9	2011.6.16	晴	23.7	7.9	176	9.2	14	否
10	2011.6.17	晴转暴雨	24.1	7.7	178	10.4	15	否
11	2011.6.18	暴雨	23.5	7.3	180	6.6	23	否
12	2011.6.19	晴	23.8	7.3	180	6.6	16	否
13	2011.6.20	晴	23.8	7.2	181	7.4	24	否
14	2011.6.21	晴	24.2	7.1	179	7.7	19	是
15	2011.6.22	晴	24.1	7.2	189	8.4	33	否
16	2011.6.23	晴转暴雨	23.9	7.8	196	7.9	20	否

续表

编号	时间	天气	水温/℃	pH	电导率/（μs/cm）	溶解氧/（mg/L）	浊度/（NTU）	是否报警
17	2011.6.24	晴	23.8	7.1	182	7.8	43	否
18	2011.6.25	晴	23.9	7.1	175	8.2	27	否
19	2011.6.26	阵雨	23.7	7.1	170	8.0	39	否
20	2011.6.27	阵雨	23.6	7.1	178	8.3	34	否
21	2011.6.28	晴	23.9	7.4	183	8.4	28	是
22	2011.6.29	晴	24.6	7.9	245	7.2	29	是
23	2011.6.30	晴	24.2	7.2	179	8.2	36	否
24	2011.7.1	晴	24.1	7.8	177	8.7	28	否
25	2011.7.2	晴	23.9	7.4	172	8.2	29	否
26	2011.7.3	晴	24.3	7.3	179	8.3	29	否
27	2011.7.4	晴	24.5	7.9	456	4.9	28	是
28	2011.7.5	晴	24.6	6.5	578	4.2	38	否
29	2011.7.6	晴	25.7	6.9	398	5.2	27	是
30	2011.7.7	暴雨	24.8	6.8	342	3.2	34	是
31	2011.7.8	晴	25.1	9.5	368	5.9	29	是
32	2011.7.9	晴	24.9	6.8	451	5.4	44	是
33	2011.7.10	晴	25.4	7.3	176	8.5	22	否
34	2011.7.11	晴	25	7.8	173	8.1	34	否
35	2011.7.12	阵雨	25.1	7.4	176	7.9	33	否

分析预警系统报警原因，其中第 7d 和第 14d，监测的水样为监测断面抽取的河水，水体化学指标总氮、汞含量超标，均来自上游污水的排放；第 21d，报警水样来自香溪河上游兴发集团刘草坡排污口，其化学指标中总氮、总磷、氨氮、铅、汞含量与前一天比均升高；第 22d，来自峡口排污口排放的污水的 Chl-a 浓度显著升高；第 27d，来自农田污水的影响，主要表现为总氮、总磷、氨氮、铜含量与前一天比显著升高；第 29d，来自昭君镇上排污口水样的主要化学指标总氮、总磷、氨氮、铜、铅、汞含量与前一天比均升高；第 30d，同样受昭君镇下排污口污水的影响，汞含量升高；第 31d，受到香溪水泥厂排污的影响，总氮、总磷、氨氮、铜、铅、汞含量超标；第 32d，受到刘草坡化工厂排污口污水影响，总氮、铜、铅、汞含量超标。

对比生物早期预警系统监测预警情况和水质分析结果，现场测试预警时重金属含量均在实验室获得的预警浓度阈值以下，报警主要由水体氮、磷、溶解氧等数据异常引起。虽然水体汞含量超标，但监测结果显示报警情况并非完全由汞超标引起，由于未进行甲基汞的毒性实验和分析，报警原因有待进一步求证。而干流沿线的废污水排放口水样均出现报警情况，说明香溪河干流存在点面源污染的环境风险。

三峡水库野外现场预警监测试验表明，以鱼类为传感生物的生物预警方法能较好地预警水环境的潜在生态风险，包括生活污水、养殖废水、工业污水等点源污染以及雨水径流的农业面源污染。利用鱼类作为传感生物的预警系统能在不同阈值范围内有效报警，起到良好的预警效果，能为企业偷排、突发性污染事故等做出快速响应提供保障。

表 4-14　香溪河水质状况及生物早期预警系统监测预警情况

水样	时间/d	警告鱼数/ind.	氨氮/(mg/L)	总磷/(mg/L)	磷酸盐/(mg/L)	硝酸盐/(mg/L)	亚硝酸盐/(mg/L)	总氮/(mg/L)	Chl-a/(mg/L)	铜/(mg/L)	锌/(mg/L)	铅/(mg/L)	镉/(mg/L)	汞/(mg/L)	砷/(mg/L)
河水	6.11	5	0.105	0.067	0.006	1.3	0.016	1.563[2]	12.51	0.003	0.01	ND	ND	0.00284[2]	ND
河水	6.14[1]	8[1]	0.183	0.052	0.018	1.98	0.005	2.365[2]	1.87	0.004	0.01	0.043	ND	0.00168[2]	ND
河水	6.16	0	0.201	0.054	0.009	1.45	0.016	1.856[2]	50.4	0.005	0.006	0.048	ND	0.00358[2]	ND
河水	6.18	0	0.317	0.055	0.033	1.92	0.014	2.302[2]	12.86	0.004	0.004	0.027	ND	0.01002[2]	ND
河水	6.21[1]	7[1]	0.115	0.077	0.032	1.93	0.013	3.084[2]	13.73	0.003	0.002	0.032	ND	0.00155[2]	ND
河水	6.23	2	0.35	0.046	0.016	1.58	0.008	1.955[2]	18.76	0.004	ND	0.048	ND	0.0012[2]	ND
河水	6.27	0	0.032	0.04	0.021	1.97	0.007	2.052[2]	9.84	0.005	ND	0.054[2]	ND	0.00142[2]	0.0007
刘草坡排污口	6.28[1]	7[1]	4.289[2]	4.294[2]	2.105	17.52	0.887	28.47[2]	1.54	0.009	ND	0.118[2]	ND	0.00196[2]	0.001
峡口排污口	6.29[1]	8[1]	0.095	0.113	0.04	1.71	0.031	1.848[2]	40.14	0.008	ND	ND	ND	0.00101[2]	ND
河水	7.3	1	0.601	0.04	0.019	1.27	0.01	2.225[2]	20.41	0.008	ND	0.032	ND	0.00164[2]	ND
农田污水	7.4[1]	6[1]	2.947[2]	0.971[2]	0.327	7.49	0.346	14.742[2]	2.49	0.012[2]	0.03	0.043	0.0005	0.00152[2]	0.0004
河水	7.5	5	0.494	0.024	0.003	2.7	0.032	12.653[2]	0.6	0.004	ND	0.032	0.002	0.00097[2]	ND
昭君镇上排污口	7.6[1]	8[1]	10.482[2]	1.1[2]	0.4	2.59	1.647	16.025[2]	4.97	0.011[2]	ND	0.076[2]	0.0003	0.00137[2]	0.00008
昭君镇下排污口	7.7[1]	7[1]	0.616	0.546[2]	0.225	1.7	0.083	2.645[2]	2.61	0.004	ND	0.075[2]	0.0005	0.00205[2]	ND
香溪水泥厂	7.8[1]	6[1]	1.833[2]	4.051[2]	2.355	15.57	0.002	23.558[2]	5.62	0.018[2]	ND	0.096[2]	ND	0.00342[2]	0.013
刘草坡化工厂排污口	7.9[1]	6[1]	0.427	0.068	0.026	2.4	0.003	3.087[2]	1.52	0.015[2]	ND	0.059[2]	0.0009	0.00438[2]	ND

①表示系统报警。②表示超过《地表水环境质量标准》(GB 3838—2002) III类标准或渔业水质标准。

注：ND 表示未检出。

4.3　流域水质安全预警技术

流域水质安全预警技术主要包括三个方面的内容：①针对长时间尺度的水质退化风险宏观管理决策需求而建立的基于压力驱动效应的流域水质安全趋势预警技术方法；②针对资源型缺水河流对河口水质安全的影响特征，结合河口淡咸水交汇特征，着眼于长时间尺度的水质退化风险宏观管理决策需求而建立的基于河口受体生态安全特征的流域水质安全响应的预警指标体系；③针对短时间尺度的水质异常波动风险快速应对需求而建立的基于受体敏感特征的流域水质安全状态响应预警技术。

针对长时间尺度预警需求的预警技术强调长期趋势性预警；由于其涉及多种、组合压力源与受体之间的复杂作用关系，主要采用正向情景模拟预测预警方式来实现，一般需要建立集成的综合预警模型，如社会经济–污染排放–水资源利用–水污染物迁移转化–水质安全耦合的预测预警模型。针对短时间尺度预警需求的预警技术强调突出短期响应预警，重点考虑单一或特定压力源与受体之间的作用关系，基于其响应敏感特征来实现警示目的，一般考虑建立功能相对单一、计算快捷的预警模型，以便保证短期预警的需求。

4.3.1　基于压力驱动的流域水质安全预警技术

4.3.1.1　适用范围

该技术适用于对具有全流域、长时间尺度的水质退化风险的重要水体，进行基于压力驱动效应的流域水质安全趋势预警。

4.3.1.2　技术原理

以累积型水环境风险为关注对象，以模型为主要手段，着眼于长时间尺度的水质退化风险宏观管理决策需求，研发面向不同需求的预警模型、模型变量设置、预警结果判定、预警指标识别及预警信号表征等技术。长时间尺度预警需求的预警技术强调长期趋势性预警，涉及多种、组合压力源与受体之间的复杂作用关系，主要采用正向情景模拟预测预警方式来实现，一般需要建立基于全过程的预警综合模型。该技术以社会经济–土地利用–面源污染负荷–水动力水质（S-L-L-W）的水环境预警模型框架为基础，以流域自然环境–社会经济–污染排放–水资源利用–水污染物迁移转化–水质安全耦合预测预警为目标导向，设计完善流域水质安全预测预警模型框架。

4.3.1.3　技术流程和参数

技术流程为社会经济（S）–面源污染负荷（L）–水动力水质（W）综合预警模型框架，具体如下。

1. 综合预警模型框架（S-L-W）

流域水环境风险预警模型是流域水环境风险预警实现的核心。综合考虑社会经济–面源污染负荷–水动力水质等要素的耦合作用，建立了基于 S-L-W 的水环境综合预警模型框架，并将其作为水环境风险预警模型的核心工具。

框架核心模块包括：社会经济与资源利用模型模块、流域面源污染负荷模拟模块、流域水环境水质水动力模拟模块。

结合典型流域的社会经济、污染负荷以及水质水动力的数据，分别调整、完善、建立各个子模块，开展各模块的参数设定、验证；在各模块数据衔接、集成的基础上，共同实现流域水环境安全预测预警。

2. S-社会经济模拟

国内外社会经济模拟相关模型主要包括投入产出模型、多目标规划模型、灰色系统预测模型和系统动力学（system dynamics，SD）仿真模型。在综合分析筛选的基础上，本书的研究采用 SD 仿真模型对流域社会经济情况进行模拟。

SD 仿真模型的基本框架如图 4-7 所示。

1）SD 仿真模型构建

构建 SD 仿真模型首先要用系统动力学的理论、原理和方法对研究对象进行分析；其次进行系统的结构分析，划分系统层次与子块，确定总体与局部的反馈机制；再次设计系统流程图，建立模型并进行模型的验证；最后进行情景设计并通过对模拟仿真结果的对比选出最优方案。

A. 系统分析

系统分析的依据即系统动力学的理论和方法。系统分析为利用系统动力学解决问题的第一步，主要目的是找出所要研究的问题。

B. 系统的结构分析

系统的结构分析是在系统辨识的基础上，划分系统的层次与子块，确定总体与局部的反馈机制。

C. 系统流程图设计

在详细分析子系统内部各元素之间及其与外部元素之间相互作用关系并确定主要变量之后，即可进行系统流程图设计。系统流程图是对实际系统的抽象反映，说明了组成反馈回路的状态变量和速度变量相互之间的连接关系，以及系统中各反馈回路之间的连接关系，这些关系是建立模型方程的依据。因此，在建模过程中，系统流程图的设计是一个关键环节和主要工作。

D. 方程编写和调试

在 Vensim 软件中，方程的编写非常方便，软件提供了一系列常用的函数，如 DELAY3（I，T）、IF_THEN_ELSE（cond，X，Y）、INITIAL（A）、PULSE（A，B）、SMOOTH（X，T）等。函数的变量直接用变量名表示易于阅读。

E. 参数估计

SD 仿真模型中的参数分为常数类、表函数以及初始值三类。由于 SD 仿真模型的基本结构是系统反馈结构，反馈模型的行为对参数变化是不敏感的，其模型行为的模式与结果主要取决于模型结构而不是参数值的大小。因此，可先粗略地试用待估参数的一些可能数值进行模拟测试，直至模型行为无显著变化时，就把其相应值确定为该参数值。

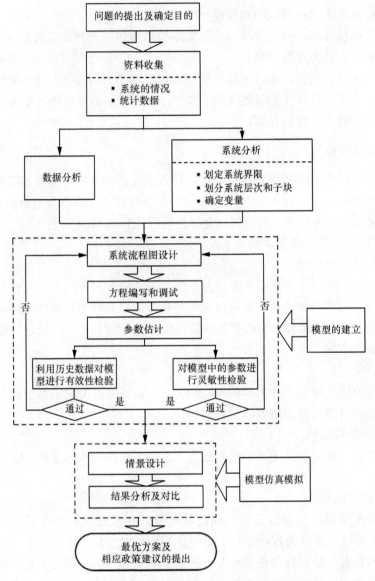

图 4-7　研究技术路线图

F. 模拟分析

以系统动力学理论为指导，并借助于已建立的模型进行模拟分析，同时进一步剖析系统以得到更多的信息，发现新的问题，修改模型。

G. 模型评估

模型评估即对模型的适用性和一致性进行检验，对模型的准确性进行评估，从而确定模型可以正确地反映并模拟所研究的系统，对 SD 仿真模型的检验证实工作要贯穿于循环反复建模过程的始终。

2）SD 仿真模型建模软件

SD 仿真模型的内在结构通过系统动力学建模软件——Vensim PLE（Vensim 系统动力

学模拟环境个人学习版，Ventana simulation environment personal learning edition）来实现。系统动力学创建伊始，美国麻省理工学院的普夫（Pugh）就依据系统动力学无限分割、以不变代变和递推的思想，设计了系统动力学专业仿真语言，并借助计算机技术成功得到了一套近似解流位流率系下方程的仿真方法。最初软件命名为 DYNAMOI。经过不断的发展、改进，到 20 世纪 80 年代有 Micro DYNAMO 和 PDPLUS。到 90 年代，随着 Windows 操作系统的普及，美国 Ventana 公司推出了在 Windows 操作平台下运行的系统动力学专业软件包 Vensim 软件。Vensim 软件是一个可视化的建模工具，使用该软件可以对 SD 仿真模型进行构思、模拟、分析和优化，并能够以文档和图表形式输出。

　　Vensim PLE 提供了用因果关系、流位、流率图建立仿真模型的简便方法，并建立了非常友好的操作界面。Vensim PLE 软件具有以下特点：①该软件利用图示化编程建立模型，只需在模型建立窗口画出流图，再通过灯饰编辑器输入方程和参数，便可完成模型的建立，模型建立和模拟极其快捷简便。其对于建立好的模型可以进行结构分析，结构分析包含两种形式，任一变量的原因树的分析、结果树分析和反馈列表。对于建立好的模型可以对它进行原因图分析，得到所有作用于该变量的其他变量；还可以进行结果图分析，得到该变量作用的其他变量。该软件还可以进行反馈回路的分析，提供的反馈列表界面可以表明回路的个数和回路的因果链。②该软件提供了数据集成分析功能，可直接对模型进行编辑、编译、数据输入和数据集分析，仿真结果可以以数据和图形两种形式输出，提供丰富的输出信息和灵活的输出方式，输出信息均可共享。输出信息可以是流图、模型方程文档，运行结果和运行结果数据变量之间的关系能与 Office 等编辑文件兼容。③该软件提供了真实性功能。可以在模型建立后，对于所研究的系统，依据常识和一些基本原则，提出对其正确性的基本要求，并将其作为真实性约束加到建好的模型中，模型在运行时可对这些约束的遵守情况自动记录和判别。由此可以判断模型的合理性和真实性，从而调整模型结构或者参数。④变量可以在中文 Windows 下或中文之星下实现完全的模型汉化，模型流图、运行结果、分析结果均由中文表达。

3. L-面源污染负荷模型构建

1）SWAT 模型数据库构建

　　模型需要的基础数据包括数字高程（DEM）数据、土地利用数据、土壤数据、土壤属性数据、气象数据、径流数据和相关自然地理资料。根据模型的要求，应用 ArcGIS、SPAW、Excel 等软件进行模型数据生成、数据格式转换（DBF）及模型参数生成。

　　A. 空间数据库

　　a. 空间坐标设置

　　模型要求所有的输入数据应使用统一的地理坐标和投影，为空间数据叠加分析和模拟计算提供基础。一般选择将所有的地图投影转换为 Albers 等积圆锥投影来进行空间数据处理，该投影第一标准纬线为 23°，第二标准纬线为 47°，中央经线为 105°，椭球体为 Krasovsky_1940 椭球体，具体参数见表 4-15。

表 4-15　研究区投影参数表

第一标准纬线/ (°)	第二标准纬线/ (°)	中央经线/ (°)	椭球体	单位
23	47	105	Krasovsky_1940	米

b. DEM 数据

一般采用的 DEM 栅格像元大小为 90m×90m，其空间分辨率和数据精度可以满足应用需要。

c. 土地利用数据处理

土地利用类型对于径流的模拟是非常重要的，而且也是对模拟结果影响较大的因素。首先，将.shp 格式的分区土地利用类型图进行合并，之后转化为.shp 格式；然后用确定好的流域边界进行切割，建立 Landuse 查找表文件，对其进行重分类；最后得到模型所用土地利用类型图。

d. 土壤数据处理

在水土评价工具（soil and water assessment tool，SWAT）模型加载研究区土壤图后对其进行重分类，最终得到模拟所用的土壤图。例如，示范区（彭溪河流域）的土壤主要包括扁石黄沙土、石灰黄泥土、红棕石骨土、红棕紫砂土、钢梁大泥田 5 类。

e. 气象数据处理

气象数据处理是建立 SWAT 模型气象数据库前的重要内容，也是耗时较多的工作。气象站点数据主要来自国家公开的资料或者水文年鉴资料。根据资料获取的情况，将一定年份以前的数据作为 SWAT 模型的预热数据进行处理，在后续年份数据作为模拟和率定数据。

SWAT 模型要求输入的气候因素包括日降水量、最高气温、最低气温、太阳辐射、风速和相对湿度。要得到较为理想的模拟结果，必须在模拟之前，在实测资料基础上建立研究区天气生成器（WXGEN），输入多年逐月气象观测资料的平均值。

B. 属性数据库

a. 土壤属性数据库

SWAT 模型所需的土壤属性有两大类：物理属性和化学属性。SWAT 模型在进行径流模拟时，需要输入土壤物理属性数据。土壤物理属性数据是 SWAT 模型输入的重要数据，它控制着土壤内部水和空气的运动，对水文循环过程产生很大的影响。SWAT 模型需要输入的土壤属性数据包括土壤水文组（HYDGRP）、最大根系深度（SOL_ZMX）、每层的土层厚度（SOL_Z）、孔隙率（AVION_EXCL）、土壤容重（SOL_BD）、有效含水量（SOL_AWC）、饱和导水率（SOL_K）、有机碳含量（SOL_CBN）、黏粒含量（CLAY）、粉粒含量（SILT）、砂粒含量（SAND）、砾石含量（ROCK）、土壤反射率（SOL_ALB）、ULSE 方程中的土壤可蚀性因子（ULSE_K）等。

研究中的相关土壤属性数据主要来自中国土壤数据库，原数据包括土壤剖面厚度、质地组成、有机质含量及其一些化学属性。现有资料土壤质地数据采用的是国际制标准，SWAT 模型运行时要求输入的土壤质地采样指标采用美国制标准，其与模型分类标准有一定的差异，必须采用一定的数学方法进行质地转换才能满足模型要求。这其中重要的土壤参数包括土壤容重（moist bulk density）、有效田间持水量（available water capacity）、土壤饱和水传导率（soil saturated hydraulic conductivity）等数据。研究中，可应用美国农业部（USDA）开发的土壤水文特性软件 SPAW 进行计算，得到模型运行所需要的土壤物理属性值，当然上述值在模型应用过程中仍需要进行率定。

b. 气象资料数据库

气象数据对水文过程的重要性是不言而喻的。在实际情况中往往会出现气象数据缺失或气象站点数量过少的问题。SWAT 模型根据研究需要内置了随机天气模型——天气发生器。天气发生器可以根据多年逐月气象资料模拟生产逐日气象资料，但该数据库要求输入的参数较多，其主要输入数据有月平均最高气温、月平均最低气温、最高气温标准偏差、月平均降水量、降水量标准偏差、月内干日数、月内湿日数、露点温度、月平均太阳辐射量等。

SWAT 模型要求必须输入的日气象资料包括日降水量、日最高气温和日最低气温，这 3 项数据一般气象观测站都有观测。同时，根据实际情况，还可输入日太阳辐射、日均风速、日相对湿度 3 项气象数据。日数据项包括降水量、最高气温、最低气温、相对湿度、平均风速和日照时数，可根据日照时数计算得到日太阳辐射。

c. 雨量站数据

受地形和气候的影响，自然界的降雨在流域上存在空间分布的不均匀性，其会使模拟结果存在不确定性，即使在降水量相差较小的情况下，模拟结果对径流量的相对误差也不容忽视。在运用 SWAT 模型时，必须掌握降雨的空间分布特征，才能更好地模拟和预测径流量。

2）SWAT 模型数据处理

A. 地形数据处理

流域地形决定着地表径流，影响着降雨的空间分布，控制着流域的累积水量和坡面产汇流进程。地形数据是基于 90m×90m 栅格 DEM 来提取的，包括集水区面积、平均高程、河道坡度等，提取过程由 SWAT 模型本身自动完成。

B. 土地利用类型对应分类

按照 SWAT 模型运行要求，土地利用类型需要与 SWAT 运行数据库中的已有类型进行对应，才能在后续模型的搭建过程中正确地反映流域土地利用类型的性质（表 4-16）。

表 4-16　土地利用类型 SWAT 分类表

栅格像元值	11	12	21	22	23	3	4
SWAT 代号	AGRL	RICE	FRSD	RNGB	ORCD	PAST	WATR
代表类型	旱地	水田	林地	灌木	果园	草地	水体

C. 土壤类型对应分类

按照 SWAT 模型运行要求，GIS 栅格数据和土壤类型需要与 SWAT 运行数据库中的已有类型进行对应，才能在后续模型的搭建过程中正确地反映流域土壤类型的性质（表 4-17）。

表 4-17 土壤类型 SWAT 分类表

栅格像元值	1	2	3	4	5
SWAT 代号	BSHS	HZZS	HZSG	GLDN	SHHN
代表类型	扁石黄沙土	红棕紫砂土	红棕石骨土	铜梁大泥田	石灰黄泥土

完成土地利用及土壤类型数据设置之后，流域采用单一坡度进行水文响应单元（HRU）划分，土地利用和土壤类型的忽略值分别为 10%和 15%，上述忽略值的意义表示土地利用类型面积比例低于 10%，以及上述土地利用划分条件下土壤类型面积小于 15%的单元将被忽略，经过上述划分之后全流域共分为 122 个 HRU，HRU 是 SWAT 中的基本计算单元。

D. 气象数据

气象数据站点按照前述的气象、气温、降水站点将其空间坐标、高程、测站名称进行组织并导入 SWAT 模型中。

E. 农业管理数据

通过用户界面修改默认生成的.mgt 文件的方式，将各种管理措施的概化信息输入模型。对于每个 HRU，用户需要输入的信息包括管理措施总体变量及定期管理措施两部分。农业管理制度主要包括农业种植制度，如示范流域水田以麦–稻二熟为主，旱丘地则多行麦、玉米、甘薯套种的一年三熟或二熟制；农田灌溉制度，如灌溉月份、灌溉量。主要作物的灌溉制度见表 4-18～表 4-20。

表 4-18 冬小麦灌溉制度表

时期	月份	灌溉量/（m³/亩①）
拔节期	4	50
灌浆期	5	80

表 4-19 夏玉米灌溉制度表

时期	月份	灌溉量/（m³/亩）
抽雄期	8	45

表 4-20 夏水稻灌溉制度表

时期	时间	灌溉量/（m³/亩）
插秧期	5 月	30
返青期	6 月中旬	45
分蘖初期	6 月下旬到 7 月中旬	20
拔节孕穗期	7 月下旬到 8 月上旬	60
抽穗开花期	8 月	30
乳熟期	8 月下旬到 9 月中旬	30

3）水量模拟计算

A. SCS 径流曲线数方程

流域水文模型是针对流域上发生的水文过程进行模拟所建立的数学模型。美国农业部水土保持局于 1954 年开发的 SCS（soil conservation service）模型是目前应用最为广

---

① 1 亩≈666.67m²

泛的流域水文模型之一。SCS 模型能够客观地反映土壤类型、土地利用方式及前期土壤含水量对降雨径流的影响,其显著特点是模型结构简单、所需输入参数少,是一种较好的小型集水区径流计算方法。近年来,SCS 模型在水土保持与防洪、城市水文及无资料流域的多种水文问题等方面得到应用,并取得了较好的效果。

SCS 模型的建立基于水平衡方程以及两个基本假设,即比例相等假设和初损值——当时可能最大潜在滞留量关系假设。水平衡方程是对水循环现象定量研究的基础,可用于描述各水文要素间的定量关系。

$$P = Ia + F + Q \tag{4-25}$$

式中,P 为总降水量,mm;Ia 为初损值,mm,主要指截流、表层蓄水等;F 为累积下渗量(不包括 Ia),mm;Q 为直接径流量,mm。

比例相等假设是指直接径流量 Q 与总降水量 P 及入渗量和当时可能最大潜在滞留量比值相等。

$$\frac{Q}{P - Ia} = \frac{F}{S} \tag{4-26}$$

式中,S 为当时可能最大潜在滞留量,mm。

当时可能最大潜在滞留量关系假设可表示为

$$Ia = \lambda S \tag{4-27}$$

式中,λ 为区域参数,主要取决于地理和气候因子,可表达为 $\lambda = at_p$,其中 a 为 Horton 常数;t_p 为降水时刻到地表径流形成的时段,取值范围为 0.1~0.3。

B. 通用土壤流失方程(USLE)

通用土壤流失方程(USLE)是表示坡地土壤流失量与其主要影响因子间的定量关系的侵蚀数学模型。通用土壤流失方程用于计算在一定耕作方式和经营管理制度下,因面蚀产生的年平均土壤流失量。其表达式为

$$A = R \times K \times L \times S \times C \times P \tag{4-28}$$

式中,A 为任一坡耕地在特定的降雨、作物管理制度及所采用的水土保持措施下,单位面积年平均土壤流失量,t/hm^2;R 为降雨侵蚀力因子,是单位降雨侵蚀指标,如果融雪径流显著,则需要增加融雪因子,(MJ·mm)/(hm^2·h);K 为土壤可蚀性因子,标准小区上单位降雨侵蚀指标的土壤流失率;L 为坡长因子;S 为坡度因子,等于其他条件相同时实际坡度与 9%坡度相比土壤流失比值;由于 L 和 S 因子经常影响土壤流失,因此,称 LS 为地形因子,以示其综合效应;C 为植被覆盖和经营管理因子,等于其他条件相同时,特定植被和经营管理地块上的土壤流失与标准小区土壤流失之比;P 为水土保持措施因子,等于其他条件相同时实行等高耕作、等高带状种植或修地埂、梯田等水土保持措施后的土壤流失与标准小区上土壤流失之比。

4)水质模拟计算

A. 氮磷循环

a. 氮循环

氮循环的复杂性和氮对植物生长的重要性使其为许多研究的主体。氮循环是一个动态系统,涉及水、大气和土壤等方面。植物生长除了碳、氧和氢元素外,最需要的元素为氮。

SWAT 模拟了氮在土壤中的五种不同的形态。其中两种形态为无机氮：NH_4^+ 和 NO_3^-，其他三种形态为有机氮。有机氮与作物残渣和微生物生物量有关，活性和稳态有机氮库与土壤腐殖质有关。与腐殖质有关的有机氮被分成两种形态，以研究可以矿化的腐殖质的变化。

b. 磷循环

虽然植物对磷的需求要比对氮的需求少，但是磷是许多关键官能。其中，磷最重要的作用是能量存储和转移。通过光合作用和碳水化合物的新陈代谢所得到的能量存储在磷化合物中，供以后生长和生殖过程运用。无机土壤中存在的三种主要形态的磷为腐殖质中的有机磷、不可溶解的无机磷和植物可利用的土壤溶液中的磷。磷可以通过施肥的方式添加到土壤，此外，与氮元素相类似，作物的残余也可以产生磷。磷通过植物吸收和侵蚀在土壤中进行迁移，也包括向作物和水体中迁移。与土壤中有高活性的氮不同，磷的可溶性在大多数的环境中是有限的。磷可以与其他离子结合形成一些不可溶的化合物从溶液中沉淀。这些特性使得磷在土壤表面累积，从而易于被地表径流输移。SWAT在土壤中模拟六种不同磷的形态。其中三种为无机态磷，另外三种为有机态磷。生物磷存在于作物残余物和微生物体中，活性态磷和稳态磷存在于土壤腐殖质中。腐殖质中的有机磷被分成两种形态，以考虑可以矿化的磷的变化。土壤无机磷分为溶解态、活性态和稳态三种形态。溶解态磷可以与活性态磷之间快速达到平衡（几天或几个星期）。活性态磷与稳态磷之间的平衡过程缓慢。

B. 河道水质模拟

在 SWAT 模型中，河道的水质模拟采用的是 QUAL-II 模型，QUAL-II 模型属于综合水质模型，可按用户需求的任意组合方式模拟 12 种物质：溶解氧、生化需氧量（BOD）、温度、藻类、Chl-a、氨氮、亚硝酸盐氮、硝酸盐氮、溶解的正磷酸盐磷、大肠杆菌、1 种任选的可衰减的放射性物质、3 种难降解的惰性组分。它阐述了水生态系统与各污染物间的关系，使水质问题的研究更深化。该模型各组成成分间的相互关系以溶解氧为核心，大肠杆菌、可衰减的放射性物质及 3 种难降解的惰性组分则与溶解氧无关。1982 年，美国国家环境保护局推出了 QUAL2E（简称 Q2E）模型，其采用有限差分法求解的一维平流弥散物质输送和反应方程模拟树枝状河系中的多种水质成分，并用经典隐式向后差分法解决稳态流、稳恒状态问题。QUAL2E 模型中的物质输送过程较为简单。在 QUAL2E 模型中，确定一条河流的同化能力时需考虑该河流保有足够溶解氧的能力，并考虑氮循环的主要反应、藻类生长、水底碳化 BOD、大气复氧及其对溶解氧平衡的相互影响，SWAT 中集成了 QUAL2E 模型，以用于进行河道水质的模拟。

C. 河道内的氮循环与磷循环

在河道中藻类的死亡将会使藻类中含有的磷转化为有机磷。有机磷被矿化为可被藻类吸收的溶解态磷，有机磷也可以通过沉淀去除。本节将介绍河道内氮磷循环的过程。

a. 河道中的氮循环

SWAT 模型中河道氮循环过程如下：在有氧的水体中，有机氮可以一步一步转化为氨氮、亚硝酸盐和硝酸盐。有机氮也可以通过沉淀去除。

ⅰ. 有机氮

河道中有机氮可以通过藻类生物量中的氮转化为有机氮而增加。河道中有机氮浓度也可以通过转化为氨氮或随泥沙沉淀而减少。模拟日的有机氮变化为

$$\Delta \mathrm{orgN_{str}} = \left(\alpha_1 \times \rho_a \times a\lg ae - \beta_{\mathrm{N},3} \times \mathrm{orgN_{str}} - \sigma_4 \times \mathrm{orgN_{str}} \right) \times \mathrm{TT} \qquad (4\text{-}29)$$

式中，$\Delta \mathrm{orgN_{str}}$ 为有机氮浓度变化，mg N/L；α_1 为藻类生物量中的氮分数，mg N/mg alg biomass；ρ_a 为局部藻类呼吸或死亡速率，d^{-1}；$algae$ 为模拟日开始时的藻类密度，mg alg/L；$\beta_{\mathrm{N},3}$ 为有机氮水解为氨氮的速率常数，d^{-1}；$\mathrm{orgN_{str}}$ 为模拟日开始时的有机氮浓度，mg N/L；σ_4 为有机氮沉淀速率系数，d^{-1}；TT 为水流在河道中的传播时间，d。

ⅱ. 氨氮

河道中氨氮量可以通过有机氮的矿化和河床泥沙中氨氮的扩散而增加。河道中氨氮浓度也可以通过转化为亚硝酸盐或者被藻类吸收而减少。模拟日的氨氮变化为

$$\Delta \mathrm{NH_{4str}} = \left(\beta_{\mathrm{N},3} \times \mathrm{orgN_{str}} - \beta_{\mathrm{N},1} \times \mathrm{NH_{4str}} + \frac{\sigma_3}{1000 \times \mathrm{depth}} - \mathrm{fr_{NH_4}} \times \alpha_1 \times \mu_a \times a\lg ae \right) \times \mathrm{TT} \quad (4\text{-}30)$$

式中，$\Delta \mathrm{NH_{4str}}$ 为氨氮浓度的变化，mg N/L；$\beta_{\mathrm{N},3}$ 为有机氮水解为氨氮的速率常数，d^{-1}；$\mathrm{orgN_{str}}$ 为模拟日开始时的有机氮浓度，mg N/L；$\beta_{\mathrm{N},1}$ 为氨氮的生物氧化速率常数，d^{-1}；$\mathrm{NH_{4str}}$ 为模拟日开始时的氨氮浓度，mg N/L；σ_3 为泥沙氨氮来源速率，mg N/($\mathrm{m}^2 \cdot \mathrm{d}$)；depth 为河道水流深度，m；$\mathrm{fr_{NH_4}}$ 为藻类从氨氮库中吸收的氮分数；α_1 为藻类生物量中的氮分数，mg N/mg alg biomass；μ_a 为局部藻类生长速率，d^{-1}；$algae$ 为模拟日开始时的藻类密度，mg alg/L；TT 为水流在河道内的传播时间，d。

ⅲ. 亚硝酸盐

河道中的亚硝酸盐量将通过氨氮转化为亚硝酸盐而增加，同时由于亚硝酸盐转化为硝酸盐而减少。亚硝酸盐转化为硝酸盐的过程比氨氮转化为亚硝酸盐的过程快得多，因此河道中的亚硝酸盐通常很少。模拟日的亚硝酸盐量变化为

$$\Delta \mathrm{NO_{2str}} = \left(\beta_{\mathrm{N},1} \times \mathrm{NH_{4str}} - \beta_{\mathrm{N},2} \times \mathrm{NO_{2str}} \right) \times \mathrm{TT} \qquad (4\text{-}31)$$

式中，$\Delta \mathrm{NO_{2str}}$ 为亚硝酸盐量变化，mg N/L；$\beta_{\mathrm{N},1}$ 为氨氮的生物氧化速率常数，d^{-1}；$\mathrm{NH_{4str}}$ 为模拟日开始时的氨氮浓度，mg N/L；$\beta_{\mathrm{N},2}$ 为亚硝酸盐转化为硝酸盐的生物氧化速率，d^{-1}；$\mathrm{NO_{2str}}$ 为模拟日开始时的亚硝酸盐浓度，mg N/L；TT 为水流在河道中的传播时间，d。

ⅳ. 硝酸盐

河道中硝酸盐的量通过亚硝酸盐的生物氧化而增加，由于藻类吸收而减少。模拟日硝酸盐变化为

$$\Delta \mathrm{NO_{3str}} = \left[\beta_{\mathrm{N},2} \times \mathrm{NO_{2str}} - \left(1 - \mathrm{fr_{NH_4}} \right) \times \alpha_1 \times \mu_a \times a\lg ae \right] \times \mathrm{TT} \qquad (4\text{-}32)$$

式中，$\Delta \mathrm{NO_{3str}}$ 为硝酸盐浓度变化，mg N/L；$\beta_{\mathrm{N},2}$ 为亚硝酸盐转化为硝酸盐的生物氧化速率常数，d^{-1}；$\mathrm{NO_{2str}}$ 为模拟日开始时的亚硝酸盐浓度，mg N/L；$\mathrm{fr_{NH_4}}$ 为藻类从氨氮库中吸收的氮分数；α_1 为藻类生物量中的氮分数，mg N/mg alg biomass；μ_a 为局部藻类生长速率，d^{-1}；$algae$ 为模拟日开始时的藻类密度，mg alg/L；TT 为水流在河道中

的传播时间，d。

b. 河道中的磷循环

ⅰ. **有机磷**

有机磷浓度也可以通过有机磷转化为可溶性磷或者有机磷随泥沙沉淀而减少。模拟中日有机磷的变化为

$$\Delta orgP_{str} = \left(\alpha_2 \times \rho_a \times a\lg ae - \beta_{P,4} \times orgP_{str} - \sigma_5 \times orgP_{str} \right) \times TT \tag{4-33}$$

式中，$\Delta orgP_{str}$ 为有机磷浓度的变化，mg P/L；α_2 为藻类生物量中的磷分数，mg P/mg alg biomass；ρ_a 为藻类呼吸或死亡速率，d^{-1}；$algae$ 为模拟日开始时的藻类密度，mg alg/L；$\beta_{P,4}$ 为有机磷矿化速率常数，d^{-1}；$orgP_{str}$ 为模拟日开始时的有机磷浓度，mg P/L；σ_5 为有机磷沉淀速率系数，d^{-1}；TT 为水流在河道中的传播时间，d。

ⅱ. **无机/溶解态磷**

溶解态、无机磷的量可以通过有机磷的矿化和河床泥沙中无机磷的扩散而增加，也可以通过藻类的吸收而减少。模拟日溶解态磷的变化为

$$\Delta solP_{str} = \left(\beta_{P,4} \times orgP_{str} + \frac{\sigma_2}{1000 \times depth} - \alpha_2 \times \mu_a a\lg ae \right) \times TT \tag{4-34}$$

式中，$\Delta solP_{str}$ 为溶解态磷浓度的变化，mg P/L；$\beta_{P,4}$ 为有机磷矿化速率常数，d^{-1}；$orgP_{str}$ 为模拟日开始时的有机磷浓度，mg P/L；σ_2 为溶解态磷的泥沙来源速率常数，mg P/（m²·d）；depth 为河道水流深度，m；α_2 为藻类生物量中的磷分数，mg P/mg alg biomass；μ_a 为局部藻类生长速率，d^{-1}；$algae$ 为模拟日开始时的藻类密度，mg alg/L；TT 为水流在河道中的传播时间，d。用户可以调整定义20℃下溶解态磷的泥沙来源速率常数。

4. W-水动力水质模拟

1）EFDC 模型模拟步骤

A. 网格划分和导入

环境流体动力学（environmental fluid dynamics code，EFDC）模型在垂向采用 σ 坐标系或者广义垂直坐标系（generalized vertical coordinate，GVC）。在水平方向剖分模拟区域计算网格时，可以用正方形或矩形网格，但对岸线复杂的水域最好用曲线正交网格，如图 4-8 所示。剖分网格的工具可以用 GEFDC，也可以用如 Delft3D、Seagrid 等其他第三方软件辅助生成网格，其中，用 Delft3D 画曲线正交网格比较简单、网格质量也较好。

EFDC 开发了类似于 Windows 界面的良好的前后处理软件 EFDC_Explorer。EE（EFDC_Explorer）是基于 Windows™ 的预处理程序和后处理程序开发的三维（三维）环境流体动力学程序（EFDC），最初由 John Hamrick 于 1996 年设计形成。

在 Delft3D 中将生成的网格保存为*.GRD 网格文件。通过 EFDC_Explorer 的生成模型工具，在 Import Gird 选项中选择 DelftRGFGrid，导入生成网格文件，同时导入一个参数设置文件 efdc.inp，如图 4-9 所示，按下 Generate 按钮生成 EFDC 模型可用的网格文件和参数文件。

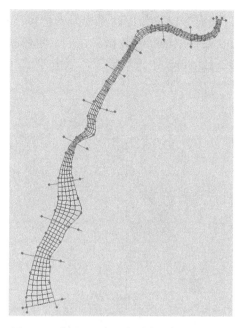

图 4-8　采用 Delft3D 生成的曲线正交网格

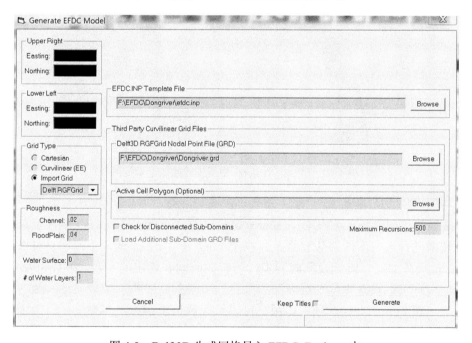

图 4-9　Delft3D 生成网格导入 EFDC_Explorer 中

导入过程完成之后，保存文件到某目录下，在该目录下将生成 cell.inp、lxly.inp 和 dxdy.inp 等一系列后缀为 inp 的输入文件，其中网格单元的信息主要保存在 lxly.inp 和 dxdy.inp 中。

B. 地形生成

首先将已有地形数据文件进行处理，生成只含 x, y, z 坐标值的文件，然后通过采用 ArcGIS 或者自编程序，根据 lxly 文件中网格单元的位置，插值得出网格单元处的水深值。最后，修改 dxdy.inp 文件中的属性数据。之后，将修改完的 lxly.inp 和 dxdy.inp 替换以前的文件，在 EFDC_Explorer 中重新导入，点击 View Grid 按钮，新生成的地形结果如图 4-10 所示。

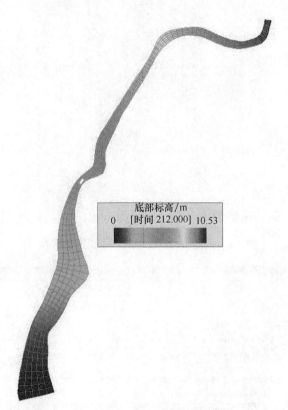

图 4-10　EFDC_Explorer 中新生成的地形示意图

C. 模型构建和参数设置

网格地形生成并导入 EFDC_Explorer 之后，进入 EFDC_Explorer 中各子菜单和选项，对模型进行进一步的确认和修改。在 Timing & Labels 选项中，用户可以设置输出路径、该模型的运行时间及其时间步长等有关时间和输出的参数。在 Grid & General 选项中，用户可以设置水体分层方法和数目、干湿判断参数，屏幕显示参数，底部地形参数等。在 Comp Opts 选项中，用户可以设置数值求解方法和精度，以及需要启动的其他水质模型，如温度、盐度、示踪剂等。在 Hydrodynamics 选项中，用户可以设置湍流参数，并对湍流模型进行选择，确定涡黏系数的计算方法及设定相关参数，同时还可设置底摩擦参数、科氏力参数、植被信息等。在 Sed /Tox/others 选项中，用户可以对沉积物传输和类型等参数进行设置。在 Boundary 选项中，用户可以对水动力和基本的水质边界条件进行设置，如果需要设定模型的边界水位，则根据原始的 pser.inp 样本文件，修改其中的相关选项，形成模型计算所需采用的水位（潮位）边界文件 pser.inp。如果需要设定模型的流入流量，则根据原始的 qser.inp 样本文件，修改其中的相关选项，形成模型计算所需采用的流量边界文件 qser.inp。在 Initial 选项中，用户可以对研究区域的水文水质参数进行初始化，如水位、温度、沉积物等，同时也可以设置续算参数和文件输出设置等。其他选项为更为详尽的水质参数设置，这个版本的 EFDC_Explorer 暂不开放这些设置，但不影响水质模型的计算（图 4-11）。

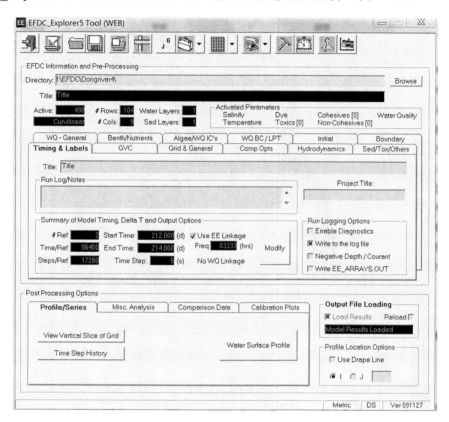

图 4-11 EFDC_Explorer 的前后处理和参数设置界面

D. 模型结果输出

EFDC 模型计算后，EFDC_Explorer 会根据设置生成相应的输出文件，如 EE_VEL.OUT 为输出的流速文件，EE_WC.OUT 为输出的水质文件，EE_WS.OUT 为输出的水位文件等，它们可以对水位、流速进行验证。同时，EFDC_Explorer 提供了强大的后处理功能，可以将大量结果显示到屏幕上，如绘制流场矢量图、生成流场动画 AVI 文件、生成污染物浓度场分布图等（图 4-12）。同时，它也可以向商业程序包 TECPlot 输出结果。

EFDC_Explorer 也可以输出某单元节点上各变量的时间序列数据，如图 4-13 所示，其为某一单元点的流速大小和方向随时间的变化情况。

同时，时间序列数据也可以输出为*.dat 或者*.txt 文件，输出数据可用第三方软件进行处理。

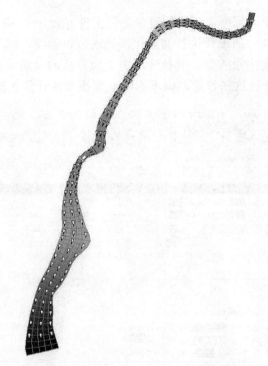

图 4-12 EFDC_Explorer 中绘制的污染物浓度场分布图

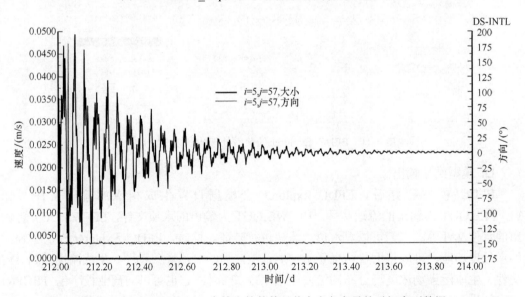

图 4-13 EFDC_Explorer 中输出的某单元节点上各变量的时间序列数据

2）EFDC 模型水动力模拟

EFDC 模型是基于 Boussinesq 假定和垂向静水压力假定下的浅水运动方程，其采用 FORTRAN 语言编制，集水动力模块、泥沙输运模块、污染物输移模块和水质预测模块为一体。其中，水动力模块可模拟流场、水温、盐度、示踪剂等，它的基本控制方程如下。

连续性方程：

$$\partial_t(m\lambda H) + \partial_x(m_y\lambda Hu) + \partial_y(m_x\lambda Hv) + \partial_z(mw) = m\lambda HR_H \qquad (4\text{-}35)$$

动量方程：

$$\partial_t(m\lambda Hu) + \partial_x(m_y\lambda Huu) + \partial_y(m_x\lambda Hvu) + \partial_z(mwu) - mf_e\lambda Hv$$

$$= -m_y\lambda H\partial_x(gZ_s) + \partial_z\left(m\frac{A_v}{\lambda H}\partial_z u\right) - m_y\lambda H\partial_x p + m_y\partial_x\left[Z_s - (1-z)\lambda H\right]\partial_z p \qquad (4\text{-}36)$$

$$\partial_t(m\lambda Hv) + \partial_x(m_y\lambda Huv) + \partial_y(m_x\lambda Hvv) + \partial_z(mwv) + mf_e\lambda Hu$$

$$= -m_x\lambda H\partial_y(gZ_s) + \partial_z\left(m\frac{A_v}{\lambda H}\partial_z v\right) - m_x\lambda H\partial_y p + m_y\partial_x\left[Z_s - (1-z)\lambda H\right]\partial_z p \qquad (4\text{-}37)$$

$$mf_e = mf - u\partial_y m_x + v\partial_x m_y \qquad (4\text{-}38)$$

$$\partial_z p = -g\lambda Hb = -g\lambda H(\rho - \rho_o)\rho_o^{-1} \qquad (4\text{-}39)$$

式中，t 为时间，s；x，y 为水平笛卡儿坐标，m；z 为 σ 坐标或者 GVC 坐标；$H = h + Z_s$，为总水深，m，h 为相对于基准面的水深，m，Z_s 为水位，m；u 为曲线正交坐标系下 I 方向流速，m/s；v 为曲线正交坐标系下 J 方向流速，m/s；w 为 z 方向流速，m/s；$m = m_x m_y$，m_x 和 m_y 为笛卡儿坐标与曲线正交坐标之间的转换系数；f 为科氏力系数；f_e 为中间计算变量；$p = g\lambda H\int_z^1 b\mathrm{d}z$，$p$ 为实际压力，N/m^2；$b = (\rho - \rho_0)\rho_0^{-1}$，$b$ 为浮力，其值为密度偏差和密度参考值的比值；g 为重力加速度，m/s^2；A_v 为垂向涡黏系数，m^2/s。

经过坐标变换后，笛卡儿坐标下的垂向流速 w^* 和 σ 坐标下的垂向流速 w 之间有如下关系：

$$w = w^* - z(\partial_t\zeta + um_x^{-1}\partial_x\zeta + vm_y^{-1}\partial_y\zeta) + (1-z)(um_x^{-1}\partial_x h + vm_y^{-1}\partial_y h) \qquad (4\text{-}40)$$

为了有效地模拟水体分层对垂向混合强度的影响，EFDC 模型采用改进的 Mellor-Yamada 湍流模型来求解垂向涡黏系数 A_v 和湍动扩散系数 A_b，具体模型方程在这里不做介绍。

3）EFDC 模型水质模拟

EFDC 模型中采用的对流扩散方程如下：

$$\partial_t(m\lambda HC) + \partial_x(m_y\lambda HuC) + \partial_y(m_x\lambda HvC) + \partial_z(mwC) = \partial_z\left(m\frac{A_b}{\lambda H}\partial_z C\right) + m\lambda HR_c \qquad (4\text{-}41)$$

式中，C 为输运物质的浓度；A_b 为湍动扩散系数；R_c 为输运物质的源汇项。采用对流扩散方程，可以实现保守输运物质的对流扩散模拟。同时，对于降解过程符合一级反应动力学方程且和其他水质指标无相互作用的输运物质，也可以用水动力方程和对流扩散方程实现输运物质的对流扩散模拟。

5. 水质安全综合预警

针对预警指标体系，计算水库水质安全综合预警指数（RWQI），根据预警阈值，确定预警级别。评分采用 100 分制，按照无警、轻警、中警、重警的类别予以分级。

无警：80～100，蓝色，水库上游来水稳定良好；库区流域产业化、城镇化、土地开发压力小；库区水质状态较好、趋势稳定；总体上，水库水质安全状况较好。

轻警：60～80，黄色，水库上游来水基本稳定良好；库区流域产业化、城镇化、土地开发压力对水库水体产生直接干扰，但属于可接受范围；库区水质状态一般、趋势基本稳定；总体上，水库水质安全状况一般。

中警：40～60，橙色，水库上游来水水质超标；库区流域产业化、城镇化、土地开发压力对水库水体干扰较大；库区水质状况较差或有显著恶化趋势；总体上，水库水质不安全。

重警：≤40，红色，水库上游来水水质严重超标；库区流域产业化、城镇化、土地开发压力严重威胁水库水体；库区水质状况很差或有显著恶化趋势；总体上，水库水质很不安全。

4.3.1.4 应用案例

基于该技术完成的"三峡水库流域水质安全评估与预警系统"，围绕三峡水库（重庆段）累积性（常态）水环境风险管理需求，实现了水质风险预测预警、水质安全评估等功能，该系统构建的水质安全模拟预警模块（包括三峡全库区、重庆主城段、澎溪河段等多套一维、二维水动力水质模型）集成在"重庆市水污染防治管理系统"的"模型分析"功能中，并在流域整治、污水工程、垃圾工程、企业减排、上游来水等管理场景中得到了应用，实现了对 COD、总氮、总磷等指标的风险预测预警，其中在长江干流桃花溪入江口至清溪场段，澎溪河养鹿渡口至苦草沱段预测准确率总体达到 80%，辅助支撑了重庆市"水十条"考核断面的达标形势预判分析和日常管理决策。该系统在 2016 年 1 月完成了安装、调试，并业务化运行，运行至今，系统模块性能稳定，具有一定的社会经济效益和环境效益，显现出良好的应用前景。

基于社会经济（S）-面源污染负荷（L）-水动力水质（W）综合预警模型框架，以 SD 仿真模型和 EFDC 模型为主要依托，构建了三峡库区水质风险预警模型，实现了多个社会经济发展情景、风险管理决策场景的水质预警。

根据库区高、中、低不同发展模式情景假设，以 2010 年为基准年，开展 S-L-W 模型模拟，得到 2020 年、2025 年库区主要控制断面（朱沱、寸滩、清溪场、筛网坝、培石、银杏沱）的主要因子（COD、氨氮和总磷浓度）水质安全状况预警结果。

基于 2025 年模型结果对库区水质安全进行综合评估，结果显示，高方案清溪场和培石断面水质安全为轻警状态。其轻警的主要原因为清溪场断面受上游来水的压力较大，培石断面受污染物的排放强度过大（表 4-21）。

表 4-21 三峡库区水质安全综合预警结果

方案	指征	寸滩	清溪场	筛网坝	培石
高方案	RWQI 指数	80.10	78.21	84.95	79.60
	颜色表征	安全	轻警	安全	轻警
中方案	RWQI 指数	82.58	80.87	87.71	81.77
	颜色表征	安全	安全	安全	安全
低方案	RWQI 指数	82.45	81.82	88.26	80.62
	颜色表征	安全	安全	安全	安全

4.3.2 基于河口受体生态安全的流域水质安全预警技术

4.3.2.1 适用范围

该技术适用于对具有长时间尺度的水质退化风险的主要水体进行基于河口受体生态安全特征的流域水质安全响应预警。

4.3.2.2 技术原理

针对资源型缺水河流对河口水质安全的影响特征，结合河口淡咸水交汇特征，着眼于长时间尺度的水质退化风险宏观管理决策需求，建立基于河口受体生态安全的流域水质安全预警指标体系。以大辽河为例，将大辽河及其河口区作为研究区域，以三岔河作为上游污染物压力的输入边界，考虑流域内部污染压力以及大辽河作为感潮河段的特点，基于 EFDC 模型，构建了大辽河水动力水质模型。在考虑大辽河历史观测数据以及风险因素变化态势的基础上，根据大辽河水质安全评估结果，确定 COD、NH_3-N、TP 指标作为大辽河水质安全预警系统的预警指标。基于大辽河水质"反降级"思路，确定了大辽河及河口区的预警级别和预警状态。同时基于水质模型结果，构建近十年水体污染物浓度累积概率分布曲线，通过插值法，确定了大辽河及河口区三种预警指标的预警阈值。

4.3.2.3 技术流程和参数

技术流程为"水质安全预警指标体系构建–预警模型的选择–水动力模型构建与验证–水质模型设置–预警分级–预警阈值确定"。以大辽河为例，其技术流程具体如下。

1. 水质安全预警指标体系构建

影响水质安全与水生态健康的因素众多，风险压力源与受体之间的关系复杂而多样，如果模型海纳百川，虽然可以做到影响因素不被遗漏，但是其不仅工程量巨大，而且次要的变量将会影响模型的准确性。因此，对于水质安全预警而言，选择高度灵敏的预警指标是重要步骤。

1）预警指标的选择原则

全面性：所选变量既要包括外部风险压力的指标，又要包括流域内部响应指标，二者兼顾才能提高预警模型的准确性。

科学性：预警指标的选择需要有理论根据、可靠的数据和科学的计算方法，并能够反映典型流域的污染特征。

针对性：变量的选择方面，要在全面选择的基础上，筛选出重要的、与流域水质安全密切相关的、反应灵敏的指标，使预警指标与预警方法相互匹配。

敏感性：所选择的预警指标必须能够准确灵敏地反映流域水质安全可能出现的各种问题以及变化和发展的趋势。

可操作性：进入预警指标模型的指标在数据上，应该是可以通过一定方式获取的准确数据，并且无论在计量上还是在计算上都必须具有可操作性。

开放性：预警指标模型的设计不能是墨守成规的，其必须具有一定的开放性，即能够随着流域整体变化进行改进和优化。

2）预警指标构建流程

将河口水质安全预警指标构建流程划分为四个部分，分别是流域水环境风险信息调查、潜在风险识别、风险指标筛选和预警指标体系构建。其流程图如图 4-14 所示。

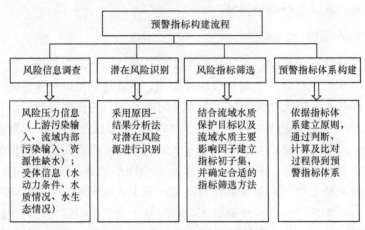

图 4-14　河口水质安全预警指标构建流程示意图

2. 预警模型的选择

预警模型包括水动力模型和水质模型，其中对水动力模型而言，由于河道与河口在横向尺度上存在较大差异，且区域水动力过程复杂，因此对于模型适用性要求较高。EFDC 模型是美国国家环境保护局推荐的，能够模拟一、二、三维水流计算，在很多地方得到成功应用的、适用性较高的模型（图 4-15）。另外，EFDC 模型本身带有水质模拟模块，其是开源模型，可以方便用户根据实际情况进行调整和修正。因此，推荐基于EFDC 模型搭建垂向平均的二维水动力模型，模拟河道、河口的水动力过程。

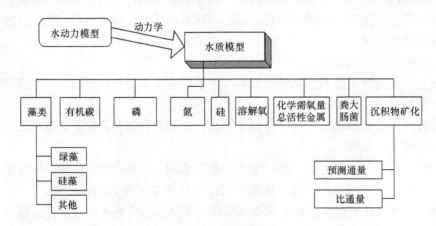

图 4-15　EFDC 模型框架

考虑到水质要素分布时空差异较大，因此推荐采用近海三维水质模型。EFDC 模型的 HEM3D 水质模块能够模拟近海三维水质分布，其在很多地方得到成功应用，适用性较高，并且是开源模型，可以方便用户根据实际情况进行调整和修正。因此，选用 EFDC 模型水质模块（HEM3D）搭建大辽河口三维水质模型（垂向分为 5 层），模拟大辽河口水质特征。

EFDC 模型的水质模块与沉积物模型是耦合在一起的，水质变化过程与沉积物变化过程相互影响。沉积物接收水体中沉降的颗粒态有机物，颗粒态有机物在沉积物中发生矿化，并向水体释放无机物，同时消耗溶解氧。水质模型与沉积物模型的耦合不仅增强了模型对水质变量的预测能力，而且可以模拟由营养盐负荷变化引起的长期水质变化。

3. 水动力模型构建与验证

基于 EFDC 模型搭建垂向平均的二维水动力模型，来模拟河道、河口的水动力过程，开展水位验证、流量验证和流速验证，用于保证研究区域的水量平衡和流场符合规律。

4. 水质模型设置

选用 EFDC 模型水质模块（HEM3D），搭建大辽河口三维水质模型（垂向分为 5 层），模拟大辽河口水质特征。

5. 预警分级

结合近十年大辽河及河口区水质波动状况，将警情分成 4 种状态。①正常状态：水质维持现状甚至好转的状态，即水体污染物浓度低于确定水质预警阈值低值；不同站点水质现状不同，要求不同。②轻微警情：水质恶化，水体污染物浓度超过确定水体污染物预警低值，但低于中值。③中度警情：水质进一步恶化，超过确定水体污染物预警中值，但低于高值。④重度警情：水质严重恶化，水质超过确定的水体污染物预警高值。

6. 预警阈值确定

通过绘制浓度–累积概率分布曲线，根据水质反降级的标准，采用插值法选取特定累积概率对应的浓度值作为轻度预警、中度预警和重度预警的阈值。

4.3.2.4　应用案例

基于该技术开发的“大辽河口水质安全预警系统”（简称“预警系统”）在“辽河流域水环境安全智能监管系统”（简称“安全监管系统”）平台的“辽河流域水质安全评估预警模型软件系统”上的应用，使其成为“安全监管系统”的一个重要功能。其在 2015 年 12 月完成了安装、调试，并开展业务化运行。至 2016 年 12 月，系统模块性能稳定，运行良好，效果明显，对 COD、NH_3-N 等的指标预测的准确率达到 80%以上，显现出良好的应用前景和经济、社会、环境效益。

以三岔河作为上游污染物压力的输入边界，考虑流域内部污染压力以及大辽河作为感潮河段的特点，基于 EFDC 模型构建了大辽河水动力水质模型。在考虑大辽河历史观测数据以及风险因素变化态势的基础上，根据大辽河水质安全评估结果，确定大辽河水质安全预警系统重点关注 COD、NH₃-N、TP 指标。基于大辽河水质模型结果，构建近十年水体污染物浓度累积概率分布曲线，通过插值法，确定了大辽河及河口区水质安全警情分级及水质预警阈值（表 4-22）。

表 4-22 大辽河及河口区水质安全警情分级及水质预警阈值 （单位：mg/L）

	指标	正常状态	轻微警情	中度警情	重度警情
淡水	NH₃-N	<1.45	1.4~2.09	2.09~2.81	>2.81
	COD	<19.31	19.31~21.73	21.73~26.09	>26.09
	TP	<0.20	0.20~0.24	0.24~0.30	>0.30
河口水	NH₃-N	<1.53	1.53~1.80	1.8~2.10	>2.10
	COD	<12.68	12.68~15.13	15.13~16.85	>16.85
	TP	<0.21	0.21~0.25	0.25~0.28	>0.28
外海水	NH₃-N	0.7	0.70~0.91	0.91~1.33	>1.33
	COD	<8.56	8.56~9.22	9.22~9.67	>9.67
	TP	<0.20	0.20~0.23	0.23~0.27	>0.27

4.3.3 基于饮用水水源地受体敏感特征的流域水质安全预警技术

4.3.3.1 适用范围

该技术适用于对具有短时间尺度的水质异常波动风险的饮用水水源地进行基于受体敏感特征的流域水质安全状态响应预警。

4.3.3.2 技术原理

针对富营养化问题导致的饮用水水源地——贡湖水质安全问题，开展小流域尺度的基于受体敏感特征（饮用水水源地）的流域水质安全预警技术研究，结合湖泊饮用水水源地的功能特性，综合分析饮用水水源地水质安全及影响因素，识别出影响水质安全的风险问题；重点针对饮用水水源对人体健康的影响，开展饮用水水源地人体健康风险特征污染物质含量水平、组成特征以及时空分布特征分析。以饮用水水源地人体健康为侧重点，结合富营养化带来的水质变化特征以及水生态变化特征分析结果，确定合理的针对饮用水水源地基于人体健康的水质安全预警指标、预警阈值，预警级别，建立基于人体健康风险的流域水质安全预警指标体系。

4.3.3.3 技术流程和参数

技术流程为"模型构建—模型适用性检验—预警指标体系的确立—预警阈值与级别的确定"。以太湖贡湖湾小流域为例，技术流程具体如下。

模型构建：以太湖贡湖湾小流域为研究对象，根据太湖贡湖湾的水质和水生态环境特点，建立三维数值预警模型，模型包括风浪子模型、湖流子模型、标量迁移扩散子模型、生态子模型和悬移质子模型等 26 个子模型，该模型能够较为准确地计算贡湖生态短期变化，预测长期变化趋势和模拟突发性水污染事件。物质在水体中的迁移转化包含的过程可分为三类，分别是物理、化学和生物过程。物理过程是指物质在外力作用下而发生的物理位置的变化。在湖泊中，位置变化主要由水体运动造成。而湖泊水体运动主要是出入湖流、湖泊风浪等运动，每种水体运动方式均可通过数学方程描述：对于浅水和有限风区长度水体，风浪子模型采用 SMB 提出的方法。湖流子模型采用 Navier-Stokes 方程组及密度方程描述湖流运动。除了运动而导致的位置改变外，物质自身也将发生化学的或者生物的变化，这两种变化均可以通过数学方程描述。

模型适用性检验，分为 5 个方面：①模型网格布设，即采用嵌套网格技术求解贡湖水环境变化，以粗网格模拟整个太湖的环境变量变化；②模型初始条件确定，即通过常规实测数据，结合卫星遥感分析，确定参数值；③模型边界条件确定，主要包括气象条件和出入湖流；④模型参数率定与计算能力检验，包括 4 种参数确定方式（实际调查、室内实验、文献检索和率定）和 3 种模型精度检验方式（绝对误差、相对误差和确定性系数）；⑤模型长期预测精度检验以及模型短期预测精度检验。其中，模型长期预测是指通过输入一年的气象、水文和水质数据，借助所建数值模型模拟太湖和贡湖生态系统连续一年的变化特征，用来检验的主要模型有：水动力模型、水温模型、悬移质模型、藻类生物量模型。模型短期预测是指，以某一时刻实测的浓度差为模型的初始条件，以未来三天的天气和出入湖流作为模型的边界条件，使用模型对未来三天太湖生态系统变化开展模拟计算，输出 Chl-a、溶解氧（DO）和悬浮物（SS）等水质参数。然后，利用 3d 之后实测信息与模拟结果的对比情况来评定模型对未来 3d 水环境变化的预测精度。若模拟结果准确率达 70%以上，即达到对模型精度的要求。

预警指标体系的确立：富营养化型湖泊水源地（贡湖水源地）主要的水质安全风险为富营养化藻华暴发导致的水质安全风险。水华暴发时，如果选择受水华污染的水体作为饮用水水源，水体中藻类的过度繁殖，可能对饮用水的安全性造成影响，从而威胁到人体健康。因此，根据水质风险评估结果，预警指标主要考虑 Chl-a（与水华相关）与 DO（与嗅味物质相关）两项。

预警阈值与级别：以饮用水水源地人体健康为侧重点，结合水质变化趋势以及水生态变化特征分析结果，确定合理的预警指标、预警阈值、预警级别。以饮用水水源地人体健康为侧重点，结合水质变化趋势以及水生态变化特征分析结果，初步建立与水质风险级别相对应的水质预警级别，以期减小因水华暴露对饮用人体造成的健康危害，并为水华应急管理提供技术支持。根据水质安全预警级别，本书提出了 3 个水质安全级别的风险管理措施，分别为水质正常状态（水体中 Chl-a 浓度低于 80μg/L，DO 浓度大于 4 mg/L）、轻微警情（水体中 Chl-a 高于 80μg/L 低于 120μg/L，DO 浓度小于 4mg/L 大于 2mg/L）和重度警情（水体中 Chl-a 高于 120μg/L，DO 浓度小于 2mg/L）。

4.3.3.4　应用案例

基于该技术开发了"贡湖水质安全评估与预警模型软件系统"。有"贡湖水质评价"

"饮用水源风险评估""预测预警"三大功能块。"贡湖水质安全评估与预警模型软件系统"在"无锡市环境质量自动监测（控）系统"平台的"太湖新城水生态动态监控与评估系统"上应用，使其成为"监控与评估系统"的一个重要功能和子系统开展业务化运行，系统模块性能稳定，运行良好，效果明显，对 Chl-a、藻密度等指标预测的准确率达到80%以上，显现出良好的应用前景和经济、社会、环境效益，为在典型湖泊型流域进行水质安全评估与预警管理技术示范提供技术支撑。

以太湖贡湖湾小流域为研究代表和研究对象，根据贡湖湾的水质和水生态特点，建立适用于贡湖的三维数值预警模型；基于人体健康的角度，根据水质风险评估结果，确定了将 Chl-a 和 DO 作为水源地水质预警指标，初步建立了与水质风险级别相对应的水质预警级别。水质正常状态对应的指标水体中 Chl-a 浓度低于 80 μg/L，DO 浓度大于 4 mg/L；轻微警情对应的指标水体中 Chl-a 高于 80 μg/L 低于 120 μg/L，DO 浓度小于 4 mg/L 大于 2 mg/L；重度警情对应的指标水体中 Chl-a 高于 120 μg/L，DO 浓度小于 2mg/L。

第 5 章　流域水环境风险管控技术

流域水环境风险管控技术是指通过对环境风险的分析和评估，考虑到水环境的种种不确定性，提出决策的方案，力求以较少的环境成本获得较多的安全保障。其也可以看成是根据流域水环境风险评价结果进行削减风险费用和效益的分析，综合考虑社会经济和技术等因素，决定风险控制措施并付诸实施的过程。它包括流域水环境突发性风险管控技术和流域水环境累积性风险管控技术。

流域水环境突发性风险管控技术主要以流域水环境突发性污染事件现场应急控制技术为主，流域水环境突发性污染事件现场应急控制技术是指针对危险化学品在生产、运输过程中发生泄漏进入土壤及进入水体的状况，提供典型污染物应急处置的物理与化学方法及验证性试验结果的技术，可以为流域水环境突发性风险管控技术提供理论依据。

流域水环境累积性风险管控技术主要分为流域水环境工业点源分类分级管理技术和流域水环境农村面源分级管理技术。工业污染是指在工业生产过程中产生的废水和废液，其中含有随水流失的工业生产用料、中间产物和产品以及生产过程中产生的污染物。随着工业的迅速发展，废水的种类和数量迅猛增加，对水体的污染也日趋广泛和严重，其威胁人类的健康和安全，因此针对工业管理制度不完善以及风险意识淡薄等问题对污染源进行管理，即对水环境中的工业点源进行管理。农村生活污水与畜禽散养等农村面源污染越来越严重，其污染负荷比正在逐步上升，因此从最佳工程筛选、风险分级管理等角度探讨农村污水污染防治问题，即流域水环境农村面源管理。

5.1　流域水环境突发性风险管控技术

由于流域水环境突发性风险管控技术以流域水环境突发性污染事件现场应急控制技术为主，所以本节仅介绍流域水环境突发性污染事件现场应急控制技术。

针对我国水污染突发事故特征，按照非金属氧化物、重金属、酸碱盐、致色物质、有机物及石油的分类原则筛选出 120 种特征污染物，建立流域水环境突发性污染事件现场应急控制技术。形成了：①在模拟试验、成果集成的基础上，系统给出了 120 种典型危险化学品突发泄漏至水源水体及土壤的应急处理方法，提供了物理与化学的应急处理数据，建立了我国水污染事件特征污染物种类数据库。②从理化性质、生物毒性、环境行为、环境标准、监测方法、土壤污染应急处理措施、水体污染应急处理措施等方面系统编制了《典型（120 种）污染物应急处置技术指南》（建议稿）。

5.1.1　适　用　范　围

该技术适用于流域水环境突发性污染事件现场应急控制，包括对非金属氧化物、重金属、石油类、酸碱类、致色物质和有机物等的应急控制处理。

5.1.2　技　术　原　理

流域水环境突发性污染事件现场应急控制技术是指针对危险化学品在生产、运输过程中发生泄漏进入土壤及水体，基于污染物在水中的扩散规律与吸附传质机理等理论，构建以污染物源头控制技术、污染物防扩散技术、污染物消除技术和应急废物处置技术为主的应急技术体系，围绕该技术体系形成应急处置技术，为水污染事件的应急管理提供理论依据。

5.1.3　技术流程和参数

参考《典型（120 种）污染物应急处置技术指南》（建议稿）中给出的 120 种典型危险化学品突发泄漏至水源水体及土壤事故现场的应急处理方法进行应急处理。

流域水环境突发性污染事件现场应急控制技术主要由以下具体技术构成：①非金属氧化物应急控制技术；②重金属应急控制技术；③石油类应急控制技术；④酸碱类应急控制技术；⑤致色物质应急控制技术；⑥有机化合物应急控制技术。

各种污染物的处理方法如下。

（1）非金属氧化物的处理方法如图 5-1 所示。

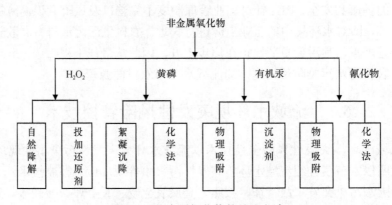

图 5-1　非金属氧化物的处理方法

非金属氧化物是指不含有金属元素的氧化物。通过对常见的危险化学品水污染事故进行分析，重点选取了氧化性强的过氧化氢、易燃的黄磷、侵犯中枢神经系统的有机汞（甲基汞与氯化汞）、剧毒的氰化物（氰化钾、氰化钠和氰化氢）等 7 种物质，对它们进行应急处理试验。

（2）重金属的处理方法如图 5-2 所示。

重金属指密度大于 4.5g/cm³ 的金属，约有 45 种，如铜、铅、锌、铁、钴、镍、锰、镉、汞、钨、钼、金、银等。尽管锰、铜、锌等重金属是生命活动所需要的微量元素，但是大部分重金属如汞、铅、镉等并非生命活动所必需，而且所有重金属超过一定浓度都对人体有害。

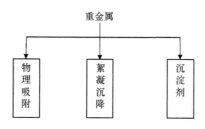

图 5-2　重金属的处理方法

（3）石油类污染包括泄漏油对土壤及水体的污染，需要分别处理，处理方法如图 5-3 所示。

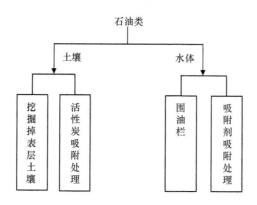

图 5-3　石油类的处理方法

油类是指任何类型的油（矿物油和动植物油）及其炼制品（汽油、柴油、机油、煤油等）、油渣和油泥。油污染是指油通过不同的途径进入土壤与水体环境而造成的污染。被油污染的土壤与水体有一定的气味和色度，易燃、易氧化分解；泄漏的油在土壤中渗透影响地下水的水质；油泄漏于水体中，因比水轻、难溶于水而浮在水体表面。

（4）酸碱类对水体的污染，主要表现在改变了水体的 pH。酸污染主要来自矿山排水和轧钢、电镀、硫酸、农药等工业的废水。碱污染主要来自碱法造纸、化纤生产、制碱、制药、炼油等工业的废水。酸碱类污染能破坏水体的自然缓冲能力，杀灭细菌及其他微生物或抑制其生长，妨碍水体的自净，还可影响渔业、腐蚀船舶。

酸的应急处理是加入不同的碱性物质进行中和处理；碱的应急处理是加入不同的酸性物质进行中和处理。

（5）致色物质的处理方法如图 5-4 所示。

致色物质通常指溶于水后使水体带颜色的有机物。致色物质在水体中对紫外线及可见光均有吸收，如 H 酸（1-氨基-8-萘酚-3，6-二磺酸）。该类物质在生产与运输过程中如发生泄漏，其在给环境造成破坏的同时，根据其泄漏量的多少，会对水体产生不良的视觉效果，干扰人们的正常生产与生活。

（6）有机化合物的处理方法如图 5-5 所示。

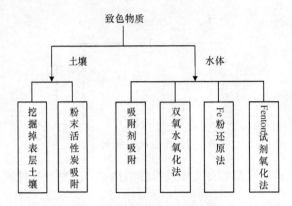

图 5-4　致色物质的处理方法

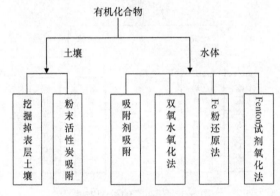

图 5-5　有机化合物的处理方法

有机化合物是含碳化合物或碳氢化合物及其衍生物的总称。石油、天然气、棉花、染料、化纤和合成药物等均属有机化合物。有机化合物碳原子的结合能力非常强，互相可以结合成碳链或碳环。有机化合物的熔点较低、热稳定性比较差，电解质受热容易分解。有机化合物的极性很弱，因此大多不溶于水。

5.2　流域水环境累积性风险管控技术

5.2.1　流域水环境工业点源分类分级管理技术

5.2.1.1　工业废水综合毒性评估技术

1. 适用范围

该技术适用于对工业排水、城市污水处理厂排水的综合生物毒性评估、风险管理、竣工验收等。

2. 技术原理

对受试样品进行成组生物毒性测试，再按研究提出的综合毒性指数计算公式计算废/

污水样品的综合毒性指数,根据毒性等级划分进行评价。

3. 技术流程和参数

废/污水生物毒性评价技术主要包括两大类:单一生物毒性指标评价法和多指标生物毒性评价法。不同的评价方法在评价结果上存在一定的差异,探讨不同废/污水生物毒性评价技术方法,对污染源的管理具有重要意义。

1)单一生物毒性指标评价法

检测废/污水样品的生物毒性,测试结果根据受试生物的种类,分别进行生物毒性级别评价,评价方法如下。

A. 发光细菌急性毒性分级评价

根据百分数等级毒性划分标准,将废/污水生物毒性分成无毒、微毒、中毒、强毒四个毒性等级,见表 5-1。

表 5-1　发光细菌急性毒性分级评价标准

毒性级别	EC_{50} 或 LC_{50}	毒性等级
无毒	>100%或求不出 EC_{50}	1
微毒	75%~100%	2
中毒	25%~75%	3
强毒	0<25%	4

B. 大型溞急性毒性分级评价

大型溞急性毒性测试结果参照《水和废水监测分析方法(第四版)》中溞类急性毒性等级评价方法,见表 5-2。

表 5-2　大型溞急性毒性分级评价标准

毒性级别	48h LC_{50} 或 EC_{50}	毒性等级
极高毒	≤1	4
高毒	1~10	3
中毒	10~100	2
低毒	≥100	1

C. 鱼类急性毒性分级评价

以斑马鱼为例,其生物毒性测试结果参照《水和废水监测分析方法(第四版)》中鱼类急性毒性分级评价方法,对废/污水的生物急性毒性进行分级评价,评价标准见表 5-3。

表 5-3　鱼类急性毒性分级评价标准

毒性级别	96h LC_{50} 或 EC_{50}	毒性等级
极高毒	≤1	4
高毒	1~10	3
中毒	10~100	2
低毒	≥100	1

D. 蚕豆根尖微核污染分级评价

废/污水的测试结果参照《水和废水监测分析方法》（第四版）中蚕豆根尖微核污染分级评价标准对废/污水进行污染分级评价，评价标准见表 5-4。

表 5-4　蚕豆根尖微核污染分级评价标准

污染分级	PI	污染等级
重污染	3.5～4	4
中污染	2～3.5	3
轻污染	1.5～2	2
基本无污染	0～1.5	1

2）多指标生物毒性评价法

A. 潜在生态毒性效应探测指数法

潜在生态毒性效应探测（potential ecotoxic effect probe，PEEP）指数法自从 20 世纪 90 年代提出后，先后为加拿大、美国等许多国家所采用。PEEP 指数法的特点是将不同生物毒性测试的结果进行归一化处理，统一将其转换为毒性单位 T_i。然后根据毒性测试的阳性结果，结合废/污水的排水量，利用指数方式进行处理，最终得出潜在毒性效应指数。PEEP 指数法的计算公式见式（5-1）～式（5-3）。

$$\mathrm{PEEP} = \lg\left[1 + n\left(\sum_{i=1}^{N}\mathrm{AV} + \mathrm{AN}\right)\bigg/N \times Q\right] \tag{5-1}$$

$$\mathrm{TC} = \sqrt{\mathrm{LOEC}_i \times \mathrm{NOEC}_i} \tag{5-2}$$

$$T_i = 100\%/\mathrm{TC} \tag{5-3}$$

式中，TC 为有害物质 i 的阈值（体积分数），%；LOEC_i 为有害物质 i 的最小影响浓度（体积分数），%；NOEC_i 为有害物质 i 的最大无作用浓度（体积分数），%；T_i 为有害物质 i 的毒性单位，TU；AV 为样品经生物降解前的生物毒性测试结果；AN 为样品经生物降解后的生物毒性测试结果；n 为各生物测定结果的阳性结果测定数；N 为参与评价的生物毒性指标数；Q 为排水量，$\mathrm{m^3/h}$。

B. 预测毒性指数法

另外一种污水综合毒性评价技术称为预测毒性指数（CHIMIOTOX），它是以理化分析测定值为基础，求出各有害物质的相对毒性，计算总和后乘以流量得出总的污染物综合预测毒性（IC），是对污水排放污染负荷量毒性的预测。其计算公式见式（5-4）～式（5-7）。

$$\mathrm{Ftox}_i\,(\mathrm{mg/L}) = 1/\mathrm{MSC}_i \tag{5-4}$$

$$\mathrm{Load}_i\,(\mathrm{kg/a}) = (Q_i \times C_i)/1000 \tag{5-5}$$

$$\mathrm{Uc}_i = \mathrm{Load}_i \times \mathrm{Ftox}_i \tag{5-6}$$

$$\mathrm{IC} = \Sigma U_i \tag{5-7}$$

式中，Ftox_i 为毒性重叠系数；MSC_i 为有害物质 i 的水质标准，mg/L；Load_i 为有害物质

i 的年排出负荷量，kg/a；Q_i 为排水流量，m³/a，C_i 为有害物质 i 的排水浓度，mg/L；Uc_i 为有害物质 i 的 CHIMIOTOX 单位；IC 为排水的 CHIMIOTOX 指标。

C. 稀释效应平均比率法（EDAR）

EDAR 评价的第一步是将不同毒性测试结果统一转换成毒性单位 TU，然后根据 TU 值进行打分；第二步是将权重分数进行叠加，得到最终的权重值，并根据权重值进行分级排序，权重值分类及风险程度分级指数见表 5-5 和表 5-6。

表 5-5　急性毒性测试权重值分类表

TU	级别	毒性
<0.4	I	无急性毒性
0.4~1	II	轻微急性毒性
1~10	III	急性毒性
10~100	IV	高急性毒性
>100	V	非常高急性毒性

注：TU 指毒性单位（toxic unit）。

表 5-6　风险程度分级指数

EDAR 指数值	风险级别	描述
0~0.14	1	无风险
0.14~0.21	2	可能有风险
0.21~0.42	3	轻微风险
0.42~2.1	4-1	
2.1~4.2	4-2	中等风险
4.2~21	4-3	
21~42	5-1	
42~210	5-2	高风险
>210	6	极端风险

从现有的废水综合毒性评价方法来看，预测毒性指数法只是将各种污染物的毒性指数进行叠加，并没有考虑到不同污染物之间的相关关系，如拮抗、协同效应等，其计算结果与实际检测结果往往存在较大的差异，只能提供一个方向性的指引，其适用于在没有生物毒性检测条件下对污染源的综合生物毒性评估。EDAR 不仅能对不同生物毒性测试结果进行统一，而且给出了综合生物毒性的风险级别，但这一方法仅针对废水对生物的急性毒性，并没有考虑废水的遗传毒性等，其评价结果存在一定的片面性。PEEP 指数法的优点在于其具有很好的包容性，能将不同类型的检测结果进行统一，如废水的急性毒性、慢性毒性、遗传毒性等，且计算简单，结果易于解释，具有很强的可操作性。在常用的 PEEP 指数计算公式中，毒性指数综合了供试样品经生物降解前和降解后的毒性测试结果。为使计算结果更直接反映典型行业排水的生物毒性，本书将采用修改后的 PEEP 指数法对典型行业排水的综合生物毒性进行研究，其计算公式见式（5-8）及式（5-2）、式（5-3），提出将废/污水综合生物毒性按 PEEP 指数值进行毒性等级划分（表 5-7）。

$$PEEP = \lg\left[1 + n\left(\sum_{i=1}^{N} T_i / N\right)Q\right] \tag{5-8}$$

式中，T_i 为有害物质 i 的毒性单位，TU；n 为各生物测定结果的阳性结果测定数；N 为参与评价的生物毒性指标数；Q 为排水量，m^3/h。

表 5-7 废/污水综合生物毒性分级评价标准

PEEP 指数	毒性级别	毒性等级
>5.0	剧毒	5
4.0~5.0	高毒	4
3.0~4.0	中毒	3
2.0~3.0	低毒	2
0~2.0	微毒	1

4. 应用案例

典型行业废水的无可见效应浓度：已经建立了基于多种受试生物的毒性测试技术，采集了辽河及潭江流域污水处理、造纸、电子电镀、化工、纺织印染、食品等多个行业的多家企业的排水样品，并对其进行了生物毒性测试。将基于不同生物物种（绿藻、大型溞、斑马鱼等）的毒性测试结果进行统计分析，分析不同浓度梯度废/污水的生物毒性测试结果差异，确定废/污水样品的无可见效应浓度，并筛选出最为敏感的生物毒性测试结果作为污染源排水的无可见效应浓度。

经过计算分析，不同企业排水最敏感生物毒性的无可见效应浓度见表5-8。

表 5-8 企业排水最敏感生物毒性的无可见效应浓度表

行业名称	企业代码	预测无可见效应浓度（污水稀释百分比）			
		大型溞	斑马鱼	蚕豆根尖	最敏感物种
化工	C1[①]	20	—	>100	20
	C2[①]	90	—	50	50
	C3[②]	1	—	50	1
	C4[②]	1	—	>100	1
	C5[②]	0.4	—	—	0.4
	C6[②]	0.35	—	—	0.35
	C7[②]	0.2	—	—	0.2
	C8[②]	0.18	—	—	0.18
	C9[②]	0.15	—	—	0.15
	C10[②]	5	—	—	5
	C11[②]	>100	60	>100	60
	C12[③]	0.5	1	12.5	0.5
	C13[③]	70	>100	50	50
电子电镀	E1[①]	90	—	75	75
	E2[①]	>100	—	>100	>100
	E3[②]	90	—	>100	90
	E4[③]	5	10	12.5	5

续表

行业名称	企业代码	预测无可见效应浓度（污水稀释百分比）			
		大型溞	斑马鱼	蚕豆根尖	最敏感物种
电子电镀	E5③	1	30	>100	1
	E6③	1	75	25	1
	E7③	0.05	20	12.5	0.05
	E8③	5	>100	12.5	5
	E9③	10	>100	50	10
	E10③	0.1	0.625	>100	0.1
	E11③	1	45	15	1
	E12③	1	>100	12.5	1
	E13③	0.05	25	12.5	0.05
	E14③	0.05	0.5	12.5	0.05
	E15③	1	90	12.5	1
	E16③	0.05	50	12.5	0.05
	E17③	1	30	12.5	1
	E18③	90	5	50	5
食品	F1③	>100	>100	>100	>100
	F2③	>100	>100	>100	>100
	F3③	>100	>100	>100	>100
	F4③	>100	>100	>100	>100
	F5③	90	>100	>100	90
	F6③	>100	>100	>100	>100
污水处理	MW1①	90	—	>100	90
	MW2①	90	—	>100	90
	MW3①	55	—	>100	55
	MW4②	90	—	>100	90
	MW5③	80	80	50	50
造纸	P1①	90	—	75	75
	P2①	90	—	12.5	12.5
	P3③	>100	50	>100	50
	P4③	—	60	12.5	12.5
	P5③	90	>100	>100	90
	P6③	>100	>100	75	75
	P7③	5	15	50	5
	P8③	>100	>100	25	25
纺织印染	T1①	25	—	>100	25
	T2①	90	—	>100	90
	T3①	30	—	12.5	12.5
	T4②	15	—	75	15
	T5②	25	—	—	25
	T6③	90	>100	12.5	12.5
	T7③	>100	>100	12.5	12.5
	T8③	>100	>100	12.5	12.5
	T9③	>100	>100	60	60
	T10③	50	>100	12.5	12.5

续表

行业名称	企业代码	预测无可见效应浓度（污水稀释百分比）			
		大型溞	斑马鱼	蚕豆根尖	最敏感物种
纺织印染	T11③	60	>100	>100	60
	T12③	5	80	>100	5
	T13③	5	>100	>100	5
	T14③	>100	30	>100	30
	T15③	80	>100	25	25
	T16③	>100	>100	50	50
	T17③	90	>100	>100	90

①代表太湖流域企业；②代表辽河流域企业；③代表潭江流域企业。

从总体结果来看，食品废水对受试生物的影响基本较小，其最敏感物种的无可见效应浓度几乎都大于 100%，即废水不稀释时对大型溞、斑马鱼及蚕豆根尖也没有不良效应，市政废水的无可见效应浓度尽管较大，但是其废水对大型溞都具有一定的不良效应。其他行业包括化工、电子电镀、纺织印染和造纸废水的最敏感物种的无可见效应浓度较低，表明其废水可能造成一定的生态危害，同一行业中不同企业废水的无可见效应浓度数据差别较大。对于不同受试生物来说，大型溞对大多数废水都比较敏感，但是也有少数企业废水中蚕豆根尖比较敏感，极少数企业废水中斑马鱼较为敏感。由于不同企业废水对不同物种的敏感性具有一定差异，因此在基于生物毒性的生态风险评价中使用多种生物进行毒性测试时，采用不同营养级物种是很有必要的。

5.2.1.2　工业点源生态风险评估技术

1. 适用范围

该技术适用于对点源污染排水造成的水生生物毒害作用可能导致的生态风险进行评估。

2. 技术原理

通过废水的生物毒性测试、化学分析测试、生态毒性效应等指标，结合受纳水体的水生生态调查情况，可以采用生态风险系数评价法或污染源风险综合评价方法，对重要的点源生态分析风险进行分级评价。

3. 技术流程和参数

1）基于废水毒性测试的风险系数评价法

为了达到生态毒性减排的目的，发达国家如英国、美国、德国等从 19 世纪初期开始推动全废水毒性测试技术，废水毒性测试结果不仅用于检测和评价废水的综合毒性效应，而且用于废/污水排放到纳污水体导致的生态风险评价，并作为化学特征污染物监控的补充手段应用到污水的风险管理和控制中。根据发达国家的管理经验以及相关文献资料，提出了以下基于废/污水生态毒性的废水生态风险评价技术体系，其方法适用范围、测试技术和评价过程都与基于特征污染物监测的评价方法有一定差别。

污染源生态风险评价等级由生态风险系数公式计算出：

$$风险系数 = \frac{废/污水预测环境浓度}{废/污水生物毒性预测无可见效应浓度/100} \tag{5-9}$$

废/污水毒性的预测无可见效应浓度是指废水毒性测试时响应与对照控制组没有显著差别所对应的废/污水最高浓度。将基于不同生物物种的毒性测试结果进行统计分析，分析不同浓度梯度废/污水的生物毒性测试结果差异，确定废/污水样品无效应浓度，并筛选出最为敏感的生物毒性测试结果，即预测无可见效应浓度。

废/污水预测环境浓度是指废/污水团排入纳污水体后经稀释、扩散后在纳污水体环境中的实际浓度。预测环境浓度是在基于生物毒性的生态风险评价中的预测环境浓度，是指废/污水团排入纳污水体后经稀释、扩散后在环境中的实际浓度。从点源排放出来的废/污水在实际环境中的稀释浓度不仅会由于生产过程以及企业污水处理过程而发生的废/污水排放流量变化而随时间变化，而且会由于河流流量的季节变化以及潮汐的日变化而随时间变化。因此，在评价过程中，需要采用废/污水排放流量的最大监测数据以及相应纳污水体监测断面流量的最小监测数据（只有数据缺乏时，才能使用平均流量数据），才能反映污染点源废/污水排放对纳污水体水生生物造成影响的最大可能性，从而保护水生生态系统健康。

预测环境浓度在点源排水生态风险评价的初步评价（风险分级）的计算建议使用简单的稀释公式（河流完全混合模式），适合对污染源的风险进行初步分级和筛选。预测环境浓度的计算方法可以参考《环境影响评价技术导则　地面水环境》，但是由于这里的污水浓度指污水在地表水中的稀释比（%）。因此，污水浓度计算时排放污水中的浓度取值100%，纳污水体中的浓度取 0。污水团假定为持久性污染物，不考虑其衰减系数。

2）综合指标评价法

在借鉴美国国家环境保护局生态风险评价导则和技术指南的基础上，采用综合化监测评价、毒性监测评价和水生态评价的污染源风险评价指标体系，通过模糊综合评价确定权重因子，对点源污染生态风险进行分级评价，具体评价过程如图 5-6 所示。

A. 确定评价对象的因素集即确定评价指标

在点源污染生态风险评价中，评价指标确定为影响点源污染可能导致生态风险的压力–状态–响应三方面的指标，即点源污染毒性、纳污水体水质以及水生态系统健康，分别用毒性综合指数、水质综合指数以及水生生物完整性指标表征，即

$u=\{$毒性综合指数、水质综合指数、水生生物完整性指标$\}$

B. 确定评语等级论域，即建立评价集

根据水质综合指数、水生生物完整性指标和毒性综合指数的评价标准和等级，将点源污染生态风险评价划分为（低风险、中等风险、高风险、极高风险）4 个等级，评价集 $V=\{$Ⅰ，Ⅱ，Ⅲ，Ⅳ$\}$（表 5-9）。

C. 进行单因素评价，建立模糊关系矩阵 **R**

由于各指数严重程度和分级标准都是模糊的，因此用隶属度来刻画分级界线较合理。先根据各指标的 4 级标准，得出 4 个级别的隶属函数。

以废水的毒性综合指数为例，4 个级别的隶属函数如下：

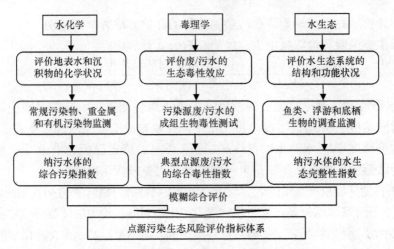

图 5-6 点源污染生态风险评价指标体系图

表 5-9 点源污染生态风险评价等级模型

生态风险	等级	水质综合指数	水生生物完整性指标	毒性综合指数
低风险	1	≤0.20	>3.20	<2
中等风险	2	0.20~0.40	3.20~2.40	2~3
高风险	3	0.40~0.70	2.40~1.60	3~4
极高风险	4	0.70~1.50	1.60~0.80	4~5

注：不同河流的水生生物完整性指标与当地水生态系统实际状况有关，本表中列举的为潭江（平水期）底栖生物完整性指数评价标准。

$$
毒性综合指数\ u\,\mathrm{I}\ (x) = \begin{cases} 0 & x>3 \\ 3-x & 2<x<3 \\ 1 & x<2 \end{cases} \quad (5\text{-}10)
$$

$$
毒性综合指数\ u\,\mathrm{II}\ (x) = \begin{cases} 1 & x=3 \\ x-2 & 2<x<3 \\ 4-x & 3<x<4 \end{cases} \quad (5\text{-}11)
$$

$$
毒性综合指数\ u\mathrm{III}\ (x) = \begin{cases} 1 & x=4 \\ x-3 & 3<x<4 \\ 5-x & 4<x<5 \end{cases} \quad (5\text{-}12)
$$

$$
毒性综合指数\ u\mathrm{IV}\ (x) = \begin{cases} 0 & x<4 \\ x-4 & 4<x<5 \\ 1 & x \geqslant 5 \end{cases} \quad (5\text{-}13)
$$

D. 确定评价因素的模糊权向量 A

由于毒性综合指数、水质综合指数以及水生生物完整性指标对生态风险的影响程度不同，因此对各指标应赋予不同的权重。根据各指标的严重程度越大、权重越大的原则来决定权重的大小。

其计算公式为

对越大越优型的指数：

$$a_i=b_i/c_i \qquad (5\text{-}14)$$

对越小越优型的指数：

$$a_i=c_i/s_i \qquad (5\text{-}15)$$

式中，a_i，c_i，b_i，s_i 分别为第 i 种评价指标的权重、实际指数值、多级指数标准值的最小值和最大值。

E. 利用合适的算子建立模糊综合评价模型

模糊综合评价中常用的取大取小算法，在因素较多时，每一因素所分得的权重常常很小。在模糊合成运算中，信息丢失很多，常导致结果不易分辨和不合理（即模型失效）的情况。所以，针对上述问题，采用加权平均型的模糊合成算子，其计算公式为

$$B=A\cdot R \qquad (5\text{-}16)$$

F. 对点源污染生态风险评价结果进行分析

对废水毒性、水质、风险等评价结果进行综合分析。

4. 应用案例

在对点源污染排放的废/污水的预测无可见效应浓度和预测环境浓度计算的基础上，对点源污染排水的生态风险进行了初步评价，通过两者的比值得到点源污染排水的生态风险系数，并确定污染源的生态风险级别，其结果见表 5-10。

表 5-10　点源污染排水的生态风险系数及生态风险级别

行业	企业代码	废水流量/(m^3/h)	预测环境浓度	无可见效应浓度/%	生态风险系数	风险分级
	C1[①]	48.6	—	20	—	—
	C2[①]	75.0	—	50	—	—
	C3[②]	633.6	0.0156	1	1.56	极高风险
	C4[②]	540.0	0.0133	1	1.33	极高风险
	C5[②]	25.3	0.000632	0.4	0.158	高风险
	C6[②]	23.6	0.000590	0.35	0.168	高风险
化工	C7[②]	11.5	0.000287	0.2	0.144	高风险
	C8[②]	13.8	0.000345	0.18	0.192	高风险
	C9[②]	10.9	0.000272	0.15	0.182	高风险
	C10[②]	91.3	0.00228	5	0.0455	中等风险
	C11[②]	215	0.00125	60	0.00209	低风险
	C12[②]	72.7	0.00042	0.5	0.0850	低风险
	C13[②]	35.6	0.00082	50	0.00165	中等风险
	E1[①]	1.67	—	75	—	—
	E2[①]	229	0.00570	90	0.00633	低风险
	E3[②]	3.54	—	>100	—	—
	E4[③]	21.1	0.00012	5	0.00247	低风险
电子	E5[③]	17.4	0.00010	1	0.0102	中等风险
电镀	E6[③]	5.33	0.00003	1	0.00312	低风险
	E7[③]	15.3	0.00009	0.05	0.179	高风险
	E8[③]	22.8	0.00013	5	0.00266	低风险
	E9[③]	27.9	0.00016	10	0.00163	低风险
	E10[③]	24.5	0.00014	0.1	0.143	高风险

续表

行业	企业代码	废水流量/(m³/h)	预测环境浓度	无可见效应浓度/%	生态风险系数	风险分级
电子电镀	E11③	47.2	0.00028	1	0.0276	中等风险
	E12③	14.6	0.00023	1	0.0234	中等风险
	E13③	2.72	0.00004	0.05	0.0873	中等风险
	E14③	7.02	0.00011	0.05	0.225	高风险
	E15③	14.4	0.00023	1	0.0232	中等风险
	E16③	4.21	0.00007	0.05	0.135	高风险
	E17③	10.3	0.00017	1	0.0165	中等风险
	E18③	6.32	0.00010	5	0.00203	低风险
食品	F1③	107	0.00062	>100	0	低风险
	F2③	10.3	0.00006	>100	0	低风险
	F3③	11.3	0.00007	>100	0	低风险
	F4③	52.9	0.00031	>100	0	低风险
	F5③	9.27	0.00005	90	0.00006	低风险
	F6③	13.6	0.00008	>100	0	低风险
污水处理	MW1①	1270	—	90	—	—
	MW2①	3180	—	90	—	—
	MW3①	505	—	55	—	—
	MW4②	3350	0.0773	90	0.0858	中等风险
	MW5③	4150	0.0237	50	0.0474	中等风险
造纸	P1①	2.92	0.00007	75	0.00010	低风险
	P2①	3.33		12.5	—	
	P3③	164	0.00096	50	0.00191	低风险
	P4③	106	0.00062	12.5	0.00495	低风险
	P5③	91.0	0.00053	90	0.00059	低风险
	P6③	21.4	0.00013	75	0.00017	低风险
	P7③	25.8	0.00041	5	0.00827	低风险
	P8③	87.5	0.00140	25	0.00561	低风险
纺织印染	T1①	96.7	—	25	—	—
	T2①	17.9	—	90	—	—
	T3①	1040	—	12.5	—	—
	T4②	5.00	0.00012	15	0.00083	低风险
	T5②	70	0.00175	25	0.00699	低风险
	T6③	106	0.00062	12.5	0.00494	低风险
	T7③	190	0.00111	12.5	0.00888	低风险
	T8③	321	0.00187	12.5	0.0150	中等风险
	T9③	264	0.00154	60	0.00257	低风险
	T10③	159	0.00093	12.5	0.00744	低风险
	T11③	205	0.00120	60	0.00200	低风险
	T12③	20.0	0.00032	5	0.00642	低风险
	T13③	28.0	0.00045	5	0.00899	低风险
	T14③	83.3	0.00134	30	0.00445	低风险
	T15③	61.9	0.00099	25	0.00398	低风险
	T16③	46.2	0.00074	50	0.00148	低风险
	T17③	280	0.00447	90	0.00497	低风险

①代表太湖流域企业；②代表辽河流域企业；③代表潭江流域企业。

从上述风险评价结果来看，生态风险系数较高即生态风险较高的行业为化工和电子电镀，从废水流量和无可见效应浓度（即废水毒性）两方面来看，化工行业由于废水流量和毒性都比较大，因此生态风险较高，而电子电镀废水流量一般较小，但是其毒性较强，因此其生态风险也比较高。食品行业生态风险最低，造纸行业次之，而污水处理行业生态风险并不是很低，这跟污水处理厂的废水流量极多有关。总体上大部分企业为低风险，部分企业为中等风险，高风险和极高风险的企业较少。

效果验证：通过企业排水口下游河流断面大型溞的毒性测试结果（所有河流断面水样对斑马鱼并无毒性效应）可知，表 5-11 中初次评价结果中具有极高风险的两家化工企业下游断面水体对大型溞均具有一定的毒性，证明本书研究采用的风险系数法能反映污染源排水对河流断面的生态毒害效应，可在一定程度上表征废水的生态风险。

表 5-11　河流断面水样的大型溞毒性测试结果

断面	断面 1	断面 2	断面 3	断面 4	断面 5	断面 6	断面 7
上游污染源	E12	T15	E10	C7	E7	C3	C4
污染源风险系数	0.0873	0.00398	0.143	0.085	0.179	1.56	1.33
河流水样毒性测试结果（EC10）/%	0	0	0	0	0	66.4	75.1

5.2.1.3　工业点源风险分类分级管理技术

1. 适用范围

该技术适用于对流域内纺织印染、造纸、电子电镀、制药、石油加工、制药和污水处理等行业的污染源排放进行环境管理。

2. 技术原理

在对污染源环境风险识别和评价的基础上，按照恰当的法规条例，选用有效的控制技术来削减风险的费用和进行效益分析，力求以较少的环境成本获得较多的生态安全保障的过程。

3. 技术流程和参数

根据污染源生态风险评价的等级模型（表 5-9），将每个行业的污染源分成自控污染源、监控污染源、严控污染源和特控污染源 4 个等级，对应的环境风险级别分别为一级、二级、三级和四级。污染源风险级别越高，管理要求越严格。

自控污染源：指生态风险评价结果为低风险的点源污染，这类污染源只要通过加强内部管理等自控管理措施就能降低受纳水体的污染风险。

监控污染源：指生态风险评价结果为中等风险的点源污染，这类污染源除了需采取加强内部管理等自控管理措施外，还需通过"加强监管、清洁生产"等措施才能保证受纳水体的污染风险在可接受的水平。

严控污染源：指生态风险评价结果为高风险的点源污染，由于这类污染源相对数量较多，只有实施更加严格的措施，如"原辅材料与工艺替代、废水深度处理""统一入园、集中治理"等才能确保水环境安全。

特控污染源：指生态风险评价结果为极高风险的点源污染，由于这类污染源对环境污染影响大，必须采取"限期治理、关停并转"等严厉措施才能消除对水环境的威胁。

流域水环境内污染行业繁多，目前还不可能做到通盘考虑，只能采取抓大放小，选择重污染行业进行风险管理研究。对 2010 年我国 42 个行业的水污染物排放量进行统计后发现，造纸、纺织印染、制药、石油加工、电子电镀五大行业排放的水污染当量占总统计量的 38.36%，其中，造纸、纺织印染和制药的水污染贡献率分别高达 24.01%、7.89%和 2.90%，石油加工行业的石油类和氰化物的排放量分别占总统计量的 14%和 9%，电子电镀行业的六价铬和氰化物排放量分别占总统计量的 40%和 16%，因此将造纸、纺织印染、制药、石油加工、电子电镀行业作为我国流域水环境点源污染分类分级管理的主要研究对象。

纺织印染行业的分级管理措施，在自控污染源方面通常有：①领导重视，加强宣传；②清洁生产，达标排放。在监控污染源方面通常有：①原辅材料质检，有毒化学品替代；②改进工艺，清洁生产；③企业环境绩效信息披露和公众参与。在严控污染源方面通常有：①建立健全环境管理体系；②统一入园，集中治理。在特控污染源方面通常有：①限期治理；②关停并转。

造纸行业的分级管理措施，在自控污染源方面通常有：①领导重视，加强宣传；②清洁生产，达标排放。在监控污染源方面通常有：①提高清洁生产水平；②加大污水处理力度；③企业环境绩效信息披露。在严控污染源方面通常有：①建立健全环境管理体系；②开展环境审计；③统一入园，全过程控制。在特控污染源方面通常有：①限期治理；②关停并转。

电子电镀行业的分级管理措施，在自控污染源方面通常有：①领导重视，加强宣传；②清洁生产，达标排放。在监控污染源方面通常有：①有毒原辅材料替代；②高效清洗与废水回用技术；③加强工艺过程控制；④废水分类收集与分质处理；⑤企业环境绩效信息披露。在严控污染源方面通常有：①建立健全环境管理体系；②统一入园，全过程控制；③废水深度处理。在特控污染源方面通常有：①限期治理，技术服务；②关停并转。

制药行业的分级管理措施，在自控污染源方面通常有：①加强培训，规范操作；②深度处理，达标排放。在监控污染源方面通常有：①减少有毒有害化学品的使用和排放；②改进生产工艺；③建立健全环境管理体系。在严控污染源方面通常有：①统一入园，集中治污；②企业环境信息披露；③废水深度处理。在特控污染源方面通常有：①限期治理，技术服务；②关停并转。

石油加工行业的分级管理措施，在自控污染源方面通常有：①加强培训，规范操作；②清洁生产，达标排放。在监控污染源方面通常有：①编制环境污染事故应急预案；②加强全过程管理；③降低废水排放量，提高废水回用率；④企业环境绩效信息披露。在严控污染源方面通常有：①建立健全环境管理体系；②统一入园，集中治理。在特控污染源方面通常有：①限期治理；②关停并转。

污水处理厂的分级管理措施，在自控污染源方面通常有：①加强宣传和培训；②稳定运行，达标排放。在监控污染源方面通常有：①建立健全环境管理体系；②加强废水处理过程监控；③环境绩效信息披露。在严控污染源方面通常有：①加强全过程管理，

②废水深度处理与中水回用。在特控污染源方面通常有：①进行市场化改革；②限期治理与关停并转。

5.2.2　流域水环境农村面源分级管理技术

农村面源分类管理研究以农村生活污水和农村散养畜禽污水为研究对象，基于灰色理论关联系数法构建了农村生活污水处理工程筛选模型；应用层次分析法开发了基于污水排放量、污水排放方式、污水处理设施、污染承受力四项一级指标的农村生活污水与农村散养畜禽污水风险评价指标体系和对应的风险评估与分级管理方法。

5.2.2.1　农村生活污水处理工程筛选技术

1. 适用范围

该技术适用于对农村生活污水与农村散养畜禽污水的工程处理技术进行筛选。

2. 技术原理

在实地调研中，农村生活污水排放管道和农村散养畜禽污水排放管道为同一排污管道，加之农村生活污水与农村散养畜禽污水具有浓度低、间接排放量少且分散的这一特点，所以农村生活污水与农村散养畜禽污水合并构建同一工程技术筛选指标体系。

灰色系统理论是由著名学者邓聚龙教授首创的一种系统科学理论，其中的灰色关联分析是根据各因素变化曲线几何形状的相似程度来判断因素之间关联程度的方法。它是一门研究信息部分清楚、部分不清楚并带有不确定性现象的应用数学学科。

灰色关联分析是指对一个系统发展变化态势的定量描述和比较的方法，其基本思想是通过确定参考数据列和若干个比较数据列的几何形状相似程度来判断其联系是否紧密，它反映了曲线间的关联程度。

3. 技术流程和参数

用灰色系统理论建立农村生活污水与农村畜禽养殖污水工程技术筛选指标体系的建模过程主要分为以下八个步骤。

1）构造备选工艺方案比较数列和参比数列

由各备选方案的决策指标因子构成比较数列：

$$x_i(j) = \left\{ x_i(1), x_i(2), \cdots, x_i(n) \right\} \tag{5-17}$$

式中，$i = 1, 2, \cdots, m$（i 代表备选工艺方案，下同）；$j = 1, 2, \cdots, n$（j 代表指标因子，下同）。

根据各备选方案在决策指标下的最优值，确定最优方案，构成参比数列：

$$x_0(j) = \left\{ x_0(1), x_0(2), \cdots, x_0(n) \right\} \tag{5-18}$$

式中，$j = 1, 2, \cdots, n$。

2）对比较数列和参比数列的数据规范化处理

对于取值越大越好的效益型事件，其比较数列规范化公式为

$$x_i'(j) = \frac{x_i(j)}{x_0(j)} \tag{5-19}$$

对于取值越小越好的成本型事件，其比较数列规范化公式为

$$x_i'(j) = \frac{x_0(j)}{x_i(j)} \tag{5-20}$$

参比数列规范化后为

$$x_0'(j) = \frac{x_0(j)}{x_0(j)} = \{1,1,1,1,1\} \tag{5-21}$$

3）差序列计算

计算参比数列与比较数列在对应点的绝对差：

$$\Delta_i(j) = \left| x_0'(j) - x_i'(j) \right| \tag{5-22}$$

4）求绝对差的最大差与最小差

$$\Delta_{\min} = \min_{i,j} \Delta_i(j) = \min_i \left\{ \min_j \left| x_0'(j) - x_i'(j) \right| \right\} = \min_i \left\{ \min_j \left| 1 - x_i'(j) \right| \right\} = 0 \tag{5-23}$$

$$\Delta_{\max} = \max_{i,j} \Delta_i(j) = \max_i \left\{ \max_j \left| x_0'(j) - x_i'(j) \right| \right\} = \max_i \left\{ \max_j \left| 1 - x_i'(j) \right| \right\} \tag{5-24}$$

5）计算备选工艺灰色关联系数 $\xi_i(j)$

$$\xi_i(j) = \frac{\Delta_{\min} + \rho \Delta_{\max}}{\Delta_i(j) + \rho \Delta_{\max}} \tag{5-25}$$

式中，ρ 为分辨系数，$\rho \in [0，1]$，一般取 0.5。

6）灰色关联分析法各指标权值的确定

采用专家赋权的方法，邀请 t 位专家对 j 个指标因子进行赋权（权值范围 0～1），赋权结果形成比较数列：

$$w_j(k) = \left\{ w_j(1), w_j(2), \cdots, w_j(t) \right\} \tag{5-26}$$

式中，$j = 1，2，\cdots，n$；$k = 1，2，\cdots，t$（k 代表参与赋权的专家数量，下同）。

在 t 位专家对 j 个指标因子所赋权重中，将权重最大值选出，由其构成参比数列：

$$w_0(k) = \left\{ \max w_j(k), \max w_j(k), \cdots, \max w_j(k) \right\} \tag{5-27}$$

式中，$j = 1，2，\cdots，n$；$k = 1，2，\cdots，t$。

计算参比数列与比较数列在对应点的绝对差：

$$\Delta_j(k) = \left| w_0(k) - w_i(k) \right| \tag{5-28}$$

求绝对差的最大差与最小差：

$$\Delta_{\min} = \min_{j,k} \Delta_j(k) = \min_j \left\{ \min_k \left| w_0(k) - w_j(k) \right| \right\} = \min_j \left\{ \min_k \left| 1 - w_j(k) \right| \right\} = 0 \tag{5-29}$$

$$\Delta_{\max} = \max_{j,k} \Delta_j(k) = \max_j \left\{ \max_k \left| w_0(k) - w_j(k) \right| \right\} = \max_j \left\{ \max_k \left| 1 - w_j(k) \right| \right\} \tag{5-30}$$

计算灰色关联系数 $\xi_j(k)$：

$$\xi_j(k) = \frac{\Delta_{\min} + \rho\Delta_{\max}}{\Delta_j(k) + \rho\Delta_{\max}} \tag{5-31}$$

式中，ρ 为分辨系数，$\rho \in [0，1]$，一般取 0.5。

计算灰色关联度，灰色关联度 r_j 的计算公式如下：

$$r_j = \frac{1}{t}\sum_{k=1}^{t}\xi_j(k) = \frac{1}{t}\sum_{k=1}^{t}\frac{\Delta_{\min} + \rho\Delta_{\max}}{\Delta_j(k) + \rho\Delta_{\max}} \tag{5-32}$$

经过归一化后得到 j 个指标因子的权值 w_j：

$$w_j = \frac{r_j}{\sum_{j=1}^{n} r_j} \tag{5-33}$$

7）计算灰色关联度 ε_i

$$\varepsilon_i = \sum_{j=1}^{n}\xi_i(j) \times w_j \tag{5-34}$$

8）确定优选工程

根据关联度大小确定优先选择处理工程技术，关联度大者为优选的农村生活污水与农村散养畜禽养殖污水的工程技术。

4. 应用案例

辽宁省徐家屯村处于太子河岸边，接近平原地区；人口规模 2500 人左右，有完善的生活垃圾处理程序，人均收入相对较高，人均年收入 6500 元以上。根据表 5-12 可知，该村生活污水与散养畜禽养殖污水最佳处理工程技术为沼气池或化粪池（分散处理）+稳定塘或人工湿地（集中处理）的联合处理工艺。当前该村公共厕所环保实用，生活污水处理相对较好。

表 5-12　农村生活污水与农村散养畜禽养殖污水处理适用工程技术推荐表

人均收入	山地			平原			丘陵/高原		
	<500 人	500～3000 人	>3000 人	<500 人	500～3000 人	>3000 人	<500 人	500～3000 人	>3000 人
<3500 元/年	沼气池、稳定塘、A^2O、人工湿地	沼气池、稳定塘、人工湿地、A^2O	沼气池、A^2O、人工湿地	沼气池、A^2O、稳定塘、人工湿地	沼气池、A^2O、稳定塘、人工湿地	沼气池、A^2O、稳定塘、人工湿地	沼气池、稳定塘、A^2O、人工湿地	沼气池、稳定塘、A^2O、人工湿地	沼气池、A^2O、稳定塘、人工湿地
3500～6000 元/年	沼气池、稳定塘、人工湿地、化粪池、A^2O	沼气池、稳定塘、化粪池、人工湿地	沼气池、化粪池、稳定塘、人工湿地	沼气池、化粪池、稳定塘、人工湿地	沼气池、化粪池、稳定塘、A^2O、	沼气池、化粪池、稳定塘、人工湿地	沼气池、稳定塘、化粪池、人工湿地	沼气池、化粪池、稳定塘、人工湿地	沼气池、A^2O、稳定塘、化粪池
>6000 元/年	沼气池、化粪池、稳定塘、人工湿地	沼气池、化粪池、稳定塘、人工湿地	沼气池、化粪池、A^2O、稳定塘	沼气池、化粪池、A^2O、稳定塘、	沼气池、化粪池、A^2O、稳定塘	沼气池、化粪池、A^2O、人工湿地	沼气池、化粪池、稳定塘、人工湿地	沼气池、化粪池、稳定塘、人工湿地	沼气池、化粪池、A^2O、稳定塘

重庆市石盘村处于山地地区，水资源相对丰富；人口规模 2300 人左右，是居民集

中居住地；该村人均收入相对较低，人均收入在 3000 元/年；村中几乎没有建设污水治理设施。根据表 5-12 可知，该村污水最佳处理工程技术为沼气池（分散处理）+稳定塘或人工湿地（集中处理）的联合处理工艺。

江苏省黄泥张村处于平原地区，水资源相对丰富；人口规模 580 人左右，经济条件较好，人均收入在 6000 元/年以上，但村中几乎没有建设污水治理设施。根据表 5-12 可知，该村污水最佳处理工程技术为沼气池（分散处理）+ A^2O 或稳定塘（集中处理）的联合处理工艺。

5.2.2.2　农村生活污水污染风险评估与分级管理技术

1. 适用范围

该技术适用于对农村生活污水与农村散养畜禽污水的风险综合评估与分级管理。

2. 技术原理

农村生活污水污染风险采用多指标综合评价技术，根据不同的评价目的，选择相应的评价形式，据此选择多个因素或指标，并通过一定的评价方法，将多个评价因素或指标转化成能够反映评价对象总体特征的信息。

首先通过风险驱动因素分析，找出目前农村生活污水污染风险的驱动因子，并以此为评价指标，通过层次分析法来确认各个指标对农村生活污水污染风险的贡献率。同时，在参照相关政策、文献研究、问卷调查和深度访谈的基础上，确定各个指标的分级标准，并以此对各个指标进行打分，之后再乘以相应的权重，得到该农村生活污水污染风险的综合得分，以此为依据对农村生活污水污染风险进行分级，从而构建一个农村生活污水污染风险分级的评价体系。

3. 技术流程和参数

农村生活污水污染风险评估与分级管理技术包含两个步骤：首先对污染风险进行分级，根据分级情况结合农村污染立法导向与政策建议、最佳处理工程技术和监管政策策略的研究成果，得出农村生活污水与农村散养畜禽污水污染风险分类管理与优化模式。

1）农村生活污水污染风险分级

根据层次分析法研究构建的农村生活污水污染风险评价体系，可以通过对指标进行打分，然后再乘以相应的权重之后，得出农村生活污水污染风险的评分。

多指标综合评价基本步骤主要包括：选择适当的指标；确定权重；根据实测数据及其规定标准，综合考察各评价指标，探求综合指数的计算模式；合理划分评价等级；检验评价模式的可靠性。其中，权重的确认是最重要的环节之一。权重是衡量被评价事物总体中诸因素相对重要程度的量值。不同指标对综合评价的影响程度不同，权重分配直接关系综合评价结果。

在多指标综合评价中，常用的权重分配方法主要如下。

一是客观法。客观法是指单纯利用属性指标来确定权重的方法。方法主要有：主成分分析法、商值法、多目标规划法、基于方案贴近度法、改进理想解法、离差及均差法等。

二是主观法。主观法是由决策分析者对各属性的主观重视程度进行赋权的方法。确定权重的方法主要包括：最小平方法、专家调查法、层次分析法、二项式系数法、环比评分法、比较矩阵法等。由于其中给定的某些数据是由决策者凭主观经验判断而得的，因此最终的结果具有很强的主观性。此后有些学者将主观与客观相结合，提出组合赋权方法。

农村环境的监测基本处于空白，更不用谈会有历史数据的累积，因此大量数据的收集成本十分高，使得我们缺乏客观数据的支持。又因为在农村生活污水污染风险评价体系当中，其指标比较繁多、复杂，恰好层次分析法是专门针对指标复杂且有不同层次的评价方法，较为完善，计算也比较简单。层次分析法只需要相对较少的数据，具有很好的兼容性，方便以后对体系进行更深入的研究。根据上述三点，综合效率与效果，选取层次分析法确定指标权重。

A. 层次分析法实施步骤

根据评价对象的情况，确定评价指标，由于评价因素很多，可将各评价因素分类组合，形成一种层次结构，一般模型分为 3 层。最高层为目标层；中间层为准则层，代表了风险综合评价的主要影响因素；底层为对应于风险综合评价各主要影响因素的具体因素，如图 5-7 所示。

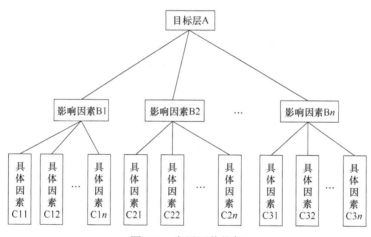

图 5-7　底层评价指标

对每一个因素，构造判断矩阵，主要通过专家组对两两因素进行判断比较，用表 5-13 的标度打分，得出判断矩阵。

表 5-13　判断矩阵

相对重要程度 a_{ij}	定义	解释	a_{ji}
1	同等重要	目标 i 和 j 一样重要	1
3	略微重要	目标 i 比 j 略微重要	1/3
5	明显重要	目标 i 比 j 重要	1/5
7	强烈重要	目标 i 比 j 重要得多	1/7
9	绝对重要	目标 i 比 j 极端重要	1/9
2，4，6，8	介于相邻重要程度之间		1/2，1/4，1/6，1/8

注：a_{ji} 指目标 j 对目标 i 的相对重要程度，a_{ij} 指目标 i 对目标 j 的相对重要程度，a_{ji} 与 a_{ij} 互为倒数。

计算判断矩阵的最大特征根及其对应的特征向量。矩阵的特征向量和特征根的计算方法通常有三种：方根法、正规化求和法、求和法。本书采用正规化求和法计算特征根（λ_{max}）和特征向量（W）。

a. 列向量标准化：

$$\overline{C_{ij}} = \frac{C_{ij}}{\sum\limits_{i=1}^{n} C_{ij}} \quad (i, j = 1, 2, 3, \cdots, n) \tag{5-35}$$

b. 按行求和：

$$\overline{W_i} = \sum\limits_{i=1}^{n} C_{ij} \quad (i, j = 1, 2, 3, \cdots, n) \tag{5-36}$$

c. 对向量 W 正规化：

$$\overline{W_i} = \frac{W_i}{\sum\limits_{i=1}^{n} \overline{W_i}} \quad (i, j = 1, 2, 3, \cdots, n) \tag{5-37}$$

d. 计算判断矩阵的最大特征根 λ_{max}：

$$\lambda_{max} = \frac{1}{n} \sum\limits_{i=1}^{n} \frac{(CW)_i}{W_i} \tag{5-38}$$

式中，$(CW)_i$ 为向量 CW 的第 i 个分向量。

最后对判断矩阵进行一致性检验，计算一致性公式为

$$CI = (\lambda_{max} - n)/(n-1) \tag{5-39}$$

当完全一致时，CI=0；CI 越小，矩阵的一致性越好；CI 越大，矩阵的一致性越差。

判断矩阵的维数 n 越大，判断的一致性越差，所以当维度比较多时，引入一个修正值 RI，并且去修正后的 CR 为衡量判断矩阵一致性的指标。对于 1～9 阶矩阵，平均随机一致性指标 RI 见表 5-14。

表 5-14　随机一致性指标 RI 表

阶数	1	2	3	4	5	6	7	8	9
RI	0.00	0.00	0.58	0.90	1.12	1.24	1.32	1.41	1.45

$$CR = \frac{CI}{RI} \tag{5-40}$$

当 CR<0.1 或在 0.1 左右时，矩阵具有满意的一致性，否则需重新调整矩阵。矩阵的不一致性可接受时，W 即为权重。总排序的计算从目标层开始，由上而下逐层排序直到要素层为止。

B. 农村生活污水污染风险评价指标权重确认

研究建立总目标层、子目标层及指标层三层指标体系模型。其中，总目标层是农村生活污水污染风险综合评价；子目标层包括 4 个一级指标：污水产生量、污水排放方式、污水处理方式、污染承受力；指标层，在 4 个一级指标下面具体分为 11 个二级指标。这些指标中既有定量指标，又有少量定性指标，可以比较全面地反映影响农村生活污水污染风险的主要因素和我国农村特点。该指标体系的主要特点是，结构简单、层次清楚、指标精干、含义明确，既相互联系又相对独立。构建的综合评价的递阶层次模型见表 5-15～表 5-21。

表 5-15　综合评价的递阶层次模型

总目标层	子目标层	指标层
农村生活污水污染风险综合评价 A	污水产生量 B1	人均水资源量 C1
		自来水普及率 C2
		人均用水量 C3
		人口规模 C4
	污水排放方式 B2	卫生厕所普及率 C5
		排污网管覆盖率 C6
	污水处理方式 B3	污水处理率 C7
		生活垃圾处理率 C8
	污染承受力 B4	所处水功能区 C9
		地区经济条件 C10
		环保政策实施状况 C11

表 5-16　子目标层 B 相对总目标层 A 的判断矩阵

A	B1	B2	B3	B4	权重
B1	1	1/5	1/3	1/7	0.1821
B2	5	1	1/2	1/4	0.2459
B3	3	2	1	1/2	0.2717
B4	7	4	2	1	0.3003

一致性=0.0649<0.1，具有满意的一致性

表 5-17　指标层相对子目标层 B1 的判断矩阵

B1	C1	C2	C3	C4	权重
C1	1	1/5	1/3	1/7	0.1269
C2	5	1	2	1/2	0.2825
C3	3	1/2	1	1/4	0.2093
C4	7	2	4	1	0.3813

一致性=0.0037<0.1，具有满意的一致性

表 5-18　指标层相对子目标层 B2 的判断矩阵

B2	C5	C6	权重
C5	1	3	0.5987
C6	1/3	1	0.4013

一致性=0<0.1，具有满意的一致性

表 5-19　指标层相对子目标层 B3 的判断矩阵

B3	C7	C8	权重
C7	1	1/4	0.3543
C8	4	1	0.6457

一致性=0<0.1，具有满意的一致性

表 5-20 指标层相对子目标层 B4 的判断矩阵

B4	C9	C10	C11	权重
C9	1	5	3	0.4718
C10	1/5	1	1/3	0.2120
C11	1/3	3	1	0.3162

一致性=0<0.1，具有满意的一致性

表 5-21 指标层总排序表

排序	指标层	总权重
11	人均水资源量 C1	0.0231
9	自来水普及率 C2	0.0514
10	人均用水量 C3	0.0381
7	人口规模 C4	0.0694
2	卫生厕所普及率 C5	0.1472
4	排污网管覆盖率 C6	0.0987
5	污水处理率 C7	0.0963
1	生活垃圾处理率 C8	0.1754
3	所处水功能区 C9	0.1417
8	地区经济条件 C10	0.0637
6	环保政策实施状况 C11	0.0950
	汇总	1.0000

在层次分析法的运用过程中，以上判断矩阵的数值是根据 2000～2010 年《中国统计年鉴》、参考相关文献结果以及咨询有关专家确定的，后经过计算检验都得到了令人满意的一致性。总权重排序的计算结果主要取决于判断矩阵数值的准确性。因此，为了提高层次分析法的可靠性，在以后的工作中应尽可能咨询更多专家的意见，以取得更多的数据样本。

C. 农村生活污水污染评价体系指标的分级

农村生活污水污染评价体系指标的分级依据主要有：相关政策规定，参照这些已经实施的政策具有科学性；国内外相关文献的分级，很多国内外的分级都经过了理论与实践的检验，分级的标准符合实际情况，可以参考文献资料进行分级；问卷调查，如生态环境部华南环境科学研究所设计的调查问卷《城镇水体污染防治现状调查》的相关数据；深度访谈，聘请来自不同地区包括发达地区如浙江，较发达地区广东，以及中等发达地区如湖南、湖北，还有贫困地区如甘肃山区的人员，针对当地农村生活污水状况对这些人员进行深度访谈。

指标一般分为正向指标和反向指标。正向指标越大越好，反向指标则是越小越好。根据农村生活污水污染风险评价指标权重的分析情况，最终确定指标的分级标准。

a. 人均水资源量

人均水资源量是一个反向指标，水资源量越大风险越小。《中国统计年鉴 2011》中的数据显示，人均水资源量最低为天津 72.8 m³，最高为西藏 153681.9 m³，全国人均水资源量为 7298.82 m³ 左右。国际上规定人均水资源量在 1000 m³ 以下，为重度缺水。因此，将人均水资源量高于 7500 m³ 的地区设为风险小的地区，1000~7500 m³ 为风险适中地区，1000 m³ 以下为风险较大地区。

b. 自来水普及率

调查问卷的结果显示，70.91%的地区已经拥有了自来水，26.09%的地区使用的是井水。可以得出，农村用水主要为自来水和井水，辅有少量的河流用水。有关农村自来水普及率的具体数据还没有细致的统计，因而此处用描述性的表达来进行指标的分级。以自来水为主的地区为风险小的地区，此类地区自来水普及率高于 50%；以井水为主、自来水为辅的地区为中等风险地区，此类地区自来水普及率低于 50%；完全没有自来水地区为风险高的地区，自来水普及率基本为 0。

c. 人均用水量

人均用水量是一个正向指标，即人均用水量越多，带来的污染风险越大。在调查问卷当中，将人均用水量分为 5 类，具体的数据分布见表 5-22，按照人均用水比例的分布情况，将分类设置成 3 个等级，分别为<60L/（人·d）、60~80L/（人·d）和>90L/（人·d）。

表 5-22　关于人均用水量调查表及统计结果

调查选项	问卷数量	比例/%
<60L/（人·d）	51	36.96
60~70L/（人·d）	45	32.61
70~80L/（人·d）	24	17.39
80~90L/（人·d）	12	8.7
>90L/（人·d）	6	4.35

d. 人口规模

上文所提到的调查问卷当中，将人口规模分为 5 类。人口规模是一个负向指标，也就是人口规模越大，污染产生量越大，污染风险越大。因而，按照本书中设置的 3 类分级标准，500 人以下为一个等级，其为污染风险最小的一类，占 10.87%；500~3000 人为一个等级，其为污染风险中等的一类，占 49.27%；大于 3000 人的为一个等级，其为污染风险较大的一类，占 39.86%（表 5-23）。

表 5-23　关于人口规模调查表及统计结果

调查选项	问卷数量	比例/%
500 人以下	15	10.87
500~1000 人	26	18.84
1000~2000 人	11	7.97
2000~3000 人	31	22.46
>3000 人	55	39.86

e. 卫生厕所普及率

卫生厕所普及率为一个正向指标，卫生厕所普及率越高，风险越小。根据《中国统计年鉴 2010》，发现 31 个省（自治区、直辖市）的卫生厕所普及率平均为 62.3%，但不同地区差异性比较大，卫生厕所普及率最高的如上海地区达到96.6%，较低的如内蒙古仅为34.5%，而西藏地区还没有普及。参考这些数据，将卫生厕所普及率分为3类，卫生厕所普及率在80%以上，为风险较小地区，有大约19.35%；卫生厕所普及率50%～80%，为风险中等地区，覆盖了51.61%的地区；29.03%的地区卫生厕所普及率在50%以下，其为风险较大地区。

f. 排污网管覆盖率

排污网管覆盖率越高，污染风险越小。在对13个地区农村村民的深度访谈中发现，有排污网管的基本达到95%或是100%的覆盖率；有些地区的覆盖率达到60%左右，其一般都是地区差异性较大的农村，如部分在实行新农村试点；而大部分则是完全没有排污网管的。鉴于此，将网管覆盖率分为90%以上、60%～90%以及60%以下。

g. 污水处理率

目前，我国农村大部分地区基本没有任何的污水处理设施。农村环境综合整治的主要方式则是通过建立生态示范村、环境优美乡镇得到的配套资金来加强对生活污水的处理，《国家级生态村创建标准（试行）》要求生活污水集中处理率不小于70%；《全国环境优美乡镇考核标准》要求生活污水处理率东、中、西部分别不小于90%、80%、70%。

污水处理率越高，污染风险越小。因此，将污水处理率在70%以上的称为污染风险小的地区，有处理但是在70%以下的地区称为污染风险适中地区，完全没有处理的地区称为污染风险大的地区。

h. 生活垃圾处理率

我国生活垃圾处理现状是，截至2009年底，全国生活垃圾处理率达到71.4%，据估计农村地区生活垃圾处理率在10%左右，也就是大多数地区垃圾处理为空白，因而专门针对农村地区的生活垃圾处理率的数据也属于空白。而《全国环境优美乡镇考核标准》要求生活垃圾处理率不小于90%，《国家级生态村创建标准（试行）》生活垃圾处理率东、中、西部分别不小于100%、90%、80%。因此，可以看到作为环境风险较小的地区生活垃圾处理率基本在80%以上。生活垃圾处理率越高，污染风险越小。生活垃圾处理率在80%以上的为风险较小地区；生活垃圾处理率在80%以下的为风险中等地区；而我国大多数地区则属于污染风险较高的地区，生活垃圾处理率为0。

i. 所处水功能区

水功能区划采用三级分区，即保护保留区、开发利用区、缓冲区。其中，保护保留区由于有特别的政策偏移，污染控制标准较高，污染承受力较低；开发利用区污染控制标准较低，污染承受力较大；缓冲区则介于两者之间。

j. 地区经济条件

2010年7月发布（2011年开始实施）的《农村生活污染控制技术规范》中则根据各地农村的经济状况、基础设施、环境自然条件，把农村划分为3种不同类型，即发达型农村，经济状况好（人均收入大于6000元），基础设施完备，住宅建设集中、整齐、有一定比例楼房的集镇或村庄；较发达型农村，经济状况较好（人均收入为3500～6000元），有一定基础设施或具备一定发展潜力，住宅建设相对集中、整齐、以平房为主的集镇或村庄；欠发达型农村，经济状况差（人均收入小于3500元），基础设施不完备，住宅建设分散、以平房为主的集镇或村庄。为了方便划分，主要考量人均收入。

k. 环保政策实施状况

环保政策的实施手段主要分为命令型，包括行政手段、法律手段等；引导型，包括经济手段、技术手段等；自愿型，包括环保宣教等。目前，环保政策的实施主要由国家自上而下通过行政、法律或是经济手段进行操作，如改水改厕、饮水安全工程、水污染防治法、以奖促治、以奖代补、生态示范村建立等。国家此类举措的结果直接反映在自来水普及率、卫生厕所普及率、污水处理率之上。但真正的政策实施状况主要依靠的是当地环保机构或当地政府。

这些指标都很难有数据直接进行指标等级划分，此处就按照有村级环保机构且定期有环保宣传为较小风险等级，有县级环保人员负责偶尔有环保宣传为中等风险等级，村级环保和宣教完全空白为高风险等级进行划分。

根据以上分析，将农村生活污水与农村散养畜禽污水污染风险评价指标分为三个等级：小（70～100）、中（30～70）、大（0～30），具体的等级标准参考以下说明（表 5-24）。

表 5-24　农村生活污水与农村散养畜禽污水污染风险评价指标分级标准

指标	评价等级		
	小（70～100）	中（30～70）	大（0～30）
人均水资源量 C1/m³	>7500	1000～7500	<1000
自来水普及率 C2/%	50%以上	50%以下	0
人均用水量 C3/（L/d）	<60	60～80	>90
人口规模 C4/人	<500	500～3000	>3000
卫生厕所普及率 C5/%	>80	50～80	<50
排污网管覆盖率 C6/%	>90	60～90	<60
污水处理率 C7/%	>70	<70	0
生活垃圾处理率 C8/%	>80	<80	0
所处水功能区 C9	开发利用区	缓冲区	保护保留区
地区经济条件 C10/（元/年）	>6000	3500～6000	<3500
环保政策实施状况 C11	有环保机构定期宣教	县级环保人员负责，偶尔有宣教	完全空白

2）农村生活污水污染风险分类管理

A. 农村生活污水污染低等风险管理方法

污染风险小的农村面临的问题有以下两类：一类是本身污水产生量少的地区，另一类则是虽污水产生量不少，但是基础设施比较齐全，政策实施力度大，能将污染控制住，从而使得风险较小的地区。前者面临的问题主要如下：一是环保意识缺乏；二是无环保相关负责人。而对于后者来说，主要的问题则在于：一是领导缺乏约束力；二是已有设施的利用率和维护得不到保证。

因此，对于还未怎么受到污染的农村来说，需要做的事情主要有三个方面。第一，环境宣教。①从上而下推动环保宣传教育工作。在农村整体人口都缺乏环保意识的情形之下，从上一级的环保部门做起，逐层往下进行推进，首先从领导干部入手，加强干部人员的环保觉悟。同时，在中小学生的课程体系中加入环保教育内容，从孩子入手，让小孩把环保观念带回家中,从而影响家庭。②从试点开始,逐步扩展。先选定有代表性的地区进行试点环保教育规划和实施,其具有针对性,后在类似村庄中进行推广。③挖掘地区传统文化特点,将环保形式与之结合。不同地区文化传统有差异,特别是传统农村受外界影响较少,或是一些少数民族人口有自己的习俗,如蒙古族以游牧和狩猎为主,游牧经济是其主要的经济生产方式,由此决定的思想文化、宗教信仰等在蒙古族传统生态环境意识形成过程中发挥着重要的作用。第二,以村为单位,指定相关环保负责人。此类环保负责人不一定是专业的技术人员,可以是由当地村委会相关干部直接兼职,或由村委会聘请或由上一级环保部门派遣相关的技术人员加入,也可以是当地村委会在村中寻找较为有见识和有威信的人。在指定负责人的基础之上,明确具体的环保工作职能包括:执行上级环保任务、环保技术学习与传达、环保教育宣传、农村环保规划等。此举主要是为了确保农村的发展规划中考虑到环保因素,并在若有环境污染事件爆发时,可以找到相关人员辅助进行信息采纳和解决问题,同时也确保上级的环保规划和环保教育信息有传达的途径。第三,加强对水污染异动影响因素的预防和监管。由于基础设施薄弱,传统农村的环境平衡十分脆弱,因而其监管工作的重点应放在可能导致农村水污染状况发生显著异动的各种因素上,如散养需求规模变化、季节性因素对水质影响的预防等。

政策实施状况好,将污染风险控制得较好的地区,主要需要做的工作如下。

第一,做好对外环保宣教。作为国家重点政策支持地区,该地区已经拥有较为完善的环保宣教体系,对于当地居民来说,长期的渲染,使当地居民逐步具备较强的环保意识。然而难以应对的是,作为自然资源保护区,其会迎来外地游客的参观,而此类流动性人口的出现,在为当地经济做贡献的同时,也带来了一定的环境污染隐患,首先是对当地资源的不了解,其次没有归属感,缺乏责任心。因而,做好这些群体的宣教工作,在他们走进当地地区时,首先将环保放在最重要的位置,这样有利于当地环境的长期维护。

第二,基层环保机构管理完善。①形成领导问责机制。明确管理主体强制性责任,完善具体的奖惩规定,将农村环境保护工作成效纳入对领导者的综合考评中。制定相关环保项目实施、考核条例,如《关于实行"以奖促治"加快解决突出的农村环境问题的实施方案》(国办发〔2009〕11 号)等,对政策实施进行有力的约束。在条件成熟的情况下以法规条例形式,通过相关部门正式出台。②强化政策执行和反馈。安排专门人员对已实行相应政策的地区进行不定期抽查,看是否严格按照政策规定使用和维护当地设施,安排专业的技术人员定期对设施进行检修,并要求当地政府对农民的使用情况进行监督。总结政策实施的效果,将实施过程遇到的问题及时向相关机关和人员进行汇报。③环保信息公开化。国家自然资源保护区是国家重点环境保护地区,受到格外的关注。定期公布相关的环保数据,是对当地环保机构最直接的约束。

第三,保障措施。①构建环保监测系统。现在农村环境状况基础数据十分缺乏,因而利用信息化技术逐步建立农村层面的环境监测系统,建立相应的数据库,不仅有利于工作人员进行横向比较以及纵向对比,找到适合的技术来改善当地环境;还可以通过监测实时数据,及时快速并且准确地控制污染源。②构建环保公众参与机制。环保不仅仅是国家的责任，更是每个生活在其中的社会公民的责任。建立环保公众参与机制，发展环保民间组织，形成环保监督管理民间力量。拓宽环保融资渠道，改善由国家单一投入的现状。③将环保规划纳入农村发展规划中。在制定农村总体发展规划时，把农村环境保护内容纳入规划之中，共同实施、共同推进。要统筹各方力量加强环境保护，让农村环保规划成为农村经济发展、全面小康规划的重要组成部分，扎实推动、全面实施。

B. 农村生活污水污染中等风险管理方法

中等风险农村面临的问题如下：一是农村环保投入太少；二是环保宣教简单单一；三是农村环保管理人员缺乏。因此，其对应的风险管理方法如下。

第一，寻找适宜农村的环保宣教模式。明确环保宣教渠道：考虑到中国农村人口的受教育水平以及接受新事物的能力，环境教育的宣传模式应当贴近生活、生动、形象、简单、易懂。环境教育的具体执行人员应当以农村教师为主。农村学校是人才聚集的地方，学校教师一般具有较高文化，他们的文化知识、思想觉悟、道德修养和智能发展水平等方面在农村中都比较有优势。环境教育也需要一定的督促作用，一般来说，村干部在村民当中拥有极高的威信。因而，若有村干部做引导和监管，农村环境教育的进行会更加顺利。

宣传对象分类化：在进行农村水环境宣传教育时，根据不同宣传对象的接受程度和喜好特点，可以将宣传对象进行划分。例如，将宣传对象分为：①儿童和青少年群体；②农村女性群体；③具有学习能力的成人群体。按照不同主体在环保中扮演的角色不同，宣传对象可以分为：①农村居民；②环保特定主体（企业负责人等）；③农村基层干部。对于农村居民，主要是通过组织开展农民喜闻乐见的科普宣传和文化体育活动，使大家认识到当前面临的环境现状，了解环境恶化的后果，使环保政策深入人心。对于企业负责人，则是增强他们的社会使命感，提醒其对于农村环境污染具有相应的社会责任。对于农村基层干部，使他们能够树立科学的发展理念，在发展经济的同时，要考虑到环境的危害性，要协调可持续的发展。

宣传方式多样化：电视、广播、宣传车、网络宣传、影视电教、咨询互动、书本宣教、社区新闻、报纸。特别是宣传车，因为农民生活比较单一、空闲时间比较多，会对难能出现的外来事物感到新奇，从而愿意主动去了解。

第二，环保人员构建。①国家从上而下加强基层环保力量。国家政府可以通过调剂、增加人员编制，增加农村环保机关人员、农村环保监察人员以及农村环保监测人员，加强对农村环境的监管能力。制定环保系统农村环境保护机构建设标准，制定加强农村环保机构和队伍建设的指导性意见，明确各级环保部门农村环保机构和人员配备要求。推广乡镇环保监管能力建设的成功模式和经验。②从下而上发展地方环保组织。除了加强正式环保组织的建设之外，还要扶持环保非政府组织（NGO）的创建，并将环保 NGO 的视角引向农村环境保护上来。目前，我国有 200 多个环保 NGO，但大多处于自发、松散、各自为政的状态，需要对其加以整合，使其充分发挥潜能，可以通过鼓励院校专业教授或是技术人员加入这些组织中来，提高 NGO 的整体素质。

第三，保障措施。出台相关控制政策：尝试收取排污费，或者对水实行差价收费，控制污水排放量。例如，对超过平均用水量的部分按原水价的 1.5～2 倍甚至更高的费用进行收费，以此引导村民节约用水。根据国内外经验，水价提高 10%，可使水的需求量下降 7%。

加强农村环保基础设施建设和环保技术推广。其包括垃圾处理设施、排污沟渠网管建设以及污水处理设施等。对于居住分散、经济条件差、边远地区的村庄，要采取分散式、低成本、易管理的污水处理方式，建立"就地分拣、综合利用、就地处理"的垃圾收集处理模式；推广卫生厕所，发展清洁能源，发展农村户用沼气。对于人口集中、规模较大村庄的生活污水和生活垃圾污染问题，建设污水集中处理设施或将其纳入城市污水收集管网，完善"户分类、村收集、乡（镇）运输、县处理"的垃圾处置方式。无论是环保基础设施的建设还是环保技术的推广，都需要大量资金的投入作为支撑，单一地依靠国家投资不能满足过大的需求，我们需要更多的资金来源渠道。①构建多元化融资机制。在逐步加大环保投资占国内生产总值比例的同时，启动农村环境综合治理专项资金，各级政府要加大农村环境保护工作的财政预算和投资，重点支持农村生活污水和散养畜禽污水污染治理，同时鼓励社会资金参与到农村环境保护当中来。②引入市场机制。例如，将河流使用权承包给村民，然后村民按照约定进行水环境管理。江苏靖江引入河道管护机制，河道管理员同时也是投资经营者，他们通过承包河道进行水产养殖或河岸种植，获取经济利益。③政策扶持。制定相关的优惠政策，在金融、信贷方面对农村污水防治工程给予扶持。

C. 农村生活污水污染高等风险管理方法

高等风险农村面临的问题如下：①第二、第三产业发展带来的污染。一些小的作坊，在生产过程会带来大量的污水，但一般来说又都没有污水处理设施。②缺乏水环境监测和监管。没有相对应的监测设施和监测人员，对农村水污染的具体状态很难把握，给治理带来一定的困难。③环保宣教体系不完善。随着通信方式的发达、信息传递渠道的多样化，农村人口有更多途径可以接触到各式各样与环保相关的知识，但是信息零散和混乱，而且人们对信息的吸纳和消化程度并没有人关心。农村人口的差异化造成缺乏针对性的宣教方式。

因此，针对性的风险管理方法如下。

第一，构建环保教育体系并加强环保教育保障。①构建环保教育体系。重视环境宣传教育机构和人才队伍建设。加强各级环境宣教部门领导班子能力建设，切实提高组织协调、宣传教育和策划活动的能力。加强环境宣传教育机构建设，理顺机制体制，建设一支政治素质高、思想作风正、业务能力强的环境宣传教育队伍。加大对环境宣传教育人员的培训力度，提升环境宣教队伍的思想政治素质和业务水平。加强对环境宣传教育工作的组织领导。各级环保、宣传和教育部门要定期研究部署环境宣传教育工作，及时解决工作中的问题，确保环境宣传教育工作落到实处。环保部门要建立健全环境宣传教育工作目标责任制，创新奖惩机制，加强绩效评估和考核，推进环境宣传教育工作逐步走上制度化、规范化、科学化的轨道。②加强环保教育保障。建立健全环境保护公众参与机制。拓宽渠道，鼓励广大公众参与环境保护。积极引导、规范公众有序开展环境宣传教育、环境保护、环境维权等活动，维护自身的环境权益和社会公共环境权益。

第二，构建村级环保机构。①配备村级环保机构人员。加强农村环保工作力量，调剂、增加人员编制。制定环保系统农村环境保护机构建设标准。以各乡镇政府自身为责任主体，以所辖区域为单元，建立县对乡、乡对村、村对户的环境监督、管理体系，形成村委监督、举报，乡镇政府调查、上报，环保部门核实、处理的格局，将监管工作延伸至终端。推广乡镇环保监管能力建设的成功模式与经验。②配备配套设施和技术，逐步实行农村环境定点监测。把握农村水环境污染动向和变化发展的规律，采取必要的防治措施，减轻农村环境污染和破坏。在条件成熟的情况下收集一些基础信息，如所采用的技术、治理效果、成本信息等，建立相关的数据库，为制定适合当地的标准规范提供参考，并将农村水环境污染控制与农村整体环境综合治理及其他农村环保体系联系。③村级环保机构制度建设。机构的建设需要相关制度的约束和规范，同时也需要相关制度的指导。因而，基层环保机构在建设的同时，要规范基层环保机构对应的制度。例如，对技术人员、领导人员职务要求和权力范围的规定，对常见问题解决方案的规定，对突发事件的应对思想等。

第三，保障措施。①村企业污染控制，定期监察。定期组织农村地区进行工业污染执法大检查；严格执行企业污染物达标排放和污染物排放总量控制制度；严格执行国家产业政策和环保标准，淘汰污染严重和落后的生产项目、工艺、设备，防止"十五小"和"新五小"等企业在农村地区死灰复燃。②设立监察标准。当前已经出台的技术标准包括《生活垃圾处理技术指导》《畜禽养殖业污染防治技术政策》《农村生活污染治理技术政策》，正在征求意见的如《畜禽养殖污染物减排及试点方案》《农村生活源减排及试点方案》，研究制定中的包括《农村环保实用技术手册》。这些技术标准的出台在很大程度上为农村生活污水和农村散养畜禽污水污染的治理提供了选择方案及普及性的标准，并为监察提供依据。

3）农业面源水污染风险分类管理优化模式

基于我国农村水环境污染的背景与现状，根据我国现有的农村污水防治的法律与政策体系，找出我国农村污水治理难点，研究农村污水处理的立法需求，并通过层次分析法对风险因子进行评价和等级划分；基于制度理论的激励机制与约束机制，引入利益相关者的理论，将我国农村水污染治理看成一个系统，对这个系统内部的利益相关者进行界定，并对各个利益相关群体的影响力进行分析；结合农村特点，利用灰色系统理论工程筛选技术，选出最佳污水处理工程技术；借鉴国外的先进立法和组织管理经验，调动各个利益相关者参与农村污水治理的积极性，基于利益相关者实证模型和国外先进经验借鉴得到的启示，提出降低农村水环境污染风险的立法导向和政策建议；根据农村不同风险等级，提出不同风险层级农村生活污水污染面临的主要问题，并针对这些问题提出有针对性的管理意见和建议。

根据农村风险分级，结合农村污染立法导向与政策建议、适用污水处理工程技术和监管政策策略的研究成果，可得出农村生活污水和农村散养畜禽污水污染风险分类管理与优化模式，见表 5-25。

表 5-25　农村污水污染风险分级管理与优化模式

农村风险等级	管理策略	最佳污水处理工程技术	立法导向与政策建议
低等风险	强化环保引导、预防为主（措施，略）； 环保宣教； 以村为单位，指定相关环保负责人； 构建环保监测系统等	根据区域农村实际情况，按照人口规模、自然地形、社会经济环境等因素通过最佳工程技术筛选模型计算，结合农村污染风险综合评价等级以及当地政府对农村环境整治政策，因地制宜确定最优技术方案	1. 以"财政奖励"促治； 2. 以"法律体系"促治； 3. 以"考核机制"促治； 4. 以"自我管理"促治； 5. 以"社会力量"促治
中等风险	监管为主（措施，略）； 环保宣教； 环保人员构建，加强基层环保力量； 发展地方环保组织（扶持 NGO 等）； 加强农村环保基础设施建设和实用环保技术推广等		
高等风险	治理为主（措施，略）； 构建环保教育体系并加强环保教育保障； 构建村级环保机构； 村企业污染控制，定期监察； 设立监察标准等		

4. 应用案例

1）典型农村风险管理应用方案——辽宁省辽阳市宏伟区曙光镇徐家屯村

A. 徐家屯村概况

辽阳市宏伟区曙光镇徐家屯村交通便利，资源丰富，环境优越。全村共有 2500 人左右、耕地面积 3200 亩。徐家屯村以工业和花卉业为主，人均年收入 6500 元以上，经济条件相对较好。年平均降水量为 800~900mm，大部分集中在夏季，地下水集中开采造成大面积漏斗区域，水资源相对紧张（1200m³/人），人均用水量<60L/d。所处水功能区为开发利用区，可用于工业发展和农业灌溉。村内成立了一支由 27 人组成的环卫队，投资 20 万元购买了两台垃圾清运车、24 台手推车，负责村内街道卫生清理工作，促进了村民良好生活习惯的养成，创建了整洁、舒适、文明的生活环境。全村实现了住房整齐有序，院落干净整洁，厕所环保实用。污水管网覆盖率和垃圾处理率都相对较高。村办企业"忠旺集团"为当地经济发展的新引擎，工业铝型材生产形成产业集群，其产能在亚洲位居第一位、在全球位居第三位（2011 年），从而为当地农村环境保护提供了经济支持。

通过对农村生活污水污染风险评价指标权重进行确认，以及根据农村生活污水污染风险评价指标分级标准，结合徐家屯村的实际情况，各项指标打分及得分见表 5-26。

表 5-26　徐家屯村各项指标打分及得分表

指标	评价等级		
	打分平均分	权重	得分
人均水资源量 C1	50	0.023	1.155
自来水普及率 C2	100	0.051	5.140
人均用水量 C3	80	0.038	3.048
人口规模 C4	70	0.069	4.858
卫生厕所普及率 C5	100	0.147	14.720

续表

指标	评价等级		
	打分平均分	权重	得分
排污网管覆盖率 C6	90	0.099	8.883
污水处理率 C7	90	0.096	8.667
生活垃圾处理率 C8	100	0.175	17.540
所处水功能区 C9	70	0.142	9.919
地区经济条件 C10	90	0.064	5.733
环保政策实施状况 C11	80	0.095	7.600.d
总分		1.000	87.263

按照该测算方式（表 5-35），徐家屯村得分为 87.263＞70，因此确定徐家屯村的风险等级为低风险。其主要原因是该村排污网管覆盖率、生活垃圾处理率较高，各项设施较全，所处水功能区为开发利用区，对水污染的风险承受能力较强。

B. 徐家屯村风险管理措施

a. 徐家屯村面临的问题

该地人口数量为 2500 人左右，是居民集中居住地，人口规模上是处于中等风险。村里的工业企业对环境污染存在一定的风险。

b. 农村生活污水污染低等风险管理方法

在指定负责人的基础之上，明确具体的环保工作职能，加强对水污染异动影响因素的预防和监管，提高环保信息公开化程度。

做好对外环保宣教。该地已经拥有较为完善的环保宣教体系，通过长期的渲染，使人们逐步具备较强的环保意识；挖掘地区传统文化特点，将环保形式与之结合。

c. 最佳工程技术推荐

该村处于太子河岸边，接近平原地区；人口规模 2500 人左右，有完善的生活垃圾处理程序，人均收入相对较高。

根据表 5-12 可以得出，该村污水最佳处理工程技术为沼气池或化粪池（分散处理）+稳定塘或人工湿地（集中处理）的联合处理工艺。

当前该村公共厕所环保实用，生活污水处理相对较好。该村村民收入相对较高，而且有企业对当地环境保护的扶持，建议该村进一步提高污水处理效果，为辽河流域水质改善做出有益贡献。

2）典型农村风险管理应用方案——江苏省丹阳市横塘镇黄泥张村

A. 黄泥张村概况

黄泥张村位于江苏省丹阳市横塘镇，地处平原地区，总人口约 580 人，经济条件较好，人均收入在 6000 元/年以上，水资源量较为丰富，厨房及洗涤用水的供水方式多为自来水，自来水普及率为 100%，卫生厕所普及率为 100%，人均用水量为 40L/d，生活垃圾主要集中堆放在村上设立的集中堆放处，其对饮用水水源影响不大，对池塘有一定影响，但是也不大。污水排放方式直接泼洒 10%、直接排入水体 60%（主要是直接排入村中池塘）、直接排入水沟 30%，村上暂未铺设排污网管。污水处理率为 0，生活垃圾处理主要采用村收集、乡运输和县处理的模式，镇政府会派出专门的拖拉机来收集村中垃圾，将垃圾运到县指定地点进行处理。因此，生活垃圾处理率较高，达到 90%以上，所处水功能区为农业用水和渔业用水区，即缓冲区。环保政策实施状况为：组织村级环保和宣教活动，使村民有一定的节约用水意识。

同样地，通过农村生活污水污染风险评价指标权重确认，以及根据农村生活污水污染风险评价指标分级标准（表 5-27），江苏省丹阳市横塘镇黄泥张村得分为 67.471，介于 30～70，最后得到黄泥张村的风险等级为中等风险。其主要原因是该村自来水普及率较高，各项设施较全，同时村民具有一定的环保意识，生活垃圾集中处理，在没有乡镇企业的专业养殖户的情况下，生活垃圾对水的污染占了较大比重。其所处水功能区为缓冲区，对水污染的风险承受能力较大。

表 5-27 黄泥张村各项指标打分及得分表

指标	评价等级		
	打分平均分	权重	得分
人均水资源量 C1	70	0.023	1.617
自来水普及率 C2	100	0.051	5.140
人均用水量 C3	80	0.038	3.048
人口规模 C4	70	0.069	4.858
卫生厕所普及率 C5	100	0.147	14.720
排污网管覆盖率 C6	0	0.099	0.000
污水处理率 C7	0	0.096	0.000
生活垃圾处理率 C8	90	0.175	15.786
所处水功能区 C9	70	0.142	9.919
地区经济条件 C10	90	0.064	5.733
环保政策实施状况 C11	70	0.095	6.650
总分		1.000	67.471

B. 黄泥张村风险管理措施

a. 黄泥张村面临的问题

该村人口数量为 580 人左右，经济条件较好，水资源量较为丰富，所处水功能区为农业用水和渔业用水区，即缓冲区，对水污染风险有较大的承受力，这些指标都不存在太多污染风险，评分相对较高。排污网管覆盖率为 0，污水处理率为 0。该村存在较大的环境风险，导致其相应指标得分为 0。

b. 农村生活污水污染中等风险管理方法

ⅰ. 适宜农村的环保宣教

明确环保宣教渠道：环境教育的宣传模式应当贴近生活、生动、形象、简单、易懂；农村学校是人才聚集的地方，利用学校教师做宣传执行人具有较好的效果；村干部做引导和监管，农村环境教育的进行会更加顺利。

宣传对象分类化：在进行农村水环境宣传教育时，根据不同宣传对象的接受程度和喜好特点，可以对宣传对象进行划分。

宣传方式多样化：电视、广播、宣传车、网络宣传、影视电教、咨询互动、书本宣教、社区新闻、报纸。

ⅱ．环保人员构建

加强基层环保力量，建议政府增加农村环保机关人员、农村环保监察人员以及农村环保监测人员，加强对农村环境的监管能力。明确各级环保部门农村环保机构和人员配备要求。推广乡镇环保监管能力建设的成功模式和经验。

ⅲ．保障措施

加强农村环保基础设施建设和实用环保技术推广，包括垃圾处理设施、排污沟渠网管建设以及污水处理设施等。该村人口规模相对较小，在生活污水和生活垃圾污染问题上，建议建设污水集中处理设施和污水收集管网。

ⅳ．最佳工程技术推荐

该村处于平原地区，水资源相对丰富，人口规模 580 人左右，经济条件较好，但村中几乎没有建设污水治理设施。

根据表 5-12 可以得到，该村污水最佳处理工程技术为沼气池（分散处理）+ A_2O 或稳定塘（集中处理）的联合处理工艺。

鉴于该村未建设污水排放渠等收集系统，建议该村统一建设污水收纳渠等污水收集设施，对污水进行集中治理。

3）典型农村风险管理应用方案——重庆市奉节县太和乡石盘村

A．石盘村概况

石盘村位于重庆市奉节县太和乡，处于山地地带，周围多山。总人口 2300 人，经济条件一般，人均收入为 3000 元/年，水资源量较为丰富，由于厨房和洗涤用水等供水方式为井水，因此自来水普及率不高，为 20%左右。人均用水量大约为 40L/d，生活污水和畜禽散养污水直接排放，卫生厕所普及率大约为 80%，除了在建的高山移民点有铺设排污网管外，其余基本没有排污网管。因此，排污网管覆盖率大约为 20%，污水处理率目前为 0，生活垃圾处理率为 0，所处水功能区处于饮用水水源区，环保政策实施状况为：村级环保和宣教完全空白。

通过农村生活污水污染风险评价指标权重确认，以及根据农村生活污水污染风险评价指标分级标准，最后得到石盘村各项指标得分及综合风险等级，各项指标打分及得分见表 5-28。

表 5-28　石盘村各项指标打分及得分表

指标	评价等级		
	打分平均分	权重	得分
人均水资源量 C1	70	0.023	1.617
自来水普及率 C2	30	0.051	1.542
人均用水量 C3	80	0.038	3.048
人口规模 C4	40	0.069	2.776
卫生厕所普及率 C5	70	0.147	10.304

续表

指标	评价等级		
	打分平均分	权重	得分
排污网管覆盖率 C6	10	0.099	0.987
污水处理率 C7	0	0.096	0.000
生活垃圾处理率 C8	0	0.175	0.000
所处水功能区 C9	20	0.142	2.834
地区经济条件 C10	25	0.064	1.593
环保政策实施状况 C11	20	0.095	1.900
总分		1.000	26.601

石盘村得分为 26.601<30，因此确定石盘村的风险等级为高等风险。其主要原因是地处饮用水水源保护区，风险承受力较差，同时村中污水防治设施和村民环保意识都较弱。

B. 石盘村风险管理措施

a. 石盘村面临的问题

该地人口数量为 2300 人，居民居住地相对集中，人口规模是处于中等风险。人均水资源量丰富，居民以井水为饮用水，自来水普及率不高。排污网管覆盖率大约为 20%，污水处理率为 0，生活垃圾处理率为 0。所处水功能区处于饮用水水源区，村级环保和宣教完全空白。这些都存在较大的环境风险，也导致了其相应指标得分偏低。

b. 农村生活污水污染高等风险管理方法

ⅰ. 构建环保教育体系并加强环保教育保障

重视环境宣传教育机构和人才队伍建设；加强对环境宣传教育工作的组织领导；建立健全环境保护公众参与机制；拓宽渠道，鼓励广大公众参与环境保护。

ⅱ. 构建村级环保机构

需要配备村级环保机构人员；配备配套设施和技术，逐步实行农村环境定点监测；开展村级环保机构制度建设。

c. 最佳工程技术推荐

该村处于山地地区，水资源相对丰富；人口规模为 2300 人，是居民集中居住地；该村人均收入相对较低；村中几乎没有建设污水治理设施。

根据表 5-12 可以得到，该村污水最佳处理工艺技术为沼气池（分散处理）+稳定塘或人工湿地（集中处理）的联合处理工艺。

鉴于该村未建设污水排放渠等收集系统，建议该村统一建设污水收纳渠等污水收集设施，对污水进行集中治理。

第6章 流域水生态环境损害评估技术

本章阐述了流域内发生环境污染或生态破坏事件所产生的损害评估技术与方法，针对流域水生态环境受到违法排污及突发性环境事件等直接导致地表水体环境污染的行为，按照规定的程序和方法，综合运用科学技术手段，在确定水生态环境基线的前提下，评估突发环境行为所导致的地表水生态环境损害的范围和程度，制定水生态环境质量恢复至基线和损害补偿期间的恢复措施，量化水生态环境损害价值的过程。

污染物质进入环境中后，污染物质之间以及它们与环境要素之间往往会发生复杂的物理、化学或者生物化学反应，以及发生迁移、扩散、富集等现象，从而对生态环境造成损害。环境基线在环境损害鉴定评估过程中的作用极其重要，是判断环境损害是否发生的根据，也是确认损害时空范围、损害程度以及衡量资源恢复/修复程度的重要指标。因此，通过开展水生态环境污染状况调查以及水功能调查，确定水生态环境质量及水生态服务功能的基线水平，判断水生态环境及水生态服务功能是否受到损害。

环境损害评估技术用于评估污染损害责任的大小，科学客观地判断环境污染或破坏与环境损害之间的因果关系，确定环境损害的赔偿数额。

6.1 水生态环境基线确定技术

6.1.1 适 用 范 围

该技术适用于评估流域内水生态环境在未受环境污染或生态破坏行为的物理、化学或生物特性及其生态系统服务的状态或水平。

6.1.2 技 术 原 理

环境基线是指环境污染或生态破坏行为未发生时，受影响区域内生态环境的物理、化学或生物特性及其生态系统服务的状态或水平。环境基线是确定生态环境损害的关键。环境基线的确定作为损害评估与修复的重要组成部分，是科学评价的关键技术环节和重要前提。在流域水生态环境损害鉴定评估工作程序中，环境基线则主要是指累积性或突发性的水环境质量基线。国际上常用的4种环境基线确定方法为历史数据法、参照区域法、环境基准（标准）法和模型估算法，主要是用于掌握水体生态环境受污染前的水生生物、水环境质量等水平。

6.1.3　技术流程和参数

6.1.3.1　技术流程

1. 基线信息调查搜集

基线信息调查搜集主要包括：①针对评价区域的专项调查、学术研究以及其他自然地理、生态环境状况等的相关历史数据；②针对与评价区域地理位置、气候条件、水文水利、土地利用类型等类似的未受影响的参照区域，搜集区域的生态环境状况等数据；③污染物的水环境基准和水环境标准；④污染物的生态毒理学效应、评价区域生物多样性分布等文献调研和实验获取的数据。

2. 基线确定方法筛选

根据《生态环境损害鉴定评估技术指南总纲》和《环境损害鉴定评估推荐方法（第Ⅱ版）》，当基线确定所需的直接数据充分时，优先采用通过历史数据法和参照区域法获得的数据。如果采用历史数据和参照区域数据不能确定基线，则推荐采用水环境基准法或通过专项研究推导确定基线。而综合采用不同基线确定方法并相互验证，可以提高水环境基线确定的科学性和合理性。

3. 水生态环境基线确定

综合采用两种以上基线确定方法，推导计算基线水平期望值，对基线水平期望值的科学性和合理性进行评价和相互验证，确定评估区的水生态环境质量以及水生态系统服务功能的基线水平（图6-1）。

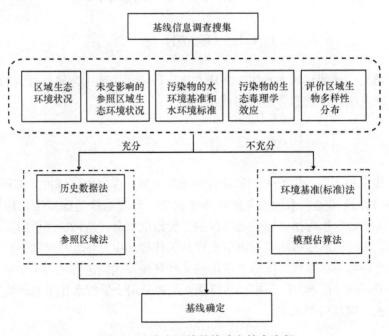

图6-1　水生态环境基线确定技术流程

6.1.3.2　技术参数

1. 历史数据法

历史数据法是指以环境污染或破坏生态行为发生前评价区域的状态为参照，将能够用于描述环境损害事件发生前评价区域特性的历史资料信息和相关数据作为该区域的基线。其数据包括历史监测、专项调查、统计报表、学术研究等收集的反映人群健康、财产状况和生态环境状况等的历史数据，具体到流域水生态环境损害鉴定评估，则是反映评价水体水环境质量状况的历史数据。

历史数据资料是了解评价区域历史状态的直接证据资料，能够提供评价区域有价值的背景信息。在环境损害鉴定评估中，理想情况就是采用被损害区域的历史数据作为衡量损害程度的依据，从而评价获得最接近真实情况的损害状况。例如，美国在判定和评价有机污染物 PAHs 对布法罗河、科麦奇化学厂区域的沉积物资源的损害时，基于历史研究文献中的 PAHs 阈值效应浓度（1.61mg/kg）等历史数据确定的基线水平，准确判定和评价了沉积物资源的损害程度和范围，从而为后续开展修复提供了有利依据。

历史数据是确定损害评估基线的一种有效办法，但利用评价区域历史数据作为基线也存在不足之处。首先，在大多数情况下，损害区域的历史数据难以获得，因为在污染损害事件发生前，很少会有机构或个人长期持续地对其资源水平进行监测记录。其次，历史研究通常不是以环境损害鉴定评估为目的开展的，从而导致历史数据很难满足损害鉴定评估的定性和定量标准的要求。最后，由于研究介质和对象的自然可变性，从获得历史数据至环境损害事件发生期间的环境变化也会导致历史数据难以用于确定损害区域基线。除此之外，技术水平、采样方法科学性和数据资料有效性的限制，导致历史数据质量参差不齐，难以直接用于确定基线。

2. 参照区域法

参照区域法是指从一组生境类似、可用于比较的相似区域中选择未受环境污染或破坏生态行为影响的区域作为参照，将该区域的历史数据或现场监测数据作为基线值与评价区域数值进行比较。在欧美国家或地区的环境损害鉴定评估中，当历史数据不适用于评价受损区域或受损资源，或不满足要求时，参照区域数据资料即确定评价区域环境基线水平的重要数据来源。在选择用参照区域作为基线数据来源时，通常需要遵循以下原则和要求：第一，选择的参照区域在物理、化学、地质学、生物学特性以及人群特征、生态系统服务功能水平方面与评价区域相似或相同，且必须保证没有受到评价区域污染事件的影响。对于流域水生态环境损害鉴定评估，参照水体应与评价水体的水文特征、水环境特征、水生生物组成以及水生态环境服务功能等具有可比性。第二，获取参照区域基线数据的方法应该与评价区域数据获取方法相似或具有可比性，且应该满足评价计划中规定的质量保证要求。第三，获取的参照区域数据应与科学文献中报道的相同/类似资源数据进行比较，以证明获得的数据在一个正常的范围内，确保数据的准确性和可靠性。

确定最小干扰参照区域的一般步骤如下：①从土地利用、河岸植被、河道底质、水质等角度综合分析确定备选的未受干扰的参照河段；②地方资源环境管理部门和专家从备选河段中推荐进一步调查采样的河段；③研究者从调查采样河段中提取参照区域的筛选标准，如总磷、总氮、Chl-a、生境指数等；④开展深入调查评价，确定全部指标达标河段作为参照基线。

虽然参照区域法是确定基线的重要方法之一，但采用参照区域数据确定损害评估基线水平仍面临着众多的质疑：首先，受到其他相同干扰影响但未受损害事件影响的参照区域几乎不存在；其次，不同区域之间总会存在一定的差异性，无法判断区域间的差异是由损害事件导致的还是由其他因素引起的；最后，气候和自然干扰的影响均会导致参照区域状态的变化，利用单一的参照区域无法准确反映真实情况。

3. 环境基准（标准）法

环境基准（标准）法是以国家/地方颁布的环境基准或标准作为评价参照，将相关环境基准或标准中的适用基准值作为基线水平，用偏离基准值的程度衡量损害程度的大小。流域水生态环境损害鉴定评估则是参考国家或地方颁布的水环境基准、标准来确定基线。

美国自然资源损害评估规则明确指出，当资源中的特征污染物浓度超过相关基准/标准（如联邦水环境基准、饮用水标准等）规定的限量值时，即可确定自然资源受到损害。在美国已开展或正在开展的自然资源损害评估的案例中，有相当一部分是采用相关环境基准来判定资源损害的。例如，哈德逊河自然损害评估等案例均以联邦水环境基准、州水质标准等为参照，将PCBs、PAHs等特征污染物的基准值作为基线来判定评价损害，其成功确定了资源损害程度以及修复补偿范围和规模，为后续开展损害修复和经济赔偿提供了参考依据。

环境基准（标准）法是确定环境基线最简便的方法，也常用于处理环境事故和解决环境纠纷。利用环境基准（标准）法确定基线需要注意以下几点：首先，环境基准和标准都具有时效性，被国家和地方主管部门不断修订更新。环境基准虽然与技术和社会经济发展水平无关，但受到人们科学认识水平的限制和区域环境特征的影响；而具有法律强制约束性的环境标准还可能随着污染控制技术的改善和经济发展水平的提升而不断发展变化。其次，国家或地方不同部门颁布的环境标准种类繁多，容易误用或混用标准值而影响损害评估结果的准确性和可靠性。从准确性和可比性考虑，环境基准是指保护人体健康、生态系统与使用功能的环境因子（污染物质或有害因素）在环境介质中的剂量或水平，比各种类、部门差异的环境标准更适用于对环境损害鉴定评估基线的确定。

1）保护水生生物水质基准与水环境基线

保护水生生物水质基准，是指能够保护水生生物及其生态功能的水质基准，包括短期水质基准和长期水质基准。其中，短期水质基准指短期暴露（暴露时间小于等于4d）下能够保护水生生物及其生态功能的水质基准，其适用于对突发性水环境损害鉴定评估基线的确定；长期水质基准是指长期暴露（暴露时间大于等于21d）下能够保护水生生物及其生态功能的水质基准，其适用于对累积性水环境损害鉴定评估基线的确定。

推导水生生物水质基准通常使用的计算方法有3种：评价因子法、统计外推法（物种敏感度分布法）和生态风险模型法。另外，由于水质特征的不同，暴露因子也会影响到水生生物水质基准的推导和表达。

A. 评价因子法

法国、德国、西班牙、英国和加拿大都使用评价因子法（AF）推导水质基准，即使用数据集中的最小毒性数据乘以（或除以）一个因子得到基准。其他一些国家或地区，包括澳大利亚/新西兰、荷兰、美国、欧盟等同时使用物种敏感度分布法和评价因子法。在法国，单一物种毒性数据 AF 值的范围是 1～1000，直接用急性毒性值得到低水平基准（AF=1），而对于高水平基准，利用慢性毒性值（NOEC）除以 10 或者急性毒性值（LC/EC$_{50}$）除以 1000 获得。西班牙用最敏感物种的毒性数据推导基准值，对于急性毒性值（LC/EC$_{50}$）乘以安全因子 0.01，对于慢性毒性值乘以 0.1。英国使用数据集中最低的不利效应浓度除以某个安全因子获得基准值，其中基准值中的最大可接受浓度（MAC）是用最小急性毒性数据除以安全因子（一般为 2～10）得到的，年平均浓度（AAC）是用慢性毒性数据除以安全因子（一般为 1～100）获得的。加拿大用 LOEC 推导基准值，选择最小的 LOEC值除以安全因子 10，当只有急性毒性数据时，用 LC/EC$_{50}$除以 20（非持久性物质）或者100（持久性物质）。荷兰通过"初步效应评价"过程，利用评价因子法推导最大允许浓度（MPC）和严重风险浓度（SRC$_{ECO}$），但仅仅是在不同物种慢性毒性数据不足四个或者只有急性毒性数据的情况下，评价因子根据数据类型的不同一般为 1～1000。经济合作与发展组织（OECD）推荐在毒性数据不足时用最小慢性毒性值 NOEC 除以 10 或者最小急性毒性值除以 100 来推导水质基准；如果只有一个或两个不同物种的急性毒性数据时，采用1000 作为安全因子。澳大利亚/新西兰推导水质基准一般采用基于单一物种毒性数据的物种敏感度分布法，但当毒性数据不足时，允许使用评价因子法推导触发值（TVs）。对于不同物种急性毒性数据超过 5 个的数据集，用最小急性毒性值除以 10 可获得中度可靠性TVs；对于很小毒性数据集，可利用最小急性毒性值除以评价因子 20～1000 来推导低可靠性 TVs。美国国家环境保护局制定的保护水生生物水质基准指南中推荐当慢性毒性数据不足时，通过最终急性毒性值（FAV）除以最终急慢性毒性比率（FACR）来获得最终慢性毒性值（FCV）。

B. 物种敏感度分布法

早在 20 世纪 70 年代末，物种敏感度分布（species sensitivity distribution，SSD）法就被美国和欧洲国家或地区建议用来推算环境质量标准，它在概率生态风险评价、水质基准/标准的制定过程中起到了非常重要的支持作用。SSD 法能充分利用所获得的毒性数据，假设有限的生物物种是从整个生态系统中随机取样，并假设在生态系统中不同物种可接受的效应水平符合一定概率分布，因此认为基于有限物种评估的可接受效应水平适合整个生态系统，当所选物种是某个区域的物种时，一定程度上它能表征该区域的生态系统水平。美国国家环境保护局最早利用 SSD 法从有限数据推导水质基准，并用于保护水生态系统中绝大多数物种。欧洲也发展了基于敏感物种危害浓度（hazard concentration，HC）的水质基准推导方法。澳大利亚/新西兰的水质基准推导方法也优先推荐 SSD 方法。不同国家对于 SSD 方法的描述的主要区别在于统计假设的分布模型、临界百分位数、置信度以及计算方法的差异。

SSD 方法的第一步是假设各数据的分布模型。美国国家环境保护局一般采用三角分布（triangle），采用毒性数据中最敏感 4 个物种有效值；荷兰则推荐正态分布（normal）；OECD 建议数据类型选择对数正态分布（log-normal）或逻辑斯谛分布（logistic）。一方面，OECD 承认美国国家环境保护局采用毒性数据中最敏感的几个有效值，因为一般情况下高毒性值并未对曲线分布造成显著影响；另一方面，有学者认为美国国家环境保护局仅仅通过 4 个最敏感物种毒性数据要达到对大多数物种保护的方法不够合理。澳大利亚/新西兰的方法指南则认为，美国国家环境保护局关于毒性数据的要求过于保守，而且没有任何生物学理论基础可以合理解释为何选择三角分布。为了回避在选择假设分布时的争论，一些学者建议最好不假设毒性数据的分布模型，而采用非参数统计法去实现基于单一物种毒性试验的群落或生态系统效应评价。参数法和非参数法的计算结果存在显著差异，但目前尚未有统一标准来评判两种统计方法的合理性。

在使用 SSD 法推导基准时需要选择分布曲线上某一个百分位数作为临界百分位数（cutoff percentile），这就意味着当污染物浓度低于基准值时，分布在这一点之上的物种将得到保护，但是分布在这一点之下的物种会受到化学物质的影响或损害。利用 SSD 方法推导水质基准时通常用百分位 5th，一些方法中称用 HC_5 表示，即可影响 5%物种的危害浓度。美国国家环境保护局基准方法指南认为，用 10th 或 1st 推导基准时可能使保护度偏低或偏高，因而选择两者之间百分位 5th，且数据表明美国采用 5th 推算的污染物保护水生生物水质基准值和其无效应浓度之间存在较好的一致性。澳大利亚/新西兰也选用百分位 5th，研究证明，用百分位 5th 推导得出触发值（TVs）与多物种毒性试验 NOEC 值之间存在很好的相关性，因而在目前的基准方法中一般选择百分位 5th 作为临界百分位数（物种保护度）。

用统计外推法得出的基准结果与实际环境中真实的无效应浓度之间可能存在一定的差异，因而基准方法学中利用置信度的概念来评价这种不确定性。除了美国，其他使用 SSD 法推导水质基准的方法学中规定了具体的置信度。一般情况下，用 50%、90%、95%或者其他级别的置信度来表述外推法得出的基准值高于（或低于）真实 HC_5 值的可能。虽然这些置信度都可以用来推导基准值，但是从统计学的角度选择 50%的置信度（又称中位数评估）更有实际意义。荷兰利用 50%的置信度推导 MPCs 和 SRC_{ECO}；澳大利亚/新西兰也按照荷兰使用 HC_5 的中位数评估法（50%）来推导 MTC；欧盟风险评价技术纲领用 PNEC 中位数，同时考虑用 95%置信度来判断一个评价因子是否可被用来推导 PNEC。OECD 规定可选择 50%或者 95%置信度。

各国使用 SSD 法推算淡水水生生物水质基准的计算方法也有所差异。美国国家环境保护局推荐使用毒性百分数排序法推导水质基准，它是把所获得种属的毒性数据按从小到大的顺序进行排列，计算排序百分位数：

$$\text{Rank Percentile} = R/(N + 1) \times 100 \tag{6-1}$$

式中，R 为毒性数据在序列中的位置；N 为所获得的毒性数据量。根据下述公式计算排序百分位数 5%的临界浓度——最终急性毒性值（FAV）。

$$S^2 = \frac{\sum\left[(\ln \text{GMAV})^2\right] - \sum\left[(\ln \text{GMAV})\right]^2 / 4}{\sum(P) - \left[\sum(\sqrt{P})\right]^2 / 4} \tag{6-2}$$

$$L = \frac{\sum(\ln\text{GMAV}) - S\sum(\sqrt{P})}{4} \tag{6-3}$$

$$A = S(\sqrt{0.05}) + L \tag{6-4}$$

$$\text{FAV} = e^{A} \tag{6-5}$$

式中，S^2 为平方差；GMAV 为急性毒性平均值；P 为选择 4 个属毒性数据的排序百分位数。最终慢性毒性值（FCV）的计算方法有两种：一种方法是根据 FAV 的计算公式进行计算，这种方法主要是使用慢性毒性平均值，并要求收集的毒性数据种属覆盖一定的范围，而慢性毒性数据往往难以获取；另一种方法则是根据最终急慢性毒性比率（FACR），FCV = FAV/FACR。短期水质基准（基准最大浓度）CMC = FAV/2；长期水质基准（基准连续浓度）CCC = FCV/2。

荷兰方法通过基于正态分布的 SSD 计算 HC$_p$：

$$\lg\text{HC}_p = \overline{x} - k \cdot s \tag{6-6}$$

式中，HC$_p$ 为影响 $p\%$ 物种的危害浓度；$\overline{x}$ 为 NOEC 对数平均值；k 为外推常数；s 为 NOEC 对数值的标准偏差。HC$_5$ 被认为是最大允许浓度（MPC），用来推导环境质量标准(EQS) = MPC/2，HC$_{50}$ 被认为是生态系统严重风险浓度（SRC$_{\text{ECO}}$）。

欧盟技术指南推荐基于 SSD 方法计算基准的公式与荷兰的方法相似：

$$\text{PNEC} = 5\%\text{SSD}(50\%\text{c.i.})\text{AF} \tag{6-7}$$

式中，PNEC 为预测无效应浓度；5%SSD 为影响 5% 物种的危害浓度；50%c.i. 为 50% 置信度；AF 为评价因子。

澳大利亚/新西兰的方法使用的计算公式也和荷兰的相同，但是 SSD 法假设数据符合 Burr-III分布模型。

相对于评价因子法，SSD 法在推导基准值时有很多优点，尤其是在风险管理中可以选择适当的保护水平以及置信度。因此，目前用 SSD 法推导的基准被认为可以对生态系统提供足够的保护，同时也需要随着野外试验毒性数据的补充去进一步证明。

C. 生态风险模型法

生态风险模型（ecological risk model，ERM）是一类综合水生态系统评估模型，其将水生态系统中污染物（如有毒化学物质、营养物质等）的环境暴露和生态效应结合起来进行表征。目前，国际上开发的代表性流域生态风险模型包括 AQUATOX、CAST 等。其中，AQUATOX 模型能够根据生态系统中各物种（种群）生物量和生产力变化等来表征风险，以 EC$_{20}$ 为效应评价终点，基于水生态系统的结构稳定性综合考虑。因此，AQUATOX 模型在量化各营养级的相互关系、反映污染事件引起的物种间的间接效应方面具有较大优势，在表征区域生态环境上更接近真实情况。

基于上述生态风险模型推导水生生物水质基准，既能反映区域水质特征，又能表征水生态系统结构和复合生态效应。然而，目前利用生态风险模型推算水生生物水质基准的方法刚刚起步，特别是区域特征的暴露和效应基础数据库大量缺乏、模型参数校验等方面的发展仍未成熟。

2）营养物基准与水环境基线

营养物是水生生物和健康生态系统所必需的，但是营养物过量会引起富营养化，导致有害藻类和植物过度生长、溶解氧含量下降、水体混浊、物种和生物多样性减少等一系列问题。营养物基准是湖泊富营养化控制标准的理论基础和科学准则，是针对湖泊等水体开展流域水环境损害鉴定评估和确定环境基线水平的重要依据。一些发达国家已经制定或正在制定湖泊等的营养物基准。与发达国家相比，我国湖泊等营养物基准的研究极为薄弱，主要参考国外的相关基准值，但由于水生生物区系具有地域性、物种敏感度分布的差异，其他国家的水质基准不能够完全反映中国的水生生物保护要求。如果直接参考其他国家的水质基准来制定我国的水质标准，将会降低我国水质标准的科学性，可能导致保护不够或过分保护。美国的营养物基准理论与方法学基础最为深厚。早在1998 年美国国家环境保护局就制定了区域营养物基准的国家战略，此后八年先后编制完成了湖泊/水库（2000 年 4 月）、河口海岸（2001 年 10 月）、河流（2006 年 7 月）和湿地（2006 年 12 月草案）的营养物基准技术指南。由美国国家环境保护局首先制定一级分区湖泊营养物基准，各州再根据营养物基准技术指南陆续制定本州的营养物基准。美国在制定湖泊营养物基准中，首先建立区域技术协作组，创建合适的数据库，划分营养物生态分区，同时对湖泊进行分类（含地理性与非地理性分类），然后对各生态分区及湖泊/水库类型筛选候选变量、确定指标，建立参照状态，最后通过专家评价和考虑保护特定用途与对下游的影响等因素确定分区的湖泊营养物基准。

营养物基准的制定方法中最为核心的内容是确定生态分区的营养物指标和参照状态。湖泊的营养物基准指标主要包括营养物变量（磷、氮）、生物学变量（有机碳、Chl-a、透明度、溶解氧、大型植物、生物群落结构）和流域特征（土地利用）等。能够反映湖泊营养状态的变量很多，但只有部分指标可用于评价营养状态，不同国家和地区所选取的指标也各不相同。美国国家环境保护局推荐采用原因变量(TP、TN)和反应变量(Chl-a、SD)，但允许州或部落也可根据适用性对信息进行筛选，将其他变量增加到基准指标变量中。湖泊等营养物基准指标的确定应遵循几个原则：一是指标不易受其他外界因素影响，相对稳定，如不同形态氮容易相互转化，宜采用相对稳定的指标 TN 表示；二是分区湖泊等富营养化控制的关键指标要因地制宜，不同分区的营养区基准指标可以不同；三是所选指标与藻类生长有明确的相关关系；四是还需考虑具有湖泊等水体发生富营养化的早期预警功能，为湖泊富营养化控制提供依据。

另外，湖泊/水库等水体的营养物环境基线可以根据营养物的参照状态确定。参照状态是指"受影响最小的状态或认为可达到的最佳状态"，其获取随时间推移由人类引起变化的基线。利用监测站点的原始数据来建立参照状态最为合适，但是许多的历史监测资料不齐全或无法获得，为参照状态的确定带来极大的困难，因此需要运用多种方法来确定参照状态。欧美国家或地区确定参照状态的方法基本类似，主要包括四种方法，即统计学方法、模型预测和推断方法、古湖沼学重建方法、历史数据和专家判断方法。下面以湖泊为例进行详细分析。

A. 统计学方法

统计学方法利用生态分区内收集到的湖泊历史和现状调查的大量数据进行统计分

析，确定营养物参照状态。该方法是美国国家环境保护局指南中的首推方法，分为参照湖泊法（reference lake approach）和湖泊群体分布法（lake population distribution approach）两种。这两种统计学方法利用生态分区中参照湖泊基准指标的中值频率分布曲线的 P_{75}，或者当参照湖泊数量不足时选择区域内全体湖泊最好的四分之一（P_{25}），作为营养物基准参照状态。统计学方法的优点是充分利用历史及现状的实测水质和生物数据，保证制定的基准使大多数湖泊在无大的污染条件下不发生富营养化。在工业化世界的大多数国家与地区，由于土地利用和到处存在的人类活动及氮的大气沉降，未受污染的参照点实际上是不存在的，因此该类方法的适用范围受到一定限制。

B. 模型预测和推断方法

美国各州及欧洲各国参照状态制定基准时，普遍将数学统计与模型回归相结合。通过协方差分析量化区域变化的方法来确定营养物参照浓度，然后建立多重线性回归模型。欧洲用于确定参照状态的模型方法可以归纳为两种：一是利用大量数据建立可靠的压力-响应关系，建立拟合曲线，通过推断低压力水平条件下的压力-响应关系来确定湖泊的参照状态；二是利用响应和预测变量之间内在联系的信息建立模型确定参照状态，其中预测变量为独立的且不受人类活动影响的变量（如地理变量）。美国国家环境保护局推荐两种模型方法：一是土壤形态指数法（MEI），即湖深-溶解性固体指数，是指湖水中总可溶性固体与湖泊平均深度之比，用于预测参照状态下的磷浓度，但是需要用参照湖泊数据进行校准和验证；二是总量平衡模型法，虽然该模型本身不能建立参照状态，但可利用进入湖泊的负荷和湖泊的水文条件来估测营养物的浓度，从而估计水体在受人类干扰前可能的状态。

C. 古湖沼学重建方法

古湖沼学重建方法主要根据从沉积物泥芯的考查中得到的，如硅藻或摇蚊等化石残骸和水质（总磷、pH 和温度）之间较强的相关关系推断过去的状态。该方法的优点是采样站点明确，即不需要参照湖泊，但需要大量数据库的统计模型和某时期的沉积物泥芯样本。沉积物中有机物的保存通常是贫乏的，而且残骸只限制存在于少数有机群中，同时古湖沼学重建方法也需要复杂的数据分析和专家解释。

D. 历史数据和专家判断方法

利用湖泊的历史监测数据建立参照状态作用有限。在 20 世纪受人类影响严重且发生明显的环境变化之前，湖泊的调查和监测数据很少，很少有记录追溯到可严格认为是"参照"的状态。即使历史数据存在，但采用不同的方法采集样品和进行分析，导致历史数据与近年数据相比存在可疑，而且数据的质量可能低劣或未知。专家判断结合了历史数据和现今的结构与功能，但由于专家判断常常是对参照状态叙述性的表达，可能会引入主观性，确定值也常常是静态的，不包含动力学和与自然生态系统相关的内在可变性。因此，该类方法不能单独使用，但与其他方法结合时能得出有力的结果。

上述研究发现，不同方法确定的结果之间存在细微的差异，每种方法各有优缺点。确定湖泊营养物参照状态没有最佳方法，只有针对营养物各生态分区的最适合的方法。用哪种方法确定参照状态取决于该类型可用点位的质量：在未受干扰或几乎未受干扰的状态较多的地方，首选有效的参照湖泊法；如果被降级的状态较多，则首选营养盐-

生态响应关系模型；专家意见作为最后的手段，且应伴随可接受的确认程序。

3）质量基准与沉积物环境基线

沉积物质量基准（sediment quality criteria，SQC），是指污染物在沉积物中不对底栖水生生物或其他有关水体功能产生危害的实际允许值。沉积物质量基准是对水质基准的补充，是对沉积物和水环境质量进行客观评价的依据，其对于沉积物环境损害鉴定评估及恢复方案中的底质疏浚均具有十分重要的指导意义。由于各个国家和地区的研究背景、可用数据、环境条件等存在一定的差异，国际上尚没有建立沉积物环境质量基准的统一方法。因此，国际上对沉积物质量基准一般不使用 criteria 一词，而是用如 benchmark、guideline 和 screening level 等来描述。

A. 沉积物质量基准的推算方法

国内外受到认可并应用较为广泛的沉积物质量基准推算方法有十余种，根据各种方法的理论基础，这些方法可以分为三大类：第一类是以生物效应数据为基础的生物效应数据库法（biological effect database approach），即以污染沉积物的实验室或者野外暴露生物试验为基础；第二类是以相平衡分配原理为依据的相平衡分配法（equilibrium partitioning approach，EqPA），即将现行水质基准应用于沉积物间隙水的方法；第三类是以历史数据或者参照区域背景水平为基础的背景值法（background approach），背景值法由于缺乏有力的理论基础，虽然仍有所应用，但是已不再受到推荐。

a. 生物效应数据库法

生物效应数据库法是通过收集污染物的生物毒性试验数据建立生物效应数据库，再借助简单的统计分析手段建立沉积物质量基准。凡是需要大量收集与生物效应有关数据的方法，均属于生物效应数据库法，其主要包括以下几种：筛分水平浓度法（screening level concentration approach，SLCA）、表观效应阈值法（apparent effect threshold approach，AETA）、效应范围法（effect range approach，ERA）、效应水平法（effect level approach，ELA）、生物效应数据库法（biological effect database approach，BEDA）、证据权重法（weight of evidence approach，WEA）、一致法（consensus approach，CA）以及沉积物质量三元法（sediment quality triad approach，SQTA）。不同生物效应数据库方法之间的主要区别在于数据库范围和统计方法的差异。例如，在数据库范围方面，筛分水平浓度法仅考虑监测区域的底栖生物毒性数据，效应范围法则同时考虑研究区域加标毒性试验数据、野外调查数据和公式计算数据。此外，生物效应数据库法根据统计计算方法又可进一步细分为 3 类，即单值基准法、双值基准法和三轴图法。单值基准法的常见方法包括 SLCA 和 AETA。单值基准法运用简单统计方法推算出一个单一阈值，当沉积物中污染物浓度超过阈值时，则认为该污染物对水环境构成威胁。这种单一基准值的计算和应用均较为简便，但可能会引起保护不足或过保护的结果。双值基准法的常见方法包括 ERA、ELA、BEDS、WEA 和 CA 等。双值基准法根据推算出的两个阈值界定 3 个危害范围：当污染物浓度低于双值中的低值时，认为产生危害的可能性很小，几乎可以忽略；当污染物浓度高于双值中的高值时，则认为危害发生的可能性很高；如果污染物浓度在二者之间时，则认为是产生和不产生危害效应概率相近的灰色区域。使用双值基准法评价沉积物质量基准避免了统计方法过于简单导致单值基准不准确的问题，并且可以根据评价目标选择基准值。若有需要还可以根据评价目标对灰色区域进行更详细的划分，使评价结果更加可靠合理。三轴图法的常用方法是 SQTA。这种方法虽然融合了沉积物化学分析结果、生物测试结果和现场生物调查结果 3 种数据类型，使评价结果更加客观真实，但是数据间的转换和分析处理难度很大，方法的可操作性不高，导致目前 SQTA 的应用实例并不多见。因此，在使用生物效应数据库法推算沉积物质量基准时，更推荐使用方法可靠性和操作性兼顾的双值基准法。

b. 相平衡分配法

相平衡分配法以不同介质（相）之间的热力学动态平衡分配原理为基础，认为当水相中的污染物浓度达到水质基准时，沉积物相中的该污染物浓度即沉积物质量基准。这类方法具有可靠的理论基础，充分利用更易推算获取的水质基准和污染物的生物有效性，从而不需要大量的沉积物生物效应数据，具有很大的发展潜力和应用前景。相平衡分配法的常见方法主要包括相平衡分配法（equilibrium partitioning approach，EqPA）、组织残留法（tissue residue approach，TRA）等。两种相平衡分配方法之间的主要区别在于保护目标的差异。EqPA 以保护底栖生物为目标；TRA 则是在 EqPA 的基础上考虑生物积累和生物放大作用，以保护野生动物和人体健康为目标。相平衡分配法的关键因子是相平衡分配系数 K_p，K_p 的应用需要考虑两个关键要素：一是不同地区的沉积物性质差异，美国国家环境保护局建议使用有机碳含量（TOC）进行归一化校正，以避免沉积物性质差异所带来的不确定性；二是不同污染物在沉积物–水相间的吸附解吸行为对相平衡分配过程的影响。已有研究以污染较为严重的天津某污水库的表层沉积物为对象，应用 EqPA 计算了该水体沉积物中 4 种重金属（Cd、Cu、As、Hg）和 2 种有机氯农药（滴滴涕、六六六）的 SQC 推荐值；进一步通过不同国家之间 SQC 的比较发现，地区间的 SQC 数值相差较大，说明相平衡分配法推算 SQC 的过程中存在诸多不确定因素。

B. 确定沉积物环境基线的推荐方法

与水质基准的研究相比，沉积物质量基准的研究还落后很多，理论方法学尚不完善，对许多问题仍然存在争议，如对沉积物中的有机碳含量、沉积物性质、酸可挥发性硫化物等因素对沉积物质量基准的影响还不明确。虽然生物效应数据库法和相平衡分配法这两类方法已被国际普遍认可，但是依然很难仅依靠单一方法建立可靠的沉积物质量基准。生物效应数据库法由于能够充分利用广泛多样的生物效应数据，并且能够随着数据库的更新扩展而不断改进而受到国际广泛关注。但是这类方法均依赖于大量的生物效应数据，以中国目前的研究状态很难获得充足的数据支撑。此外，对于生物效应数据的质量筛选和校正也存在一定的困难。因此，目前利用生物效应数据库法建立沉积物质量基准在中国的适用范围有限。相平衡分配法具有可靠的理论基础，利用水质基准和污染物生物有效性，不需要大量的沉积物生物效应数据，具有较好的可操作性。因此，利用相平衡分配法推算污染物的沉积物质量基准，更适用于目前尚处于初级研究阶段的中国。但是相平衡分配法也存在一定局限性，一是影响相平衡分配系数 K_p 的因素过多且很难获得准确值；二是相平衡分配法忽略了除间隙水外其他暴露途径对沉积物质量基准的影响。在目前的沉积物环境基线研究中，推荐采用两种沉积物质量基准方法推算，并建立多元评价标准，综合考虑两种方法计算基准值的可比性、可预测性和符合程度等，从而获得污染物最终的沉积物环境基线水平。

6.2　流域水生态环境损害确认技术

6.2.1　适用范围

该技术适用于评估确认流域内水生态环境及其水生态服务功能是否受到污染环境或破坏生态行为的损害。

6.2.2　技术原理

针对事件特征开展水生态环境布点采样分析，确定水生态环境状况，并对水生态服务功能、水生生物种类与数量开展调查；必要时收集水文和水文地质资料，掌握流量、流速、河道湖泊地形及地貌、沉积物厚度、地表水与地下水连通循环等关键信息。同时，通过历史数据查询、对照区调查、标准比选等方式，确定水生态环境及水生态服务功能的基线水平，通过对比确认水生态环境及水生态服务功能是否受到损害。

6.2.3　技术流程与参数

6.2.3.1　技术流程

开展水文和水文地质调查，掌握流域内流量、流速、河道湖泊地形及地貌、沉积物厚度、地表水与地下水连通循环等关键信息。结合污染现状调查，分析水生态环境状况，并对水生态服务功能、水生生物种类与数量开展调查，最终结合水生态基线，对比分析确认流域内水生态环境是否受到损害（图6-2）。

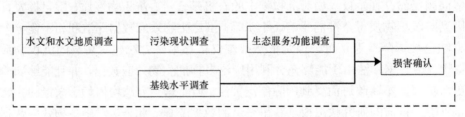

图6-2　流域水生态环境损害确认技术流程

6.2.3.2　技术参数

1. 确定调查对象与范围

1）水生态服务功能调查

获取调查区域水资源使用历史、现状和规划信息，查明水生态环境损害发生前、损害期间、恢复期间评估区的主要生态功能与服务类型，如珍稀水生生物栖息地、鱼虾类产卵场、仔稚幼鱼索饵场、鱼虾类越冬场和洄游通道、航道运输等支持服务功能，洪水调蓄、侵蚀控制、净化水质等调节服务功能，集中式饮用水水源用水、水产养殖用水、农业灌溉用水、工业生产用水等供给服务功能，人体非直接接触景观功能用水、一般景观用水、游泳等休闲娱乐等文化服务功能。

2）不同类型事件的调查重点

根据事件概况、受影响水域及其周边环境的相关信息，确定调查对象与范围。

对于突发水污染事件，主要通过现场调查、应急监测、模型模拟等方法，重点调查研判污染源、污染物性质、可能涉及的环境介质、受水文和水文地质环境及事件应急处置影响的污染物可能的扩散分布范围，以及二次污染物、污染物在水体中的迁移转化行为、水生态环境功能和水生生物的受损程度和时空范围。

对于累积水污染事件，主要通过实际环境监测和生物观测等方法，重点调查污染源，污染物性质，可能涉及的环境介质，污染物的扩散分布范围，污染物在水体、沉积物、生物体中的迁移转化行为及其可能产生的二次污染物，水生态功能和水生生物的受损程度和时空范围。

对于水生态类事件，主要通过实际调查、生物观测、模型模拟等方法，重点调查水生态功能和水生生物的受损程度和时空范围、水生态破坏行为可能造成的二次污染及其对水环境与水生态功能和水生生物的影响。

2. 确定调查指标

根据水生态环境事件的类型与特点，选择相关指标进行调查、监测与评估。

1）特征污染物的筛选

对于污染源明确的情况，通过现场踏勘、资料收集和人员访谈，根据排污企业的生产工艺过程、使用的原料助剂，以及物质在水生态环境迁移转化中发生物理化学变化或者与生物相互作用可能产生的二次污染物，综合分析识别特征污染物。

对于污染源不明的情况，通过对采集样品的定性和定量化学分析，识别特征污染物。

特征污染物的筛选应优先选择我国地表水环境质量相关标准中规定[《地表水环境质量标准》（GB 3838—2002）、《农田灌溉水质标准》（GB 5084—2005）、《生活饮用水卫生标准》（GB 5749—2006）、《渔业水质标准》（GB 11607—1989）]的对环境危害大、影响范围广、毒性较强或者易产生环境损害连锁反应、衍生其他有毒有害物质的物质。对于检测到的相关标准中没有的物质，应通过查询国外相关标准、开放数据库、研究成果，根据化学物质的理化性质、易腐蚀性、环境持久性、生物累积性、急慢性毒性和致癌性等特点，筛选识别特征污染物，必要时结合相关实验测试，评估其危害，确定是否作为特征污染物。化学物质的危害性分类方法参考《基于 GHS 的化学品标签规范》（GB/T 22234—2008）、《化学品分类和危险性公示通则》（GB 13690—2009）。所依据的化学物质的毒性数据质量需符合相关筛选原则《淡水水生生物水质基准制定技术指南》（HJ 831—2017）。

水污染事件涉及的常见特征污染物主要包括以下几种。

无机污染物：重金属、酸碱、无机盐等；

有机污染物：油类、脂肪烃、苯系物、溶剂、有机酸、醇醛酮、酚类、酯类等；

富营养化特征污染物：总磷、总氮、硝酸盐、亚硝酸盐、氨氮、微囊藻毒素、异味物质等。

可能影响污染物对地表水和沉积物环境及水生生物潜在损害的监测指标主要包括以下几种。

物理指标：温度、流速、深度或其他与流动变化有关的水文指标；

水质指标：pH、硬度、溶解氧、浊度、总有机碳等。

2）水文与水文地质指标的确定

对于江河类水体，重点关注事件发生的河流流域水系、流域边界、河流断面形状、河流断面收缩系数、河流断面扩散系数、河床糙率、降水量、蒸发量、河川径流量、河底比降、河流弯曲率、流速、流量、水温、泥沙含量、本底水质、地表水与地下水补给关系、河床沉积结构等指标。

对于湖库类水体，重点关注湖泊形状、水温、水深、盐度、湖底地形、出入湖（库）流量、湖流的流向和流速，环流的流向、流速、稳定时间，湖（库）所在流域气象数据，如风场、气温、蒸发、降雨、湿度、太阳辐射、地表水与地下水补给关系、湖库底层及侧壁地层岩性、导水裂隙分布等指标。

3）水生生物指标的确定

石油类、毒性有机物、重金属等污染物导致的水污染事件的水生生物调查指标包括生物种类、数量、形态和水生生物组织中特征污染物的残留浓度。

酸碱类、氮磷、有机质等污染物和溶解氧、热能等指标变化导致的水环境事件以及水生态事件的水生生物调查指标包括生物种类和数量。

浮游生物调查指标包括种类组成、数量、生物量、浮游植物初级生产力；底栖动物调查指标包括种类组成、数量、生物量；大型水生植物调查指标包括种类组成和生物量；水鸟与水生哺乳动物调查指标包括种类组成和数量。

4）水生态系统服务功能指标的确定

导致水生态系统支持服务功能改变的调查监测指标主要包括生物种类、数量和生物量、栖息地面积、航运量、水文和水文地质参数，重点关注保护物种、濒危物种；导致水生态系统生产服务功能改变的调查指标主要包括水资源量、水产品产量和种类；导致水生态系统调节服务功能改变的调查评估指标主要包括洪水调蓄量、降温量、蒸散量、水质净化量、土壤保持量；导致水生态系统文化服务功能改变的调查评估指标主要包括休闲娱乐人次和水平、旅游人次和服务水平。

3. 水文和水文地质调查

1）调查目的

水文和水文地质调查的目的在于了解调查区地表水的流速、流量、水下地形地貌、流域范围、水深、水温、气象要素、地层沉积结构、与周边水体水力联系等信息，获取污染物在环境介质中的扩散条件，判断事件可能的影响范围，污染物在地表水和沉积物中的迁移情况、采砂等活动对水文水力特性、地形地貌的改变情况，从而为水生态环境污染状况调查分析提供技术参数，为水生态服务功能受损情况的量化提供依据。

2）调查原则与方法

（1）充分利用现有资料。根据现有资料对调查区水文信息进行初步提取，重点关注已有水文站建档资料，以初步识别污染物在水生态环境中迁移所需的水文学、水力学参数，现有资料不足时，需进一步开展调查。

（2）兼顾区域和评估水域水文学、水力学参数展开调查。以评估水域为重点调查区，获得评估水域水文、水力学资料，根据区域资料初步判断水文学、水力学信息，区域资料不能满足评估精度时，开展相应的水文测验、水力学试验获取相关参数。

4. 布点采样

1）布点采样要求

以掌握环境损害发生地点状况、反映发生区域的污染状况或生态影响的程度和范围为目的，根据地表水流向、流量、流速等水文特征、地形特征和污染物性质等情况，结合相关规范和指南的要求，合理设置采样断面或点位。一般在事件发生地点上游或附近未受干扰区域，考虑对饮用水水源地等环境敏感区的影响，合理设置参照点。依据水功能和事件发生地的实际情况，尽可能以最少的断面（点）和采样频次获取足够有代表性的信息，同时需考虑采样的可行性。

对于突发水污染事件，一般以污染泄漏排放地点为起点或中心，根据流向和流速按照由近及远、不等间距原则进行地表水布点采样。初步调查和系统调查可以同步开展，系统调查采样应不晚于初步调查 24h。事件刚发生时，采样频次可适当增加，待摸清污染物变化规律后，可以减少采样频次。

对于累积水污染事件，根据流向和实际情况进行地表水和沉积物布点采样；应在地表水体和沉积物污染区域等间距布点，并在死水区、回水区、排污口处等疑似污染较重区域加密布点；对江河的监测布点应在损害发生区域及其下游，同时要在上游采对照样，对湖（库）的采样点布设以损害发生地点为中心，按水流方向在一定间隔的扇形或圆形布点采样，同时采集对照样品。

对于水生态破坏事件，根据实际情况和相关技术导则进行水体、沉积物和水生生物布点采样。

采样时应使用 GPS 定位，保证采样点的位置准确；采样结束前，应核对采样方案、记录和水样，如有错误和遗漏，应立即补采或重采。

2）调查采样准备

开展水环境事件现场调查，应准备的材料和设备主要包括：记录设备，录音笔、照相机、摄像机和文具等；定位设备，卷尺、GPS 卫星定位仪、经纬仪和水准仪等；采样设备，现场便携仪器设备，调查信息记录装备，地表水、沉积物、生物等取样设备，样品的保存装置；安全防护用品，工作服、工作鞋、安全帽、药品箱等。

采样前，应采用卷尺、GPS 卫星定位仪、经纬仪和水准仪等工具在现场确定采样点的具体位置和地面标高，并在图中标出。

3）初步调查采样

初步调查采样的目的是通过现场定点监测和动态监测，进行定性、半定量及定量分析，初步判断污染物类型和浓度、污染范围、水功能变化和水生生物受损情况，从而为研判污染趋势、进一步优化布点、精确监测奠定基础。

初步调查阶段，对于污染物监测以色味观测、现场快速检测为主，实验室分析为辅，可根据实际情况选择现场或实验室分析方法，或两者同时开展。根据污染物的特性及其在不同环境要素中的迁移转化特点，对于易挥发、易分解、易迁移转化的污染物应尽快采用现场快速监测手段进行监测。按环境要素，监测的紧迫程度通常为地表水＞沉积物＞生物。进行样品快速检测的同时保存不低于20%比例的样品，以备复查。

对于污染团明显的难溶性污染物，可以结合遥感图、影像图进行辅助判断。

按污染物的理化性质和结构特征分类，尽可能采用能涵盖多指标同类污染物的高通量快速监测分析方法。

4）系统调查采样

系统调查阶段的目的是通过开展系统的布点采样和定量分析，确定污染物类型和浓度、污染范围、水生生物受损程度，从而为损害确认提供依据。

A. 污染源布点采样

根据固定污染源和流动污染源现场的具体情况，对产生污染物的污染源各工段位置、排污口布点，对污水进入地表水体的重污染区域布点。

在污水进入环境水体前采样，对排污单位外排口进行采样，单次采样数量不小于3个，每个采样时间间隔不少于4h，采样次数根据排污企业稳定运行工况确定，一个稳定运行工况采样一次。污水进入环境水体后采样，应在刚进入地表水体重污染区域布设采样断面。一般可溶性污染物，当水深大于1m时，应在表层下1/4深度处采样；水深小于或等于1m时，在水深的1/2处采样；不溶性轻质污染物，应在水体表层采样；不溶性重质污染物，应在水体底层采样。

B. 地表水布点采样

对于江、河，根据污染物排放、泄漏、倾倒的位置，沿地表水流向在其下游设置监测断面（点），并在其上游布设对照断面（点）。采样断面位置尽量选择在顺直河段、河床稳定、水流平稳、水面宽阔、无急流、无浅滩处。监测断面尽量与水文观测断面一致，以便利用其水文参数，实现水质监测与水文监测的结合。例如，江河水流的流速很小或基本静止，可根据污染物的特性在不同水层采样；在影响区域内饮用水和农灌区取水口处必须设置采样断面（点）。

对于湖（库），采样点应以事件发生地点为中心，按水流方向在一定间隔的扇形或圆形范围内布点采样，并根据污染物的特性在不同水层采样，同时根据水流流向，在其上游适当距离布设对照断面（点）。湖库区的不同水域，如进水区、出水区、深水区、浅水区、湖心区、岸边区，按水体类别设置监测垂线。湖库区若无明显功能区别，可用网络法均匀设置监测垂线。必要时，在湖（库）出水口和饮用水取水口处设置采样断面（点）。监测垂线上采样点的布设一般与河流的规定相同，但有可能出现温度分层现象时，应进行水温、溶解氧的探索性试验后再确定。

C. 沉积物布点采样

沉积物样品的监测主要用于了解水体中易沉降、难降解污染物的累积情况，为确定沉积物中污染物的沉积时间，应该分层采样，模拟了解污染物沉积过程。沉积物采样点位通常为水质采样垂线的正下方。当正下方无法采样时，可略做移动，移动的情况应在采样记录表上详细注明；沉积物采样点应避开河床冲刷、底质沉积不稳定及水草茂盛、表层底质易受搅动之处；湖（库）沉积物采样点一般应设在主要河流及污染源排放口与湖（库）水混合均匀处。

江、河、湖（库）沉积物采样布点位置和数量可以参考地表水体布点方案确定，沉积物损害面积或方量可以根据沉积物模型的需求确定。

D. 生物布点采样

在水生态环境事件影响范围内，考虑水体面积、水功能区、水生生物空间和时间分布特点与调查目的，采用空间平衡随机布点法布置采样点或沿生物或生态系统受损害梯度布置采样点，具体参照《生物多样性观测技术导则 内陆水域鱼类》（HJ 710.7—2014）、《河流水生态环境质量监测技术指南（试行）》、《湖库水生态环境质量监测技术指南（试行）》、《污染死鱼调查方法（淡水）》、2012 *National Lake Assessment Field Operations Manual* 等相关技术规范执行。

湖泊、水库应以事件发生地点为中心，按水流方向在一定间隔的扇形或圆形范围内布点调查采样，并在近岸和中部布设水生生物采样点，沿岸浅水区（有水草区、无水草区）随机分散布点。

江河应在事件发生地的上、中、下游，受影响支流汇合口及上游、下游等河段设置水生生物调查采样断面。河流断面采样点，小于 50m 的只在中心区布点，50～100m 的可在两边有明显水流处布点，超过 100m 的应在中心和两边分别布设采样点。

对受损害水体影响的陆生生物（如鸟类、两栖动物和其他陆生动物及岸边植物）的调查，根据生物类型，在受损害水体的两边 50～100m 范围内布点调查。

E. 其他

如果地表水可能对岸边土壤造成污染，地表水与地下水可能会连通，需要对土壤和地下水开展必要的布点采样，将污染地表水水体作为污染源，参照《生态环境损害鉴定评估技术指南 土壤与地下水》等相关技术规范进行布点采样。

如果特征污染物是挥发性有机污染物，需要结合风向、地表水流速对大气环境开展必要的布点采样，一般在下风向进行扇形布点，具体参照《地表水和污水监测技术规范》（HJ/T 91—2002）。

如果因外来种入侵导致生物受损，需要对外来种种类、来源、数量等开展调查，有针对性地布点观测。

如果因矿产开采导致地表水、沉积物及水生生物陷漏，需要对地下水连通情况进行必要的布点调查。

5. 样品检测分析

水质样品参照《水质采样 样品的保存和管理技术规定》（HJ 493—2009）的相关

规定进行采集和保存，沉积物样品参照《土壤环境监测技术规范》（HJ/T 166—2004）的相关规定进行采集和保存。生物样品参照《生物质量 六六六和滴滴涕的测定 气相色谱法》（GB/T 14551—1993）、食品安全国家标准等相关标准技术规范执行。

地表水和废水样品的分析参照《地表水和污水监测技术规范》（HJ/T 91—2002）等监测技术规范执行，应采用现有国家标准分析方法或等效分析方法进行测定，若污染物无国家标准分析方法或等效分析方法，可采用转化的国外标准分析方法或业界认可的先进的分析方法，但需通过资质认定并经过委托方签字认可。新型污染物的分析方法可以参考生态环境部相关水质、土壤和沉积物环境监测方法标准及监测规范（http://bz.mee.gov.cn/bzwb/jcffbz/）。检出限应低于污染物在相应水环境介质中的国家标准控制限值，如没有国标限值可参考国外标准限值。

监测结果可用定性、半定量或定量来表示。定性监测结果可用"检出"或"未检出"表示，并注明监测项目的检出限；半定量监测结果可给出所测污染物的测定结果或测定结果范围；定量监测结果应给出所测污染物的测定结果。

应制定防止样品污染的工作程序，包括空白样分析、现场重复样分析、采样设备清洗空白样分析、采样介质对分析结果影响分析、样品保存方式和时间对分析结果的影响等。实验室分析的质量保证和质量控制的具体要求见《环境空气质量手工监测技术规范》（HJ194—2017）、《土壤环境监测技术规范》（HJ/T 166—2004）、《地表水和污水监测技术规范》（HJ/T91—2002）、《地下水环境监测技术规范》（HJ/T 164—2004）、《环境监测质量管理技术导则》（HJ 630—2011）等相关监测技术规范。

6. 基线调查与确认

1）以优先使用历史数据作为基线水平

查阅相关历史档案或文献资料，包括针对调查区开展的常规监测、专项调查、学术研究等过程获得的文字报告、监测数据、照片、遥感影像、航拍图片等结果，获取能够表征调查区地表水和沉积物环境质量与生态系统服务功能的历史状况的数据。

2）以对照区调查数据作为基线水平

当调查区水生态环境质量以及水生态系统服务功能历史状况的数据无法获取时，可以选择合适的对照区，以对照区的调查监测数据作为基线水平。通过对与水生态环境事件发生前调查区水环境质量、水生态服务功能相近状态的上游或其他支流对照水域进行现场调查与监测，评价其水环境质量和生态状况，获取基线水平数据。对照点位的水功能区、气候条件、自然资源、水文地貌及水生生物区系等性质条件应与评估水域近似。

结合对照区现场条件以及基线水平确定实际需求，可以选择一至数个点位作为对照点位，通过水环境质量和水生态状况的评价与比较，确定针对调查区特定评价指标的基线水平。该方法不适用于调查区存在复杂的非点源污染，以及其他生态干扰、生物数据不完整的情形。

3）参考环境质量标准确定基线水平

如果无法获取历史数据和对照区数据，则根据调查区地表水和沉积物的使用功能，查找相应的地表水和沉积物环境质量标准或基准，包括国家标准、国家基准、行业标准、地方标准和国外相关标准等，如《地表水环境质量标准》（GB 3838—2002）、《农田灌溉水质标准》（GB 5084—2005）、《生活饮用水卫生标准》（GB 5749—2006）、《渔业水质标准》（GB 11607—1989）等。如果存在多个适用标准时，应该根据评估区所在地区技术、经济水平和环境管理需求确定选择标准。

4）专项研究

如果无法获取历史数据和对照区数据，且无可用的水环境质量标准时，应开展专项研究，对于污染物指标，根据水质基准制定技术指南，如《淡水水生生物水质基准制定技术指南》（HJ 831—2017）、《人体健康水质基准制定技术指南》（HJ 837—2017）、《湖泊营养物基准制定技术指南》（HJ 838—2017），推导确定基线水平。

5）基线确认的工作程序

A. 基线信息调查搜集

基线信息调查搜集主要包括：①针对调查区的专项调查、学术研究以及其他自然地理、生态环境状况等相关历史数据；②针对与调查区的地理位置、气候条件、水文地貌、水功能区类型、水生生物区系等类似的未受影响的对照区，搜集水环境与水生态状况的相关数据；③污染物的水环境基准和水环境标准；④污染物的水生态毒理学效应、调查区生物多样性分布等文献调研和实验获取数据。

B. 基线确定方法筛选

当基线确定所需的数据充分时，优先采用历史数据和对照区调查数据；当利用历史数据和对照区调查数据不能确定基线时，推荐采用环境标准法或通过专项研究推导确定基线。

C. 基线水平的确定

综合采用两种以上基线确定方法，推导计算基线水平期望值，对基线水平期望值的科学性和合理性进行评价和相互验证，确定评估区的水生态环境质量以及水生态系统服务功能的基线水平。

7. 损害确认

当事件导致以下一种或几种后果时，可以确认造成了地表水和沉积物的生态环境损害：

（1）地表水和沉积物中特征污染物的浓度超过基线水平 20% 以上；

（2）评估区指示性水生生物物种种群数量、密度、结构、群落组成、结构、生物物种丰度等指标与基线水平相比存在统计学显著差异，或水生生物体出现明显畸形；

（3）水生生物组织中特征污染物的残留浓度超过基线水平 20% 以上；

（4）水生态系统不再具备基线状态下的服务功能，如支持功能（如生物多样性、岸带稳定性维持等）的降低或丧失、产品供给服务的丧失（如水产品养殖、饮用和灌溉用水供给等）、调节服务的降低或丧失（如涵养水源、水体净化、气候调节等）、文化旅游服务的降低或丧失（如休闲娱乐、景观观赏等）。

6.3　水生态环境损害因果关系分析

6.3.1　适用范围

该技术适用于分析流域内水生态（地表水和沉积物）环境损害与污染环境或破坏生态行为之间的因果关系。

6.3.2　技术原理

水生态环境损害因果关系分析主要是分析污染环境行为和破坏生态行为是否存在因果关系。确定环境损害受体、筛选鉴别环境损害因子，是评价损害效应、开展因果关系诊断的基础。

确定环境损害受体、筛选鉴别环境损害因子，开展污染介质、载体调查暴露评估，并通过暴露路径的合理性、连续性分析，对暴露路径进行验证，必要时构建迁移和暴露路径的概念模型。并基于污染源分析和暴露评估结果，分析污染源与地表水和沉积物环境质量损害、水生生物损害、水生态服务功能损害之间是否存在因果关系。

6.3.3　技术流程和参数

6.3.3.1　技术流程

通过对损害事件特征、评估区域环境条件、水生态（地表水和沉积物）污染状况等信息进行整理分析，确定污染形成的来源；再对特征污染物从污染源到受体的暴露水平进行评估，并验证暴露路径，从而分析污染源与地表水和沉积物环境质量损害、水生生物损害、水生态服务功能损害之间是否存在因果关系（图6-3）。

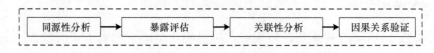

图6-3　水生态环境损害因果关系分析技术流程

6.3.3.2　技术参数

1. 污染环境行为导致损害的因果关系

1）污染物同源性分析

在已有污染源调查结果的基础上，通过人员访谈、现场踏勘、空间影像识别等手段和方法，调查潜在的污染源，必要时进一步开展水文和水文地质与水生生物调查，根据实际情况选择合适的检测和统计分析方法来确定污染源。

污染同源性分析常用的检测和统计分析方法包括以下几种。

（1）指纹法：采集潜在污染源和受体端地表水、沉积物和生物样品，分析污染物类型、浓度、组分等情况，采用指纹法进行特征比对，判断受体端和潜在污染源的同源性，从而确定污染源；

（2）同位素技术：对于损害时间较长且特征污染物为铅、镉、锌、汞等重金属或含有氯、碳、氢等元素的有机物时，可采用同位素技术，对地表水和沉积物样品进行同位素分析，根据同位素组成和比例等信息，判断受体端和潜在污染源的同源性，从而确定污染源；

（3）多元统计分析法：采集潜在污染源和受体端地表水与沉积物样品，分析污染物类型、浓度等情况，采用相关性分析、主成分分析、聚类分析、因子分析等统计分析方法分析污染物或样品的相关性，判断受体端和潜在污染源的同源性，从而确定污染源。

2）暴露评估

暴露评估的目的是评估潜在受影响的水体和水生生物暴露于污染源的方式、时间和路径。

A. 暴露性质、时间和持续时间

暴露评估需要考虑的因素包括环境暴露的性质或方式；暴露的时间（如持续与间歇）；与其他环境因素的关系，如溶解氧浓度的日变化、水文水动力因素（影响扩散）；暴露的持续性（如急性与慢性、连续与间歇、生物代暴露等），以及影响暴露的局部水文、地球化学或生态因素等。

B. 暴露路径分析与确定

基于前期调查获取的信息，对污染物的传输机理和释放机理进行分析，初步构建污染物暴露路径概念模型，识别传输污染物的载体和介质，提出污染源到受体之间可能的暴露路径的假设。

传输的载体和介质包括水体、沉积物和水生生物。

涉及地表水和沉积物的污染物传输与释放机理主要包括：地表水径流与物理迁移扩散，沉积物–水相的扩散交换，悬浮颗粒物和沉积物的物理吸附、解吸，沉积物的沉积、再悬浮和掩埋，污染物在暴露迁移过程中发生的沉淀溶解、氧化还原、光解、水解等化学反应过程。

涉及生物载体的污染物传输与释放机理主要包括：水生生物从地表水和沉积物介质摄取污染物的过程（经鳃吸收、摄食等），生物体内传输代谢和清除过程（鳃转移、组织分布、代谢转化、排泄、生长稀释等），生物受体之间的食物链传递与生物放大作用。

建立暴露途径后，需要对其是否存在进行验证，即识别组成暴露途径的暴露单元，对每一单元内的污染物浓度、污染物的迁移机制和路线以及该单元的暴露范围进行分析，以确定各个暴露单元是否可以组成完整的暴露途径，将污染源与生物受体连接起来。

C. 二次暴露

如果释放的污染物在地表水和沉积物中发生反应并产生副产物，则可能发生二次暴露。污染物可以直接发生二次物理和生物效应。例如，如果污染物释放破坏了具有稳定河床或缓和温度功能的植被，鱼类可能会暴露于过多的沉积物或过高的温度中，即污染物释放产生二次影响。对于具有生物累积性的污染物可以通过食物网的传递发生二次暴露。

D. 关联性证明

建立暴露途径，识别污染物与损害结果的关联后，进一步通过文献回顾、实验室实证研究和模型模拟方法对损害关联性进行证明。

首先基于现有文献，对污染物与损害之间的暴露关系进行研究判断，如果文献信息不足，进一步采用实验与模型模拟研究方法，对污染物与损害之间的暴露反应关系进行验证判断。实验室研究通过对与评估区暴露条件类似的损害和暴露关系进行研究，来确定实际评估区的暴露关系，该方法可单独使用，也可以与模型模拟方法配合适用。模型提供了一种模拟污染物与环境和受体之间相互作用的方法，可以对污染事件产生的水环境暴露与损害结果进行预测。目前模拟流域水量水质动态的一维、二维、三维数学模型中开发较为成熟的软件工具包括模拟水文的 SWAT 模型，模拟水质的 EFDC、Delft3D 模型等；模拟地表水–沉积物暴露归趋的 Sediment 模型、QWASI 模型；模拟水生生物富集和食物链传递的 FISH 模型、FOOD WEB 模型；模拟水生态系统综合效应的 AQUATOX 模型。

3）因果关系分析

同时满足以下条件，可以确定污染源与地表水、沉积物以及水生生物和水生态系统服务功能损害之间存在因果关系。

（1）存在明确的污染源；

（2）水生态环境质量下降，水生生物、水生态系统服务功能受到损害；

（3）排污行为先于损害后果发生；

（4）受体端和污染源的污染物存在同源性；

（5）污染源到受损水生态环境以及水生生物、水生态系统之间存在合理的暴露路径。

2. 破坏生态行为导致损害的因果关系分析

通过文献查阅、现场调查、专家咨询等方法，分析非法捕捞、湿地围垦、非法采砂等破坏生态行为导致水生生物资源和水生态服务功能以及地表水环境质量受到损害的作用机理，建立破坏生态行为导致水生生物和水生态服务功能以及地表水环境质量受到损害的因果关系链条。破坏生态行为导致损害的因果关系判定原则具体包括：

（1）存在明确的破坏生态行为；

（2）水生生物、水生态服务功能受到损害或水环境质量下降；

（3）破坏生态行为先于损害的发生；

（4）根据水生态学和水环境学理论，破坏生态行为与水生生物资源、水生态服务功能损害或水环境质量下降具有关联性；

（5）可以排除其他原因对水生生物资源破坏、水生态服务功能损害或水环境质量下降的影响。

6.4　水生态环境损害实物量化技术

6.4.1　适　用　范　围

该技术适用于对环境污染或生态破坏行为导致的流域内水生态（地表水和沉积物）环境损害程度量化的判别。

6.4.2　技　术　原　理

确定地表水和沉积物中特征污染物浓度，以及水生生物量、种群类型、数量和密度、水生态系统服务功能表征指标的现状水平，与基线水平进行比较，分析水生态环境以及水生生物资源、水生态系统服务功能受损的范围和程度，计算地表水和沉积物环境，以及水生生物资源和水生态系统服务功能损害的实物量。

6.4.3　技术流程和参数

6.4.3.1　技术流程

通过对污染状况、事故行为以及流域水质变化等进行分析，确定评估指标。基于评估指标，进一步对污染浓度、生物量、生物多样性及生态服务功能进行受损害程度量化分析，从而确定流域内水生态环境在空间和时间上的损害程度（图6-4）。

图 6-4　水生态环境损害实物量化技术流程

6.4.3.2　技术参数

1. 损害程度量化

损害程度量化是对水生态环境中特征污染物浓度、水生生物质量、种群类型、数量和密度、水生态系统服务功能超过基线水平的程度进行分析，为水生态环境与水生生物资源恢复方案的设计和恢复费用的计算、价值量化提供依据。

1）污染物浓度

基于水生态环境中特征污染物浓度与基线水平，确定每个评估点位地表水和沉积物的受损害程度，可以根据式（6-8）计算：

$$K_i = (T_i - B)/B \tag{6-8}$$

式中，K_i 为某评估点位水生态环境的受损害程度；T_i 为某评估点位水生态环境中特征污染物的浓度；B 为水生态环境中特征污染物的基线水平。

基于地表水、沉积物中特征污染物平均浓度超过基线水平的区域面积占评估区面积的比例，确定评估区水生态环境的受损害程度：

$$K=N_o/N \tag{6-9}$$

式中，K 为超基线率，即评估区地表水、沉积物中特征污染物平均浓度超过基线水平的区域面积占评估区面积的比例；N_o 为评估区地表水、沉积物中特征污染物平均浓度超过基线水平的区域面积；N 为地表水、沉积物评估区面积。

2）水生生物量

根据区域水环境条件和对照点水生生物状况，选择具有重要社会经济价值的水生生物和指示生物，参照《渔业污染事故经济损失计算方法》（GB/T 21678—2008），可以采用式（6-10）估算：

$$Y_l=\sum D_i \times R_i \times A_p \tag{6-10}$$

式中，Y_l 为生物资源损失量，kg 或尾；D_i 为近年内同期第 i 种生物资源密度，kg /km^2 或尾/km^2；R_i 为第 i 种生物资源损失率，%；A_p 为受损害污染面积，km^2。

资源损失率按式（6-11）计算：

$$R=\frac{\overline{D}-D_p}{D}\times100 - E \tag{6-11}$$

式中，R 为资源损失率，%；$\overline{D}$ 为近年内同期水生生物资源密度，kg/km^2 或尾/km^2；D_p 为损害后水生生物资源密度，kg/km^2 或尾/km^2；E 为回避逃逸率，%。

3）水生生物多样性

从保护物种减少量、生物多样性变化量两方面进行评价。

（1）保护物种减少量（ΔS）：

$$\Delta S = NP–NB \tag{6-12}$$

式中，NP 和 NB 分别为损害影响范围和基线下的保护物种数。

（2）生物多样性变化量：

$$\Delta BD_i = BD_i - BD_{i0} \tag{6-13}$$

式中，ΔBD_i、BD_i 和 BD_{i0} 分别为第 i 类生物多样性指数变化量、损害发生后的生物多样性指数和基线水平的生物多样性指数。

生物多样性指数可以采用香农–威纳指数：

$$H = -\sum (P_i)(\ln P_i) \tag{6-14}$$

式中，H 为群落物种多样性指数；P_i 为第 i 种的个体数占总个体数的比例，如总个体数为 N，第 i 种个体数为 n_i，则 $P_i = n_i/N$。

4）水生态系统服务功能

如果涉及除水产品或生物多样性支持功能以外的水生态系统服务功能受损，如支持功能（地形地貌破坏量）、产品供给服务功能（水资源供给量、砂石资源破坏量）、调节服务功能（水源涵养量、蒸散量、污染物净化量、土壤保持量）、文化服务功能（休闲娱乐水平、旅游人次）等受到严重影响，可根据水生态系统服务功能的类型特点和评估水域实际情况，选择适合的评估指标，确定水生态系统服务功能的受损害程度。

$$K = (S - B)/B \tag{6-15}$$

式中，K 为水生态系统服务功能的受损害程度；S 为损害发生后水生态系统服务功能指标的水平；B 为水生态系统服务功能指标的基线水平。

2. 损害范围量化

根据各采样点位水生态环境、水生生物、水生态系统损害确认和损害程度量化的结果，分析水生态环境质量、水生生物、水生态系统服务功能等不同类型损害的空间范围。污染物泄漏、污水排放、废物倾倒等污染地表水的突发性水污染事件缺少实际调查监测数据的生态环境损害，可以通过收集污染排放数据、水动力学参数、水文地质参数、水生态效应参数，构建水动力学、水质模拟、水生态效应概念模型，模拟污染物在水生态环境中的迁移扩散情况、不同位置的污染物浓度及其随时间的变化，从而确定损害空间范围。

根据污染物的生物毒性、生物富集性、生物致畸性等特性以及水环境治理方案、水生态恢复方案，判断生物资源类生态环境损害的时间范围。

涉及产品供给服务功能、水源涵养等调节服务功能、航运交通和栖息地等支持功能、休闲旅游等文化服务功能的，分析水生态环境损害和水环境治理方案、水生态恢复方案实施对产品供给、水源涵养、航运交通、生物栖息地、休闲舒适度、旅游人次等生态服务功能的影响持续时间。

6.5　水生态环境损害价值量化技术

6.5.1　适　用　范　围

该技术适用于对污染环境或破坏生态行为导致的流域内水生态（地表水和沉积物）环境损害价值进行量化分析。

6.5.2　技　术　原　理

损害情况发生后，如果水生态环境中的污染物浓度在两周内恢复至基线水平，水生生物种类、形态和数量以及水生态服务功能未观测到明显改变，可以利用实际治理成本法统计处置费用。如果水生态环境中的污染物浓度不能在两周内恢复至基线水平，或者能观测或监测到水生生物种类、形态、质量和数量以及水生态服务功能发生明显改变，应判断受损的水生态环境、水生生物以及水生态服务功能是否能通过实施恢复措施进行恢复，如果可以，则基于等值分析方法，制定基本恢复方案，计算期间损害，制定补偿性恢复方案；如果制定的恢复方案未能将水生态环境完全恢复至基线水平并补偿期间损害，则制定补充性恢复方案。

如果受损水生态环境、水生生物以及水生态服务功能不能通过实施恢复措施进行恢复或完全恢复到基线水平，或不能通过补偿性恢复措施补偿期间损害，基于等值分析原则，利用环境资源价值评估方法对未予恢复的水生态环境、水生生物资源以及水生态服务功能损失进行计算。

6.5.3 技术流程和参数

6.5.3.1 技术流程

首先，判断已发生的环境损害是否可恢复。若可恢复，结合恢复方法，确定恢复目标，制定基本恢复方案和补偿性恢复方案，进一步确定补充性恢复方案，测算恢复费用；若不可恢复，采用实际治理成本法、虚拟治理成本法及其他环境资源价值量化方法等环境资源价值评估方法，对未予恢复的水生态环境、水生生物资源以及水生态服务功能损失进行计算（图6-5）。

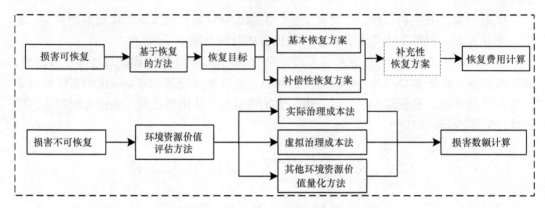

图6-5 水生态环境损害价值量化技术流程

6.5.3.2 技术参数

1. 环境资源价值量化方法

1）实际治理成本法

对于污染清理、控制、修复和恢复措施已经完成或正在进行的情况，如通过应急处置措施得到有效处置、没有产生二次污染影响的突发水污染事件，应该采用实际治理成本法计算生态环境损害。

2）虚拟治理成本法

采用虚拟治理成本法的前提是对于向水体排放污染物的事实存在，且需具备以下任一条件：①生态环境损害观测或应急监测不及时等，导致损害事实不明确或生态环境已自然恢复；②不能通过恢复工程完全恢复的生态环境损害；③实施恢复工程的成本远远大于其收益。具体参阅《关于虚拟治理成本法适用情形与计算方法的说明》（环办政法函〔2017〕1488号）。

3）其他环境资源价值量化方法

对于水生态环境质量及其水生态服务功能无法自然或通过工程恢复至基线水平，没有可行的补偿性恢复方案填补期间损害，或没有可用的补充性恢复方案将未完全恢复的水生态环境质量及其水生态服务功能恢复至基线水平或填补期间损害的情况，需要根据评估区的生态服务功能，利用直接市场价值法、揭示偏好法、效益转移法、陈述偏好法等方法，对不能恢复或不能完全恢复的生态服务功能及其期间损害进行价值量化。

对于以水产品养殖为主要服务功能的水域，建议利用市场价值法计算水产品养殖生产服务损失；对于以水资源供给为主要服务功能的水域，建议利用水资源影子价格法计算水资源功能损失；对于以生物多样性维护为主要服务功能的水域，建议利用恢复费用法计算支持功能损失，当恢复费用法不可行时，建议利用支付意愿法计算支持功能损失；对于砂石开采影响地形地貌和岸带稳定的情形，建议利用市场价值法计算砂石资源直接经济损失，利用恢复费用法计算岸带稳定支持功能损失；对于航运支持功能的影响所造成的损失，建议利用市场价值法计算直接经济损失；对于水源涵养、水质净化、气候调节、土壤保持等调节功能的影响，建议利用恢复费用法计算调节功能损失，当恢复方案不可行时，建议利用替代成本法计算调节功能损失；对于以休闲娱乐、景观科研为主要服务功能的水域，建议利用旅行费用法计算文化服务损失，当旅行费用法不可行时，建议利用支付意愿法计算文化服务损失。

2. 恢复方案的制定

1）恢复目标确定

基本恢复的目标是将受损的水生态环境、水生生物以及水生态服务功能恢复至基线水平。如果由于现场条件或技术可达性等限制原因，水生态环境、水生生物以及水生态服务功能不能完全恢复至基线水平，则根据水功能规划，确定基本恢复目标。基本恢复目标低于基线水平的，根据推荐的环境资源价值评估方法计算相应的损失。

补偿性恢复的目标是补偿受损水生态环境、水生生物以及水生态服务功能恢复至基线水平期间的损害。

如果由于现场条件或技术可达性等限制原因，水生态环境、水生生物以及水生态服务功能的基本恢复方案实施后未达到基本恢复目标或补偿性恢复方案未达到补偿期间损害目标，则应开展补充性恢复或者采用环境资源价值评估方法计算相应的损失。

2）恢复技术筛选

地表水和沉积物损害的恢复技术包括地表水治理技术、沉积物修复技术、水生生物恢复技术、水生态服务功能修复与恢复技术。在掌握不同恢复技术的原理、适用条件、费用、成熟度、可靠性、恢复时间、二次污染和破坏、技术功能、恢复的可持续性等要素的基础上，参照类似案例经验，结合水生态环境污染特征、水生生物和水生态服务功能的损害程度、范围和特征，从主要技术指标、经济指标、环境指标等方面对各项恢复技术进行全面分析与比较，确定备选技术；或采用专家评分的方法，通过设置评价指标体系和权重，对不同恢复技术进行评分，确定备选技术。提出 1 种或多种备选恢复技术，通过实验室小试、现场中试、应用案例分析等方式对备选恢复技术进行可行性评估。基于恢复技术比选和可行性评估结果，选择和确定恢复技术。

3）恢复方案确定

根据确定的恢复技术，可以选择一种或多种恢复技术进行组合，制定备选的综合恢复方案。综合恢复方案可能同时涉及基本恢复方案、补偿性恢复方案和补充性恢复方案，存在情况有以下几种。

（1）仅制定基本恢复方案，不需要制定补偿性恢复方案和补充性恢复方案：损害持续时间短于或等于一年，现有恢复技术可以使受损的水生态环境、水生生物以及水生态服务功能在一年内恢复到基线水平，其经济成本可接受，不存在期间损害。

（2）需要分别制定基本恢复方案和补偿性恢复方案：损害持续时间长于一年，有可行的恢复方案使受损的水生态环境、水生生物以及水生态服务功能在一年以上较长时间内恢复到基线水平，实施成本与恢复后取得的收益相对合理，存在期间损害。

补偿性恢复方案包括与评估水域类似生态服务功能水平的异位恢复、使受损水域具有更高生态服务功能水平的原位恢复、达到类似生态服务功能水平的替代性恢复，若受污染沉积物经风险评估无须修复，则可以异位修复另外一条工程量相同的被污染河流沉积物，或通过原位修建孵化场培育较基线种群数量更多的水生生物，或通过修建污水处理设施替代受污染的地表水自然恢复损失等资源对等或服务对等、因地制宜的水环境、水生生物或水生态恢复方案。制定补偿性恢复方案时应采用损害程度和范围等实物量指标，如污染物浓度、生物资源数量、河流或湖库的长度或面积。

（3）需要分别制定基本恢复方案、补偿性恢复方案和补充性恢复方案：有可行的恢复方案使受损的水生态环境、水生生物、水生态服务功能在一年以上较长时间内恢复到基线水平，实施成本与恢复后取得的收益相对合理，存在期间损害的，需要制定补偿性恢复方案；基本恢复和补偿性恢复方案实施后未达到既定恢复目标的，需要进一步制定补充性恢复方案，使受损的水生态环境、水生生物、水生态服务功能实现既定的基本恢复和补偿性恢复目标。

（4）现有恢复技术无法使受损的水生态环境、水生生物、水生态服务功能恢复到基线水平，或只能恢复部分受损的水生态环境以及水生态服务功能，通过环境资源价值评估方法对受损水生态环境、水生生物、水生态服务功能，以及相应的期间损害进行价值量化。

由于基本恢复方案和补偿性恢复方案的实施时间与成本相互影响，应考虑损害的程度与范围、不同恢复技术和方案的难易程度、恢复时间和成本等因素，对综合恢复方案进行比选，参阅《环境损害鉴定评估推荐方法（第 II 版）》。

综合恢复方案的筛选应统筹考虑地表水和沉积物环境质量、水生生物资源，以及其他水生态服务功能的恢复，并结合不同方案的成熟度、可靠性、二次污染、社会效益和经济效益等因素，参阅《生态环境损害鉴定评估技术指南 损害调查》（环办政法〔2016〕67 号）来确定。综合分析和比选不同备选恢复方案的优缺点，确定最佳恢复方案。

4）恢复费用计算

需要对恢复费用进行计算时，根据水生态环境、水生生物、水生态服务功能的基本恢复、补偿性恢复和补充性恢复方案，按照下列优先级顺序选用费用计算方法：实际费用统计法、费用明细法、承包商报价法、指南或手册参考法、案例比对法来计算恢复方案实施所需要的费用。

A. 实际费用统计法

实际费用统计法适用于污染清理、控制、修复和恢复措施已经完成或正在进行的情况，通过收集实际发生的费用信息，参照《生态环境损害鉴定评估技术指南损害调查》（环办政法〔2016〕67 号），并对实际发生费用的合理性进行审核后，将统计得到的实际发生费用作为恢复费用。

B. 费用明细法

费用明细法适用于工程方案比较明确，各项具体工程措施及其规模比较具体，所需要的设施、材料、设备等比较确切，各要素的成本比较明确的情况。费用明细法应列出具体的工程措施、各项措施的规模，明确需要建设的设施以及需要用到的材料和设备的数量、规格和能耗等内容，根据各种设施、材料、设备、能耗的单价，列出工程费用明细，具体包括投资费、运行维护费、技术服务费、固定费用。投资费包括场地准备、设施安装、材料购置、设备租用等费用；运行维护费包括检查维护、监测、药剂等易耗品购置、系统运行水电消耗和其他能耗、污泥和废弃物处理处置等费用；技术服务费包括项目管理、调查取样和测试、质量控制、试验模拟、专项研究、方案设计、报告编制等费用；固定费用包括设备更新、设备撤场、健康安全防护等费用。

C. 承包商报价法

承包商报价法适用于工程方案比较明确，各项具体工程措施及其规模比较具体，所需要的设施、材料、设备等比较确切，但各要素的成本不确定的情况。承包商报价法应选择 3 家或 3 家以上符合要求的承包商，由承包商根据恢复目标和恢复方案提出报价，然后对报价进行综合比较，确定合理的恢复费用。

D. 指南或手册参考法

指南或手册参考法适用于已经筛选确定恢复技术，但具体工程方案不明确的情况，基于所确定的恢复技术，参照相关指南或手册，确定技术的单价，根据待治理的水生态环境量、水生生物和水生态系统恢复量，计算恢复费用。

E. 案例比对法

案例比对法适用于恢复技术和工程方案不明确的情况，调研与项目规模、污染特征、生态环境条件相类似且时间较为接近的案例，基于类似案例的恢复费用，计算项目可能的恢复费用。

3. 水生态环境恢复效果评估

制定恢复效果评估计划，通过采样分析、现场观测、问卷调查等方式，定期跟踪水生态环境以及水生态服务功能的恢复情况，全面评估恢复效果是否达到预期目标；如果未达到预期目标，应进一步采取相应措施，直到达到预期目标为止。

1）评估时间

恢复方案实施完成后，水生态环境的物理、化学和生物学状态以及水生态服务功能基本稳定时，对恢复效果进行评估。

地表水恢复效果通常采用一次评估，沉积物与水生态服务功能恢复效果通常需要结合污染物特征、恢复方案实施进度、水生态服务功能恢复进展进行多次评估，直到沉积物环境质量与水生态服务功能完全恢复至基线水平，需要至少持续跟踪监测 12 个月。

2）评估内容和标准

恢复过程合规性，即恢复方案实施过程是否满足相关标准规范要求，是否产生了二次污染。

恢复效果达标性，即根据基本恢复、补偿性恢复、补充性恢复方案中设定的恢复目标，分别对基本恢复、补偿性恢复、补充性恢复的效果进行评估。

恢复效果评估标准参照"恢复方案确定"中的恢复目标。

3）评估方法

A. 现场踏勘

通过现场踏勘，了解水生态环境质量以及水生态服务功能恢复进展，判断水生态环境是否仍有异常气味或颜色，观察关键水生态服务功能指标的恢复情况，确定监测、观测与调查时点、周期和频次。

B. 监测分析

根据恢复效果评估计划，对恢复后的水生态环境进行采样监测，分析水生态环境污染物浓度、色度等指标，开展生物调查以及水生态服务功能调查。调查应覆盖全部恢复区域，并基于恢复方案的特点，制定分别针对水生态环境以及水生态服务功能的差异化监测调查方案。基于监测调查结果，采用逐个对比法或统计分析法判断是否达到恢复目标。

C. 分析比对

采用分析比对法，对照水生态环境治理与水生态恢复方案，以及相关的标准规范，分析水生态环境治理以及水生态服务功能恢复过程中各项措施是否与方案一致，是否符合相关标准规范的要求；分析治理和恢复过程中的相关监测或观测数据，判断是否产生了二次污染和其他生态影响；综合评价治理恢复过程的合规性。

D. 问卷调查

通过设计调查表或调查问卷，调查基本恢复、补偿性恢复、补充性恢复措施所提供的生态服务功能类型和服务量，判断是否达到恢复目标；此外，调查公众与其他相关方对于恢复过程和结果的满意度。

附　　录

附录 1　流域水环境风险识别技术名片

附表 1-1　基于风险源特性的突发性风险识别分级技术

指标大类	指标名称	指标内容
基本信息	1. 关键技术名称	基于风险源特性的突发性风险识别分级技术
	2. 适用范围	该技术适用于对分布在河流、湖库等水系流域中各类突发性风险源进行识别，并确定各类风险源的风险级
	3. 就绪度等级	六级
	4. 技术简介	综合判定每个风险源的风险值大小，并根据风险源的风险值大小进行分级
	5. 所属课题	"流域水环境预警技术研究与三峡库区示范"课题（2009ZX07528-003）
技术内容	6. 技术背景	突发性水污染事故是指含有高浓度污染物的液体或者固体突然进入水体，使某一水域的水体遭受污染，从而降低或失去使用功能并产生严重危害的现象，其突出特点是具有高度的不确定性。因此，对风险源的识别能够快速确定污染程度、污染范围及有效的应对措施
	7. 技术原理	综合考虑风险物质数量、风险物质毒性、风险源事故发生概率，对每个风险源的风险值大小进行定量计算，并根据风险源的风险值大小进行评估与分级
	8. 技术流程	首先确定风险源地理位置、风险源类型，并调查风险源可能的空间分布和风险途径，然后根据风险物质数量、风险物质毒性和风险源事故发生概率，定量计算风险值大小，并对其进行风险评估分级
	9. 技术特点（创新点）	构建流域水环境突发性风险源识别技术方法体系，支撑流域水环境风险管理
	10. 标准规范	无
	11. 国内外同类技术水平	□ 领跑　☑ 并跑　□ 跟跑
成果与应用	12. 成果产出	无
	13. 推广应用案例	三峡库区内典型突发性水环境风险源识别

附表 1-2　基于敏感保护目标的突发性风险评价分级技术

指标大类	指标名称	指标内容
基本信息	1. 关键技术名称	基于敏感保护目标的突发性风险评价分级技术
	2. 适用范围	该技术适用于对分布在河流、湖库等水系流域中的各类敏感保护目标进行评价，并确定各类敏感保护目标的风险分级
	3. 就绪度等级	六级
	4. 技术简介	综合判定各敏感保护目标风险值大小，并根据各敏感保护目标风险值大小进行分级
	5. 所属课题	"流域水环境预警技术研究与三峡库区示范"课题（2009ZX07528-003）
技术内容	6. 技术背景	根据敏感保护目标重要性、敏感保护目标分级、敏感保护目标面临的风险源状况，可以对每个敏感保护目标的风险值大小进行定量计算，并根据敏感保护目标风险值进行分级
	7. 技术原理	在明确突发性水环境污染敏感保护目标类型、特点、重要性，以及突发性水环境污染敏感保护目标的空间位置特征的基础上，确定事故型水环境污染敏感保护目标的识别方法
	8. 技术流程	首先确定敏感保护目标位置、类型、特点，并调查敏感保护目标分级情况，确定识别方法，然后对每个敏感保护目标的风险值大小进行定量计算
	9. 技术特点（创新点）	—
	10. 标准规范	无
	11. 国内外同类技术水平	□ 领跑　　☑ 并跑　　□ 跟跑
成果与应用	12. 成果产出	—
	13. 推广应用案例	三峡库区内典型敏感保护目标识别

附表 1-3　基于风险源与敏感保护目标的突发性风险分区技术

指标大类	指标名称	指标内容
基本信息	1. 关键技术名称	基于风险源与敏感保护目标的突发性风险分区技术
	2. 适用范围	该技术适用于流域管理机构对分布在流域、库区中风险分区进行分级管理，并对风险分区进行分级判定
	3. 就绪度等级	六级
	4. 技术简介	对流域、库区中风险分区进行风险值判定，并进行分级管理
	5. 所属课题	"流域水环境预警技术研究与三峡库区示范"课题（2009ZX07528-003）
技术内容	6. 技术背景	在流域或库区内，风险源的类型多样，不同风险源的风险品种类、数量、毒性、环境风险控制效果各不相同。同时，在流域/库区范围内又分布有许多敏感保护目标，一旦受到污染将引起不良后果。为了便于对流域或库区的水环境污染风险进行评估和控制，同时也为了明确流域或库区内的高风险区和低风险区，需要对不同水环境污染风险进行分区
	7. 技术原理	流域或库区内具有许多可能引发水环境污染的风险源。根据流域或库区风险范围内分布的风险源、敏感保护目标，确定区域风险值，根据区域风险值进行分区
	8. 技术流程	根据风险分区重要性、敏感保护目标面临的风险源状况，对风险分区的风险值大小进行定量计算，并进行分级
	9. 技术特点（创新点）	—
	10. 标准规范	无
	11. 国内外同类技术水平	□ 领跑　☑ 并跑　□ 跟跑
成果与应用	12. 成果产出	—
	13. 推广应用案例	—

附表 1-4　毒性鉴别评价技术

指标大类	指标名称	指标内容
基本信息	1. 关键技术名称	毒性鉴别评价技术
	2. 适用范围	该技术适用于对分布在河流、湖库等水系流域中的各类累积性风险源可能引起的毒性影响进行鉴别和分析，并确定风险源毒性效应等级
	3. 就绪度等级	六级
	4. 技术简介	通过毒性鉴别判定流域累积性风险，并进行针对性管理
	5. 所属课题	"流域水生态风险评估与预警技术体系"课题（2012ZX07503-003）和"东江流域排水与水体生物毒性监控体系研究与应用示范"课题（2008ZX07211-007）
技术内容	6. 技术背景	流域中存在累积性风险，一旦被发现，其已造成严重影响。通过毒性鉴别评价技术对还在产生过程中的风险进行识别鉴定，在风险形成之前对其进行控制
	7. 技术原理	利用毒性鉴别评估技术（TIE）或者毒性效应导向分析技术（EDA）来分析检测水体或者沉积物污染物中可能造成累积性风险的物质类型
	8. 技术流程	首先进行毒性初筛，即对水体或者沉积物进行预处理和稀释等，调整污染物浓度到合适的实验浓度，选择合适的受体生物。其次，进行毒性表征，即对沉积物、废水进行各种物理化学处理后，通过对比处理前后毒性的变化，明确致毒物质的大致类型。再次，进行毒性鉴定，通过合适的分离和分析技术，鉴定出废水中特定的致毒物质。最后，进行毒性确认
	9. 技术特点（创新点）	建立运用毒性鉴别评估技术及毒性效应导向分析技术识别水体、沉积物主要致毒物质的方法
	10. 标准规范	无
	11. 国内外同类技术水平	□ 领跑　☑ 并跑　□ 跟跑
成果与应用	12. 成果产出	—
	13. 推广应用案例	利用毒性鉴别技术对广州市城区主要水体沉积物进行毒性和生物可利用性测定

附表 1-5　流域优先控制水污染物筛选技术

指标大类	指标名称	指标内容
基本信息	1. 关键技术名称	流域优先控制水污染物筛选技术
	2. 适用范围	该技术适用于对各类可能造成河流、湖库等水系流域环境风险的累积性水污染物进行筛选,确定需优先控制的水污染物种类
	3. 就绪度等级	六级
	4. 技术简介	通过对累积性污染物进行筛选,确定需进行优先控制的污染物种类并制定有效的管理办法
	5. 所属课题	"松花江水污染生态风险评估关键技术研究"课题(2012ZX07207-002)和"东江优控污染物动态控制管理技术体系研究与应用示范"课题(2008ZX07211-008)
技术内容	6. 技术背景	部分流域涉及的水污染物对水体存在累积性影响,通过筛选技术确定造成累积性影响的污染物排序,有利于主管部门进行针对性管理
	7. 技术原理	对于流域水环境污染物,以生态风险评价为基础,将水生态高风险作为优先控制水污染物的必要条件,参考必要的影响因子对其赋值并排序,最终得到高风险流域水环境污染物名单
	8. 技术流程	对流域水环境污染物年估算排放量、生物毒性、生物富集性、环境持久性、环境检出率、污染指标等多个指标进行评分,并根据加权因子计算得出各污染物排序分值
	9. 技术特点(创新点)	建立流域水环境污染物筛选技术
	10. 标准规范	无
	11. 国内外同类技术水平	□ 领跑　　☑ 并跑　　□ 跟跑
成果与应用	12. 成果产出	—
	13. 推广应用案例	松花江流域利用筛选技术筛选流域优先控制水污染物

附表 1-6　重点行业优先控制水污染物筛选技术

指标大类	指标名称	指标内容
基本信息	1. 关键技术名称	重点行业优先控制水污染物筛选技术
	2. 适用范围	该技术适用于对可能造成河流、湖库等水系流域环境风险的累积性污染的典型重点行业排放水污染物进行筛选，确定需进行优先控制的重点行业排放水污染物种类
	3. 就绪度等级	六级
	4. 技术简介	通过对累积性污染物进行筛选，确定需进行优先控制的污染物种类并制定有效的管理办法
	5. 所属课题	"流域水环境风险管理技术集成"课题（2017ZX07301005）
技术内容	6. 技术背景	重点行业涉及的水污染物对水体存在累积性影响，通过筛选技术确定造成累积性影响的污染物排序，有利于主管部门进行针对性管理
	7. 技术原理	对于重点行业涉水污染物，通过了解正常工况、非正常工况下的污染物排放状况，考虑工业废水污染物、水处理设施进口污染物、原料、中间物质、产品、水处理设施用料、易发事故下产生的污染物、他人筛选出的行业优先控制污染物、水环境质量标准和行业排放标准涉及但污染源未检出的物质等因素，对重点行业涉水污染物排序，最终得到高风险污染物名单
	8. 技术流程	对企业基本信息、企业产品原料基本信息、企业废水处理、污染物排放情况、污染源生产工艺流程、原辅材料相关信息、污水处理设施方法等进行调查、分类、评分，并根据加权因子计算得出各重点行业污染物排序分值
	9. 技术特点（创新点）	建立重点行业涉水污染物筛选技术
	10. 标准规范	无
	11. 国内外同类技术水平	□ 领跑　　☑ 并跑　　□ 跟跑
成果与应用	12. 成果产出	—
	13. 推广应用案例	重点行业（钢铁、炼油、印染、杂环类除草剂农药、啤酒酿造、化肥等行业）利用筛选技术筛选优先控制涉水污染物

附录 2　流域水环境风险评估技术名片

附表 2-1　应急监测与毒性测试技术

指标大类	指标名称	指标内容
基本信息	1. 关键技术名称	应急监测与毒性测试技术
	2. 适用范围	该技术适用于地表水系的突发性水污染事故
	3. 就绪度等级	七级
	4. 技术简介	针对突发性水污染事故所导致的短时间内大量有机污染物进入水环境中、水环境恶化迅速、需要快速响应等特点，研发了具有针对性的污染物检测方法。以萃取技术为基础，对萃取剂和分散剂的检测效果进行研究分析，对其体积进行优化，对混合了污染物的溶液体积进行优化，现场应用过程具有简便、快速和连续的特点，能对浓度分布非常不均匀的各类有机物样品进行选择性的分析，从定性到定量分析都能做到快速实现
	5. 所属课题	"流域水环境质量风险评估技术研究"课题（2009ZX07528-002）
技术内容	6. 技术背景	基于我国流域水环境管理现状，针对我国水环境质量评价方法单一、未涉及风险分级、人体健康风险分级未完善等问题，急需构建水体沉积物质量评价以及水生生物质量评价技术方法，填补我国流域水环境常态质量管理的空白；针对不同风险受体（水生态系统和人体健康）在突发性环境风险水生态与人体健康应急评估技术方法上有待突破，急需构建流域水环境突发性环境风险应急评估技术方法体系，来支撑流域水环境风险管理
	7. 技术原理	对有机污染物的快速定量分析是以萃取技术为基础进行的。在玻璃离心试管中加入一定体积的水样，用微量进样器向样品溶液中快速加入一定量的分散剂与萃取剂混合溶剂，轻轻振荡 20s 左右，使三相体系充分混合均匀且能保持较长时间。室温静置 2min 后，在控温离心机中离心，三相乳浊液中的萃取剂液滴将沉积到离心管锥形底部，形成有机沉淀相，用微量进样器直接吸取有机沉淀相进行气相色谱质谱分析，最终确定污染物的种类与浓度
	8. 技术流程	（1）萃取剂和分散剂的筛选 （2）萃取剂和分散剂体积的优化 （3）混合溶剂体积的优化 （4）污染物检测
	9. 技术特点（创新点）	对课题建立的太湖流域河网模型、湖泊生态动力学模型、湖荡模型、面源污染模型进行系统耦合，构建太湖流域不同尺度的风险预测预警模块（全流域大尺度、重点区域局部尺度及小流域小尺度），可对多种污染物的环境污染过程进行动态模拟
	10. 标准规范	《水污染事件污染物急性健康风险评价技术规范》（建议稿）
	11. 国内外同类技术水平	□ 领跑　　☑ 并跑　　□ 跟跑
成果与应用	12. 成果产出	《水污染事件污染物急性健康风险评价技术规范》（建议稿）
	13. 推广应用案例	无

附表 2-2 应急生态风险表征技术

指标大类	指标名称	指标内容
基本信息	1. 关键技术名称	应急生态风险表征技术
	2. 适用范围	该技术适用于地表水系的突发性水污染事故
	3. 就绪度等级	七级
	4. 技术简介	通过构建 SSD 曲线推导风险污染物的应急生态安全阈值，在应急生态风险评估研究中采用商值法进行风险表征
	5. 所属课题	"流域水环境质量风险评估技术研究"课题（2009ZX07528-002）
技术内容	6. 技术背景	我国生态风险评价大多集中在对国外生态风险评价理论和方法的研究上。评价过程的各阶段都存在着不确定因素，不确定性贯穿于评价的整个过程；指标体系往往只考虑内在因素，对生态风险的外在因素考虑较少，且评价标准通常借鉴国外的研究资料或相似区域的研究成果，缺乏完整的评价指导标准。因此，急需构建风险评价的定性定量生态风险评估方法来完善环境管理制度
	7. 技术原理	应急生态风险表征技术借鉴美国生态毒理数据库数据构建物种敏感度分布曲线，确定风险污染物的应急安全阈值，对采用水效应比（WER）计算获取的突发性水污染事故条件下保护水生态系统的特征污染物风险控制阈值进行修正；实时监控突发性水污染事故的水质状况，确定流域风险污染物的环境暴露浓度；应用商值法比较预测/实测的环境浓度与预测的无效应浓度，依据应急生态风险等级划分进行生态风险表征
	8. 技术流程	1) 应急生态风险阈值确定 (1) 物种敏感度分布曲线法 (2) 突发性水污染事故条件下特征污染物风险控制阈值的修正 2) 水生态应急风险表征 (1) 应急生态风险表征——商值法 (2) 应急生态风险等级划分 (3) 不确定性分析
	9. 技术特点（创新点）	可直观展示污染物的空间迁移扩散分布情况及风险发展态势，为决策者提供完善及时的风险信息，为水环境风险管理提供有力的技术支持
	10. 标准规范	《突发性污染事故保护水生态系统的特征污染物风险控制阈值确定技术规范》（建议稿）
	11. 国内外同类技术水平	□ 领跑　　　☑ 并跑　　　□ 跟跑
成果与应用	12. 成果产出	《突发性污染事故保护水生态系统的特征污染物风险控制阈值确定技术规范》（建议稿）
	13. 推广应用案例	无

附表 2-3　基于饮用水水源地安全的应急控制阈值确定技术

指标大类	指标名称	指标内容
基本信息	1. 关键技术名称	基于饮用水水源地安全的应急控制阈值确定技术
	2. 适用范围	该技术主要适用于确定水污染事件中，化学性污染物经饮用水途径急性暴露的安全阈值（浓度）
	3. 就绪度等级	七级
	4. 技术简介	以往突发性水污染事件应急管理中，急性暴露安全阈值一般采用饮用水或地表水质量标准中规定的限制值，这一做法较为严格，通常难以实现。为此建立我国水污染事故非致癌和致癌物急性人体健康风险评估方法及应急控制阈值确定方法，为制定科学可行的应急阈值提供技术支撑
	5. 所属课题	"流域水环境预警技术研究与三峡库区示范"课题（2009ZX07528-003）
技术内容	6. 技术背景	以保护水污染事件下暴露人群健康为立足点，以评价污染物短时间、高剂量暴露下的人体健康风险为重点，确定风险发生时人群可接受的阈值，有效支撑风险管理技术
	7. 技术原理	以污染物急性暴露无响应剂量及暴露人群急性暴露量为基础，建立了非致癌污染物 1d 和 10d 应急控制阈值确定方法；以致癌污染物慢性暴露安全浓度为基准，按照线性相关性原则，建立了致癌污染物 1d 和 10d 暴露的安全阈值
	8. 技术流程	（1）确定污染物（致癌物、非致癌物）暴露安全阈值计算模型； （2）根据水污染事件的暴露特征，界定合适的计算模型参数的取值； （3）计算污染物暴露安全阈值
	9. 技术特点（创新点）	可对多种污染物的环境污染过程进行动态模拟，同时，结合风险理论及预警模型，在 GIS 平台上实现了风险预测、预警的自动化
	10. 标准规范	《突发性污染事故保护水生态系统的特征污染物风险控制阈值确定技术规范》（建议稿）
	11. 国内外同类技术水平	☐ 领跑　　☑ 并跑　　☐ 跟跑
成果与应用	12. 成果产出	《突发性污染事故保护水生态系统的特征污染物风险控制阈值确定技术规范》（建议稿）
	13. 推广应用案例	以松花江硝基苯污染事件为例进行急性人体健康风险评价，并确定水污染事件中污染物的应急控制阈值，该案例在进一步验证非致癌物急性暴露健康风险评价方法有效性的基础上，也为开展其他水污染事件污染物的急性健康风险评价提供借鉴

附表 2-4　基于原位被动采样的水生态暴露评估技术

指标大类	指标名称	指标内容
基本信息	1. 关键技术名称	基于原位被动采样的水生态暴露评估技术
	2. 适用范围	该技术适用于地表水中化学污染物生态风险评估的原则、程序、内容和方法。主要针对化学污染物，风险受体是水生生物
	3. 就绪度等级	六级
	4. 技术简介	通过发展被动采样技术，包括开放式水体被动采样技术、多段式沉积物孔隙水被动采样技术和界面通量被动采样技术，对水环境中目标污染物进行有效采集，获得水环境介质中对水生生物产生毒性效应的有机物暴露浓度
	5. 所属课题	"流域水生态风险评估与预警技术体系"课题（2012ZX07503-003）
技术内容	6. 技术背景	传统采样技术对水环境中目标污染物不能进行有效采集，不能反映水体、沉积物、水体–沉积物界面中污染物总含量与生物毒性效应浓度的差异，因此，急需发展原位暴露评估技术有效提高水环境中污染物对水生生物毒性效应的研究精度
	7. 技术原理	利用被动采样技术，获取对水生生物产生毒性效应的污染物在水体、沉积物的浓度以及水体–沉积物界面通量，对污染物水生态有效暴露行为进行分析
	8. 技术流程	（1）开放式水体被动采样技术 （2）多段式沉积物孔隙水被动采样技术 （3）界面通量被动采样技术
	9. 技术特点（创新点）	针对水生态环境累积性风险协同控制和区域污染物通量控制目标需求，提出了基于污染源解析的区域累积性风险源识别技术
	10. 标准规范	《流域水体中溶解态有机污染物生态暴露评估技术指南》（建议稿）
	11. 国内外同类技术水平	□ 领跑　　☑ 并跑　　□ 跟跑
成果与应用	12. 成果产出	专利 8 项：国家发明专利三项（一种污染物水体被动采样器：ZL 2011 1 0040648.8，多段式沉积物孔隙水被动采样器：ZL 2011 1 0020502.7；水体–沉积物界面有机污染物渐升螺旋式采样器：ZL 2012 1 0545905.8），荷兰发明专利两项（NL 2007275 和 NL 2010469），美国发明专利两项（US 8578797 B2，US 9518896 B2），丹麦发明专利一项（DK 178448 B1）；标准规范 1 项：《流域水体中溶解态有机污染物生态暴露评估技术指南》（建议稿）
	13. 推广应用案例	（1）选择海陵湾港口的两个区域作为采样点，验证多段式沉积物孔隙水采样器野外应用的可行性 （2）选取广东省海陵湾作为界面通量被动采样装置的野外应用点

附表 2-5　流域水生态风险表征技术

指标大类	指标名称	指标内容
基本信息	1. 关键技术名称	流域水生态风险表征技术
	2. 适用范围	该技术适用于地表水中化学污染物生态风险评估的原则、程序、内容和方法。主要针对化学污染物，风险受体是水生生物
	3. 就绪度等级	七级
	4. 技术简介	运用商值法对水环境生态风险进行评估，在预测无效应浓度数值的选取上，可根据实际情况，从以下三种数据中进行选择：最低毒性数据、基于评估因子的危害商值和基于 HC_5 的危害商值；运用由概率密度重叠面积法、安全阈值法、联合概率分布曲线和商值概率密度曲线分布四种方法组成的概率法，将暴露评估和效应评估分别作为独立变量，根据实际情况，选择针对性的方法进行风险评估
	5. 所属课题	"流域水生态风险评估与预警技术体系"课题（2012ZX07503-003）
技术内容	6. 技术背景	我国生态风险评价大多集中在对国外生态风险评价理论和方法的研究上。评价过程的各阶段都存在不确定因素，不确定性贯穿于评价的整个过程；指标体系往往只考虑内在因素，对生态风险的外在因素考虑较少，且评价标准通常借鉴国外的研究资料或相似区域的研究成果，缺乏完整的评价指导标准。因此，急需构建风险评价的定性定量生态风险评估方法来完善环境管理制度
	7. 技术原理	风险表征主要有定性的风险表征和定量的风险表征。传统的定性风险表征主要运用商值法，定量的风险表征主要为概率生态风险评估，包括概率密度函数重叠面积法、安全阈值法、联合概率分布曲线法、水生生物潜在危害比例法及商值概率分布法
	8. 技术流程	（1）商值法 （2）概率法
	9. 技术特点（创新点）	商值法根据毒性数据的多少，系统集成了三种预测无效应浓度的选择方法；概率法集成了 4 种概率法进行风险表征，充分针对实际情况进行优化选择
	10. 标准规范	无
	11. 国内外同类技术水平	□ 领跑　　　　☑ 并跑　　　　□ 跟跑
成果与应用	12. 成果产出	无
	13. 推广应用案例	根据已分析得到的典型重金属的暴露特征及其毒性效应数据，分别使用商值法（评价因子法和物种敏感度分布法）和安全阈值法对太湖 8 种典型重金属进行生态风险评估

附录 3　流域水环境风险预警技术名片

附表 3-1　流域水环境突发性风险快速模拟技术

指标大类	指标名称	指标内容
基本信息	1. 关键技术名称	流域水环境突发性风险快速模拟技术
	2. 适用范围	该技术主要用于对流域内突发性水污染事件，并能够对突发污染事件进行快速模拟预测
	3. 就绪度等级	七级
	4. 技术简介	针对突发性水污染事件所导致的短时间内大量污染物进入水环境中、水环境恶化迅速、需要快速响应等特点，对其进行应急预警模拟分析，获取突发事件后污染物在水体中的峰值或浓度变化过程，为实时突发事件应急预警提供支持
	5. 所属课题	"流域水环境预警技术研究与三峡库区示范"课题（2009ZX07528-003）
技术内容	6. 技术背景	突发性水污染事件具有高度的不确定性，其体现在：发生时间、空间的不确定性，如运输车船的失事以及沿岸污染物容器破裂本身难以预料，因此失事的时间、地点难以确定；污染源的不确定性，虽掌握了事故发生的时间、地点，但事故污染源释放的类型、数量一时也难以确定，而这些数据恰恰是水污染模拟分析的基本参数；事故水域性质的不确定性，水域的水流状态直接影响污染物的扩散方式与速度，水域不仅有河流和水库之分，即使在同一河段水流性质差异也很大；受害对象的不确定性，各种水域的开发利用方式程度各不相同，同等规模和程度的污染事故造成的污染危害千差万别；污染事故信息的不完整性，难以获得典型污染事故的全程信息；事故区域的地理环境、气象条件也具有很大的不确定性，这对污染物的迁移、转化与扩散有很大影响，建立流域水环境突发性风险快速模拟技术，可对污染事故进行科学准确的预测与应对
	7. 技术原理	流域水环境突发性风险快速模拟技术分别针对资料详全地区和资料缺乏地区做出相应的突发预警。以突发性水环境风险应急模型为核心，通过准备相关的模型输入调用模型，获得模拟预测结果的成套技术体系。该体系包含算法选择、模型构建、模型数据处理、结果表达四个部分。依据实用性和经济性原则，选择使用最简单的，又能应用于所研究的水体特定的水质问题的突发性水环境风险预测模型，并建立突发性水环境风险预测模型的相关参数形成相应的技术方法以及应急预警软件（单机版和手机版）
	8. 技术流程	(1) 构建突发性水环境风险应急预警技术 (2) 选择突发性水环境风险预测模型 (3) 建立突发性水环境风险预测模型方法 (4) 确定突发性水环境风险预测模型参数 (5) 设计与开发突发性水环境风险应急模拟软件
	9. 技术特点（创新点）	采用网络通用数据格式（network common data form）实现海量数据快速提取存储功能，为事故应急提供快速且可靠的技术保证，应用自追踪自适应的计算方式，为结果的快速表达提供技术支撑，同时集成开发资料缺乏地区的应急模拟软件，为在资料缺乏或者资料获取时间较长的流域，通过该软件，依据流域水力特征和污染物特性，设定相关参数，对突发性水环境风险进行应急预测，从宏观上整体把握突发性风险污染事件发展趋势、影响程度、范围和持续时间
	10. 标准规范	《流域突发性水环境风险预测技术规范》（建议稿）
	11. 国内外同类技术水平	□ 领跑　　☑ 并跑　　□ 跟跑
成果与应用	12. 成果产出	《流域突发性水环境风险预测技术规范》（建议稿）
	13. 推广应用案例	以无资料地区——新安江水污染突发事件中马目大桥为验证点，用突发性预警平台模型进行模拟，对新安江内苯酚浓度及时进行应急监测

附表 3-2 基于水库水华暴发的水华风险预警技术

指标大类	指标名称	指标内容
基本信息	1. 关键技术名称	基于水库水华暴发的水华风险预警技术
	2. 适用范围	该技术适用于对水库水质、浮游藻类、水动力条件进行连续跟踪监测，阐明水库水华暴发特征及其关键影响因素
	3. 就绪度等级	七级
	4. 技术简介	基于水库使用功能和水生态健康状况，综合典型水库水华暴发的驱动因子和响应因子，构建水库水华风险预警评估技术。采用因子分值–多元线性回归、决策树–分段性回归、人工神经网络、遥感反演等方法进行水库水华灾害预警模型实证研究；以此为基础，针对不同水库类型水华特征，确立水华暴发预警的最适模型及其输入参数，并通过对原始监测数据标准化及模型优化的方法，提高预测精度
	5. 所属课题	"流域水环境预警技术研究与三峡库区示范"课题（2009ZX07528-003）
技术内容	6. 技术背景	水环境预警与水环境（水生态）风险评估紧密联系，无法有效剥离，尤其在累积性风险评估与预警研究方面，然而关于流域水环境预警问题的相关探讨，从常规水质角度考虑得多，上升至水生态认识层面的鲜有。从水华暴发的驱动因子和响应指标两方面选择水华风险评估指标，将水库服务功能和水生态系统健康指标引入作为水华风险指标，构建水华风险评估技术方法
	7. 技术原理	基于水库使用功能和水生态健康状况，综合典型水库水华暴发的驱动因子和响应因子，构建水库水华风险预警评估技术，实现针对不同水库选择合适的水华预警模型
	8. 技术流程	第一步，对水库水华风险进行评估。水库水华风险评估通常以输出指标 Chl-a 浓度作为研究区水华暴发的指标。划分风险阈值，然后根据风险阈值设计风险区间，即确定风险分界点 第二步，建立水库水华风险预警模型
	9. 技术特点（创新点）	水华现象实质以浮游植物为主的浮游生物在一定环境条件下的爆发性生长。依据该生态机理，基于浅水湖泊二维水动力学方程耦合到物质输移方程的源汇项，构建了综合考虑水动力条件、气象条件、营养盐条件和底泥影响的浮游植物生态动力学模型
	10. 标准规范	无
	11. 国内外同类技术水平	□ 领跑 ☑ 并跑 □ 跟跑
成果与应用	12. 成果产出	专利两项： （1）一种水华预警系统 （2）一种基于图像处理的小型水域水华监测预警方法软件 著作权 1 项：水体富营养化–生态修复模型软件（EERM1.0）
	13. 推广应用案例	巫山县生态环境监测站应用因子分值–多元线性回归水华预警模型技术，为三峡水库支流大宁河富营养化的监测和管理提供技术支持

附表 3-3　基于生物响应的生物早期预警技术

指标大类	指标名称	指标内容
基本信息	1. 关键技术名称	基于生物响应的生物早期预警技术
	2. 适用范围	该技术适用于监测水环境质量综合变化，从环境风险角度提供早期警示信息，也可用于补充水质分析结果
	3. 就绪度等级	七级
	4. 技术简介	生物标志物是生物体对水环境的一种综合响应，以生物效应客观、真实地反映水环境质量综合变化。并且，在反映水质综合效应的同时，还可以从环境风险角度提供早期警示信息，为环境管理者的预先判断提供依据。因此，生物学效应不仅能够反映污染物的生物可利用性和污染物对生物的特殊作用途径，还可以为污染物的生态风险提供评价手段和方法
	5. 所属课题	"流域水环境预警技术研究与三峡库区示范"课题（2009ZX07528-003）、"东江流域排水与水体生物毒性监控体系研究与应用示范"课题（2008ZX07211-007）
技术内容	6. 技术背景	目前，我国已经初步建立了较为完善的环境监测体系、数据采集体系，已取得了大量的环境数据。但这些环境数据的挖掘及利用效率却十分低下，没有专门的系统或模型对这些数据进行处理，从而为水环境管理提供有益的信息，需要进一步加强水环境预警信息的加工及提取能力。针对流域水环境中有毒有害污染物存在的生态风险，开展以生物为媒介的预警技术研究，筛选可靠的生物标志物指标，探讨水生生物群落结构对有毒有害污染物的响应，综合评价流域水环境有毒有害污染物的生态学效应
	7. 技术原理	以生物对污染物胁迫做出的生理响应为理论依据，从生物生理特征和个体行为两个角度出发，利用生物的响应情况，构建生物早期预警技术
	8. 技术流程	1）基于生理特征的生物预警技术 通过计算每个采样点的 IBR 值来判断生物标志物的响应情况，IBR 值越低说明生物受到环境污染的影响越小，IBR 值越高说明生物栖息环境对生物健康产生的影响越大。不同标志物对 IBR 值的相对贡献率不同，反映了不同水质污染程度和污染物类型不同 2）基于个体行为的生物预警技术 单胞藻早期监控重金属污染方法通常以小球藻、衣藻、栅藻为测试藻种，采用等对数方法配置不同浓度的重金属溶液，利用藻类在线监测系统研究重金属急性毒性效应 鱼类早期预警重金属污染方法通过鱼类呼吸行为对不同类型污染物胁迫的响应研究，分析呼吸指标（呼吸频率、呼吸强度）对有毒污染物的响应变化，发现不同类型不同浓度污染物对鱼类呼吸反应不一致。结合预警鱼类的规格要求、易得性、分布情况及驯养条件，选取合适的预警指示鱼类。进一步对预警指示鱼类进行重金属的响应阈值研究，根据呼吸指标确定预警浓度、预警反应时间，以及对不同重金属的预警浓度 3）在线生物毒性监测预警技术 结合一定压力下生物的行为学模型，通过仪器本身对实时监测的受试生物行为变化进行在线分析，并根据生物的行为学变化分析水质状况，结合仪器内设定的报警方式，对水质做出安全、污染或严重污染三级报警
	9. 技术特点（创新点）	①首次利用斑马鱼在线系统监测示范区三峡水库水环境质量；②利用鲫鱼生物标志物基因预警表达浑河示范区水环境生态风险，构建了生物预警技术；③研发出我国在线生物毒性监测预警系统，有效、及时地监控污染事故的发生
	10. 标准规范	无
	11. 国内外同类技术水平	□ 领跑　　☑ 并跑　　□ 跟跑
成果与应用	12. 成果产出	《一种定量测定 RNA 和 DNA 浓度及其比值的方法》（专利申请号：CN201110435760.1）
	13. 推广应用案例	无

附表 3-4　基于压力驱动的流域水质安全预警技术

指标大类	指标名称	指标内容
基本信息	1. 关键技术名称	基于压力驱动的流域水质安全预警技术
	2. 适用范围	该技术适用于对具有全流域、长时间尺度的水质退化风险的重要水体，进行基于压力驱动效应的流域水质安全趋势预警
	3. 就绪度等级	七级
	4. 技术简介	针对水库水环境特征，建立适用于长时间尺度的水质退化风险宏观管理决策需求的水库型流域水质安全预警技术
	5. 所属课题	"流域水质安全评估与预警管理技术研究"课题（2012ZX07503-002）
技术内容	6. 技术背景	目前国内外对流域突发性污染事故预警相对较多，而对常态性环境预警相对较少。围绕水库型流域水质安全评估与预警技术研究需求，以"累积性水环境风险"为关注对象，以水质安全为评估和预警终点，运用理论研究与探索、文献资料分析、现场调查研究、数值模型模拟、数理统计分析等多种方法开展研究，建立了适用于长时间尺度的水质退化风险宏观管理决策需求的流域水质安全预警技术，为我国流域水环境风险管理提供技术支撑
	7. 技术原理	该技术以"十一五"提出的基于社会经济–土地利用–面源污染负荷–水动力水质（S-L-L-W）的水环境预警模型框架为基础，以流域自然环境–社会经济–污染排放–水资源利用–水污染物迁移转化–水质安全耦合预测预警为目标导向，设计完善流域水质安全预测预警模型框架
	8. 技术流程	社会经济（S）–面源污染负荷（L）–水动力水质（W）综合预警模型框架 （1）S–社会经济模拟 （2）L–面源污染负荷模型构建 （3）W–水动力水质模拟 （4）水质安全综合预警
	9. 技术特点（创新点）	该技术在案例研究经验的基础上，将社会经济–土地利用–面源污染负荷–水动力水质（S-L-L-W）综合预警模型框架简化为"社会经济（S）–面源污染负荷（L）–水动力水质（W）"综合预警模型框架，有效地解决了现场资料局限性、大尺度流域土地覆盖及面源负荷模拟模型的不确定性等问题，提高了人员、时间、精力的投入产出效果。该技术从全流域尺度，围绕重要水体（三峡水库）水质安全管理需求，从全流域尺度，着眼于不同敏感目标水体的关键环境问题，在对水质退化风险"警兆"进一步分析的基础上，完善流域水质安全预警指标筛选技术、预警阈值确定技术和预警分级技术；研究面向水库特征的自然环境–社会经济–污染排放–水资源利用–水污染物迁移转化–水质安全耦合的预警综合模型框架，集成构建水库型流域水质安全预警综合模型系统。针对三峡库区新生型水库水质安全，实现水质安全预警模型示范应用，预测和反馈评估未来情景下干流受体的风险程度，为典型流域水环境保护规划提供决策支撑
	10. 标准规范	《水库型水质安全评估与预警技术规范》（建议稿）
	11. 国内外同类技术水平	□ 领跑　　　☑ 并跑　　　□ 跟跑
成果与应用	12. 成果产出	《水库型水质安全评估与预警技术规范》（建议稿）
	13. 推广应用案例	三峡水库流域水质安全评估与预警系统

附表 3-5　基于河口受体生态安全的流域水质安全预警技术

指标大类	指标名称	指标内容
基本信息	1. 关键技术名称	基于河口受体生态安全的流域水质安全预警技术
	2. 适用范围	该技术适用于对具有长时间尺度的水质退化风险的主要水体进行基于河口受体生态安全特征的流域水质安全响应预警
	3. 就绪度等级	七级
	4. 技术简介	结合资源型缺水河流水质安全评估的需求、预警指标的筛选成果，建立基于受体生态安全特征的流域水质安全预警技术
	5. 所属课题	"流域水质安全评估与预警管理技术研究"课题（2012ZX07503-002）
技术内容	6. 技术背景	国外学者在水环境预警方面开展了大量研究，但大多数集中在突发性自然灾害、污染事故预警方面。针对突发性污染事故预警相对多、常态性环境预警相对少等问题，结合资源型缺水河流水质安全评估的需求、预警指标的筛选成果，着眼于长时间尺度的水质退化风险宏观管理决策需求，针对累积性水环境风险信息，建立基于受体敏感特征的流域水质安全响应的预警指标体系，为流域水质安全评估与预警提供技术支撑，推进我国环境管理由质量管理向风险管理转变
	7. 技术原理	针对资源型缺水河流对河口水质安全的影响特征，结合河口淡咸水交汇特征，着眼于长时间尺度的水质退化风险宏观管理决策需求，建立基于河口受体生态安全特征的流域水质安全响应的预警指标体系
	8. 技术流程	（1）水质安全预警指标体系构建 （2）预警模型的选择 （3）水动力模型构建与验证 （4）水质模型设置 （5）预警分级 （6）预警阈值确定
	9. 技术特点（创新点）	在对河口水质安全评估以及河口水质响应模型研究的基础上，运用数理统计分析方法，研究现状以及规划情景下流域污染物负荷通量与河口水质安全相关的物理、化学、生物指标的响应关系，以满足河口生态系统健康为目标，筛选河口水质安全预警指标，构建针对资源型缺水河流河口水质安全预警技术体系；开展典型污染物河口水质安全预警阈值研究，确定河口水质预警级别，构建河流型流域水环境水质安全预警技术方法，形成预警软件系统，并实现应用示范，支撑辽河流域水环境风险管理
	10. 标准规范	《河流型水质安全评估与预警技术规范》（建议稿）
	11. 国内外同类技术水平	□ 领跑　　　☑ 并跑　　　□跟跑
成果与应用	12. 成果产出	《河流型水质安全评估与预警技术规范》（建议稿）
	13. 推广应用案例	大辽河河口水质安全评估与预警系统

附表 3-6　基于饮用水水源地受体敏感特征的流域水质安全预警技术

指标大类	指标名称	指标内容
基本信息	1. 关键技术名称	基于饮用水水源地受体敏感特征的流域水质安全预警技术
	2. 适用范围	该技术适用于对具有短时间尺度的水质异常波动风险的饮用水水源地进行基于受体敏感特征的流域水质安全状态响应预警
	3. 就绪度等级	七级
	4. 技术简介	针对富营养化湖泊型饮用水水源地，确定合理的预警指标、预警阈值、预警级别，建立基于人体健康风险的流域水质安全预警技术
	5. 所属课题	"流域水质安全评估与预警管理技术研究"课题（2012ZX07503-002）
技术内容	6. 技术背景	水华预警一直以来都是环境管理决策中的难点和热点问题，利用水质模型对水体富营养化程度进行模拟和预测已成为国内外对水华预警研究的主要工作之一，国内外常用的蓝藻水华预警模型主要有人工神经网络模型、遗传算法、支持向量机模型、决策树方法等。但大多数研究主要针对水华发生的突发性事故预警，针对富营养化湖泊水质灾变的预防、监控、预警和重大污染事件的快速处理的集成技术与示范方面的研究很少，大多从机理上开展研究，或者是针对某一具体问题的单项技术，尚未形成相关的理论和技术体系。针对富营养化湖泊型饮用水水源地，将富营养化水质模型与人体健康风险评估有机耦合，对贡湖湾饮用水水源地水质安全问题进行识别，从人体健康风险角度构建风险因子与水质变化的响应模型，建立基于人体健康风险的流域水质安全预警技术
	7. 技术原理	针对富营养化问题导致的饮用水水源地——贡湖水质安全问题，开展小流域尺度的基于受体敏感特征（饮用水水源地）的流域水质安全预警技术研究，结合湖泊饮用水水源地的功能特性，综合分析饮用水水源地水质安全及影响因素，识别出影响水质安全的风险问题；重点针对饮用水水源对人体健康的影响，开展饮用水水源地人体健康风险特征污染物质含量水平、组成特征以及时空分布特征分析。以饮用水水源地人体健康为侧重点，结合富营养化带来的水质变化特征以及水生态变化特征分析结果，确定合理的针对饮用水水源地基于人体健康的水质安全预警指标、预警阈值、预警级别，建立基于人体健康风险的流域水质安全预警指标体系
	8. 技术流程	（1）模型构建 （2）模型适用性检验 （3）预警指标体系的确立 （4）预警阈值与级别的确定
	9. 技术特点（创新点）	模型围绕贡湖湾及其入湖河道的水环境问题的基本特征，用数学方程描述水动力、沉积物悬浮及内源释放、水生动植物演替、蓝藻主动和被动活动、营养盐循环和有机物降解等湖泊生物地球化学循环过程。在此基础上，在垂向压缩坐标系中，以有限差分法离散这些数学方程，构建数值模型，利用计算机模拟水体的流速、水位、波高、周期、营养盐、藻类生物量、溶解氧、PAR、水生动物、生化需氧量、悬移质、嗅味物质等水质参数随时间的变化过程，使得模型能够较准确地预测贡湖湾生态系统和水质安全的短期变化，演算贡湖湾生态系统的中长期变化趋势，从而有利于加强水源地水资源保护，有效降低供水风险，保障城乡供水安全，为环境保护行政主管部门的决策提供科学依据
	10. 标准规范	无
	11. 国内外同类技术水平	□ 领跑　　☑ 并跑　　□ 跟跑
成果与应用	12. 成果产出	专利 1 项 一种用秸秆生产抑藻产品的方法软件 著作权两项： （1）贡湖水源地水质安全预警系统 V1.0 （2）太湖水华预测预警模型软件 V1.0
	13. 推广应用案例	太湖流域贡湖湾饮用水水源地水质安全评估与预警系统

附录 4　流域水环境风险管控技术名片

附表 4-1　流域水环境突发性污染事件现场应急控制技术

指标大类	指标名称	指标内容
基本信息	1. 关键技术名称	流域水环境突发性污染事件现场应急控制技术
	2. 适用范围	该技术适用于流域水环境突发性污染事件现场应急控制，包括对非金属氧化物、重金属、石油类、酸碱类、致色物质和有机物等的应急控制处理
	3. 就绪度等级	七级 该技术已成功应用于流域水环境应急处置工作中，能较准确地对水安全和人体健康风险进行应急处置
	4. 技术简介	流域水环境突发性污染事件现场应急控制技术主要由以下具体技术构成：①非金属氧化物应急控制技术；②重金属应急控制技术；③石油类应急控制技术；④盐酸类应急控制技术；⑤致色物质应急控制技术；⑥有机物应急控制技术
	5. 所属课题	"流域水环境预警技术研究与三峡库区示范"课题（2009ZX07528-003）
技术内容	6. 技术背景	危险化学品在生产、储存、运输、销售、使用和废弃处置等环节上，不断发生诸如爆炸、泄漏、中毒、火灾等安全事故，不仅造成了巨大的财产损失和人员伤亡，还引发了水污染事件，给当地的正常生产和生活秩序造成严重影响。考虑到还未见比较详细与系统的危险化学品发生泄漏后的应急处理处置措施，于是建立了流域水环境突发性污染事件现场应急控制技术
	7. 技术原理	流域水环境突发性污染事件现场应急控制技术是指针对危险化学品在生产、运输过程中发生泄漏进入土壤及水体，基于污染物在水中的扩散规律与吸附传质机理等理论，构建以污染物源头控制技术、污染物防扩散技术、污染物消除技术和应急废物处置技术为主的应急技术体系，围绕该技术体系形成应急处置技术，为水污染事件的应急管理提供理论依据
	8. 技术流程	参考《典型（120 种）污染物应急处置技术指南》（建议稿）中给出的 120 种典型危险化学品突发泄漏至水源水体及土壤事故现场的应急处理方法进行应急处理
	9. 技术特点（创新点）	该技术完成了 6 类 120 种典型危险化学品对土壤及水体污染的应急控制技术研究，提出了 6 类 120 种典型污染物应急控制措施预案，并以典型污染物为例进行了技术研发、应急措施预案的详细说明。考查了应急措施的二次污染和应急处理的时效性，在应急措施方案研究的基础上，编写了应急处理研究报告及技术指南手册，为建立突发性污染事故应急技术库提供了技术支撑。研究成果为建立水环境事故定性定量的应急处理体系、支撑危险化学品事故水污染应急处理提供理论依据
	10. 标准规范	《典型（120 种）污染物应急处置技术指南》（建议稿）
	11. 国内外同类技术水平	□ 领跑　　☑ 并跑　　□ 跟跑
成果与应用	12. 成果产出	《典型（120 种）污染物应急处置技术指南》（建议稿）
	13. 推广应用案例	无

附表 4-2　流域水环境工业点源分类分级管理技术

指标大类	指标名称	指标内容
基本信息	1. 关键技术名称	流域水环境工业点源分类分级管理技术
	2. 适用范围	该技术适用于对流域内纺织印染、造纸、电子电镀、制药、石油加工、制药和污水处理等行业的污染源排放进行环境管理
	3. 就绪度等级	六级 基于该技术编制了管理手册的建议稿，并分别在辽河流域和潭江流域的典型研究区进行了技术验证与应用，从而为地方环境管理提供技术支撑
	4. 技术简介	通过对风险来源的分析和风险等级的判别，结合纺织、造纸、电镀、制药、石油加工以及污水处理行业的全过程分析，以目前的清洁生产技术和污染治理技术为依托，充分借鉴国内外相关政策、标准和技术，提出了点源污染风险分级管理措施，并对管理措施的费用、效益和适用性进行分析，建立了涵盖政府、企业和公众三方面的风险分类分级管理技术体系，从而为保障流域水环境生态安全提供技术支持
	5. 所属课题	"流域水污染源风险管理技术研究"课题（2009ZX07528-001）
技术内容	6. 技术背景	当前我国正处于工业化和城镇化快速发展阶段，能源资源消耗量大、污染排放强度大，资源环境约束凸显。以纺织、印染和化工等为代表的行业既是支撑我国国民经济持续高速发展的基础行业，也是资源能源消耗突出、水污染负荷大的重点行业。但我国长期居于产业链下游，重污染行业产品种类繁多、原料来源广泛、工艺流程长、产污环节多，毒性化学品原料及生产过程产生的众多有毒中间体会进入水环境，导致末端排放的水污染具有成分复杂、污染负荷高、毒性高等特点，其是水环境风险管理中很大的隐患
	7. 技术原理	根据企业排水的生态风险评价结果，将企业分成自控污染源、监控污染源、严控污染源和特控污染源 4 个等级，等级越高，管理要求越严格
	8. 技术流程	在借鉴美国国家环境保护局生态风险评价导则和技术指南的基础上，采用综合化学监测评价、毒性监测评价和水生态评价的污染源风险评价指标体系，通过模糊综合评价确定权重因子，对点源污染排水的生态风险进行分级评价。根据污染源生态风险评价结果，将每个行业的污染源分成自控污染源、监控污染源、严控污染源和特控污染源 4 个等级，对应的环境风险级别分别为一级、二级、三级和四级。污染源风险级别越高，管理要求越严格
	9. 技术特点（创新点）	确立了废/污水综合生物毒性评价技术，提出了我国工业废水毒性鉴定评价体系，建立了基于生物毒性的污染源排水生态风险技术体系。在全面收集国内外有关资料的基础上，结合每个企业的具体情况，如环境管理水平、排污状况以及周围水体保护目标等，提出将企业分成自控污染源、监控污染源、严控污染源和特控污染源 4 个等级的分类分级管理策略
	10. 标准规范	《流域水污染源点源风险管理手册》（建议稿）
	11. 国内外同类技术水平	□ 领跑　　☑ 并跑　　□ 跟跑
成果与应用	12. 成果产出	《流域水污染源点源风险管理手册》（建议稿）
	13. 推广应用案例	在辽河流域，"大伙房饮用水水源保护区高风险污染企业环境整治"工作为风险源的排查与评估提供了技术支持，所提出的不同类型风险源整改建议也被采纳

附表 4-3　流域水环境农村面源分级管理技术

指标大类	指标名称	指标内容
基本信息	1. 关键技术名称	流域水环境农村面源分级管理技术
	2. 适用范围	该技术适用于指导农村生活污水和散养畜禽污染控制的监督与风险管理
	3. 就绪度等级	六级 基于该技术，编制了《农村生活污水和农村散养畜禽污水风险管理手册》（建议稿），并分别在辽河流域、三峡库区、太湖流域三个示范区的典型农村进行了农村水环境风险管理技术应用研究
	4. 技术简介	农村面源风险管理研究以农村生活污水和农村散养畜禽污水为研究对象，基于灰色理论关联系数法构建了农村生活污水处理工程筛选模型；应用层次分析法开发了基于污水排放量、污水排放方式、污水处理设施、污染承受力四项一级指标的农村生活污水与散养畜禽污水风险评价指标体系和对应的风险分级评估方法
	5. 所属课题	"流域水污染源风险管理技术研究"课题（2009ZX07528-001）
技术内容	6. 技术背景	随着农村经济的发展和农民生活水平的提高，农村人均生活用水量增多，其必然产生大量的生活污水，同时由于农村居民饲养少量家畜，因此农村生活污水和畜禽散养污水污染风险不断加大。目前，限于当前我国经济社会发展水平和国家管理现状，还无法在全国农村开展水污染防治工作。"十一五"以来，生态环境部先后颁布了《农村生活污染防治技术政策》《村镇生活污染防治最佳可行技术指南》《农村生活污染控制技术规范》等技术规范与政策，但技术规范里面有关农村生活污水污染防治的内容还是偏向于宏观分类指导或处理工艺参数选择，而对于不同自然地理和社会经济条件的农村适宜什么样的污水处理工艺，并没有详细解读。现有对农村环境的关注主要是农业面源的污染，其集中于从生产手段以及防治手段方面进行控制，对于日常生活污染却不以为然。然而，积少成多，农村生活污水、散养畜禽污水、生活垃圾等这些村民生活带来的污染越来越不容忽视。农村水污染风险管理具有重大意义，并应引起高度重视。只有这样，相关部门才会加强对农村基建设施的投入；当地政府才会强化环保意识，加强环保宣传教育；当地居民才会提高危机意识，把自己放在环境保护主人翁的位置
	7. 技术原理	农村生活污水和畜禽散养污水污染风险存在很大的不确定性。通过风险驱动因素分析，找出目前农村生活污水污染风险的驱动因子，并以此为评价指标，通过层次分析法来确认各个指标对农村生活污水污染风险的贡献率。同时，在参照相关政策、文献研究、问卷调查和深度访谈的基础上，确定了各个指标的分级标准，以此对各个指标进行打分，之后再乘以相应的权重，得到该农村生活污水污染风险的综合得分，并以此为依据将农村进行分级，从而构建一个农村生活污水污染风险分级的评价体系
	8. 技术流程	（1）利用灰色理论方法建立农村生活和畜禽养殖污水工程技术筛选指标体系 （2）对农村生活污水污染风险进行综合评价，通常采用层次分析法，考虑的指标有供水方式、污水排放量等，根据评价结果对农村水污染风险问题进行分级，针对不同级别采用不同的管理方式
	9. 技术特点（创新点）	应用层次分析法开发了基于污水排放量、污水排放方式、污水处理设施、污染承受力四项一级指标的农村生活污水与散养畜禽污水风险评价指标体系和对应的风险分级评估方法
	10. 标准规范	《农村生活污水和农村散养畜禽污水风险管理手册》（建议稿）
	11. 国内外同类技术水平	□ 领跑　　☑ 并跑　　□ 跟跑
成果与应用	12. 对应的成果产出	《农村生活污水和农村散养畜禽污水风险管理手册》（建议稿）
	13. 推广应用案例	综合运用农村生活污水处理工程筛选模型技术和风险分级评估方法成果，形成了典型农村风险管理技术应用方案。分别以辽河流域（辽宁省徐家屯村）、三峡库区（重庆市石盘村）、太湖流域（江苏省黄泥张村）三个示范区的典型农村为研究对象，进行了农村水环境风险管理技术应用研究，评估了农村的风险等级，并根据农村水环境保护中存在的不足及高风险因素，提出具体的分析管理应对策略

附录 5　流域水生态环境损害评估技术名片

附表 5-1　水生态环境基线确定技术

指标大类	指标名称	指标内容
基本信息	1. 关键技术名称	水生态环境基线确定技术
	2. 适用范围	该技术适用于评估流域内水生态环境在未受环境污染或生态破坏行为的物理、化学或生物特性及其生态系统服务的状态或水平
	3. 就绪度等级	六级
	4. 技术简介	水生态环境基线是用于描述水生态环境功能变化与否的指标，表明在流域水生态环境未受污染时，流域内水体水生态环境质量的水平，可通过历史数据查询、参照点调查、标准比选等技术方法，掌握水体生态环境受污染前的水生生物、水环境质量等水平
	5. 所属课题	"流域水环境风险管理技术集成"课题（2017ZX07301005）
技术内容	6. 技术背景	流域水环境质量评估技术研究从水体、沉积物和水生生物三个环境要素入手，其中水质评价以《地表水环境质量标准》（GB 3838—2002）为主要评价依据，着重开展断点（测点）水质评价、河流（水系）水质评价、湖泊水质及综合评价、水质趋势变化分析及水质污染物指标和污染源识别研究；沉积物与水生生物质量评价在我国尚处于空白阶段，缺乏相应的质量标准，对沉积物部分着重开展适用于我国的沉积物重金属质量基准建立方法、沉积物质量标准分级和沉积物质量评价研究；对水生生物部分着重开展指示生物和评价指标筛选、水生生物参照状态建立方法、水生生物监测方法研究
	7. 技术原理	环境基线是指环境污染或生态破坏行为未发生时，受影响区域内生态环境的物理、化学或生物特性及其生态系统服务的状态或水平。环境基线是确定生态环境损害的关键。环境基线的确定作为损害评估与修复的重要组成部分，是科学评价的关键技术环节和重要前提。在流域水生态环境损害鉴定评估工作程序中，环境基线则主要是指累积性或突发性的水环境质量基线。国际上常用的 4 种环境基线确定方法为历史数据法、参照区域法、环境基准（标准）法和模型估算法，主要是用于掌握水体生态环境受污染行为前的水生生物、水环境质量等水平
	8. 技术流程	基线信息调查搜集—基线确定方法筛选—水环境基线确定
	9. 技术特点（创新点）	构建基于水环境事件的流域水生态环境基线确定方法，有效耦合信息收集、确定方法筛选、期望值推导及基线验证等，实现水生态环境基线的准确确定
	10. 标准规范	《生态环境损害鉴定评估技术指南　地表水与沉积物》（建议稿）
	11. 国内外同类技术水平	□ 领跑　　　☑ 并跑　　　□ 跟跑
成果与应用	12. 成果产出	共完成 1 项技术规范
	13. 推广应用案例	

附表 5-2　流域水生态环境损害确认技术

指标大类	指标名称	指标内容
基本信息	1. 关键技术名称	流域水生态环境损害确认技术
	2. 适用范围	该技术适用于评估确认流域内水生态环境及其水生态服务功能是否受到污染环境或破坏生态行为的损害
	3. 就绪度等级	六级
	4. 技术简介	针对流域水生态环境受到违法排污及突发性环境事件等直接造成的地表水体环境污染的行为,分析污染地表水环境行为和地表水环境损害间的因果关系,以及地表水生态环境损害的范围和程度,通过量化手段对地表水生态环境损害价值进行评估,选择地表水环境质量恢复至基线技术并补偿损害的恢复措施
技术内容	5. 技术背景	在实际的污染损害评估过程中,我国相关的法律法规和技术导则规定的不明确,存在评估程序不完善、评估技术方法薄弱等缺陷,大多数案例仅仅在应急处置期间或之后对污染事件的经济损失进行评估。因此,针对流域水生态环境受到违法排污及突发性环境事件等直接造成的地表水体环境污染的行为,采用该技术对环境事件行为造成的环境损害进行评估
	6. 技术原理	针对事件特征开展水生态环境布点采样分析,确定水生态环境状况,并对水生态服务功能、水生生物种类与数量开展调查;必要时收集水文和水文地质资料,掌握流量、流速、河道湖泊地形及地貌、沉积物厚度、地表水与地下水连通循环等关键信息。同时,通过历史数据查询、对照区调查、标准比选等方式,确定水生态环境及水生态服务功能的基线水平,通过对比确认水生态环境及水生态服务功能是否受到损害
	7. 技术流程	开展水文和水文地质调查,掌握流域内流量、流速、河道湖泊地形及地貌、沉积物厚度、地表水与地下水连通循环等关键信息。结合污染现状调查,分析水生态环境状况,并对水生态服务功能、水生生物种类与数量开展调查,最终结合水生态基线,对比分析确认流域内水生态环境是否受到损害
	8. 技术特点(创新点)	确定水生态环境状况,并对水生态服务功能、水生生物种类与数量开展调查;必要时收集水文和水文地质资料,基于地表水流量、流速、河道湖泊地形及地貌、沉积物厚度、地表水与地下水连通循环等关键信息,构建多信息分析比对方法,从而确认水生态环境及水生态服务功能是否受到损害
	9. 标准规范	《生态环境损害鉴定评估技术指南 地表水与沉积物》(建议稿)
	10. 国内外同类技术水平	☐ 领跑　　☑ 并跑　　☐ 跟跑
成果与应用	11. 成果产出	共完成 1 项技术规范
	12. 推广应用案例	

附表 5-3　水生态环境损害因果关系分析

指标大类	指标名称	指标内容
基本信息	1. 关键技术名称	水生态环境损害因果关系分析
	2. 适用范围	该技术适用于分析流域内水生态（地表水和沉积物）环境损害与污染环境或破坏生态行为之间的因果关系
	3. 就绪度等级	六级
	4. 技术简介	流域水生态环境由于违法排污及突发性环境事件等直接导致地表水体环境污染，分析污染地表水环境行为和地表水环境损害间的因果关系
	5. 所属课题	"流域水环境风险管理技术集成"课题（2017ZX07301005）
技术内容	6. 技术背景	在实际的污染损害评估过程中，我国相关的法律法规和技术导则规定不明确，存在评估程序不完善、评估技术方法薄弱等缺陷，大多数案例仅仅在应急处置期间或之后对污染事件的经济损失进行评估。因此，针对流域水生态环境受到违法排污及突发性环境事件等直接导致地表水体环境污染的行为，采用该技术对环境事件行为造成的环境损害进行评估
	7. 技术原理	结合鉴定评估准备以及损害调查确认阶段获取的损害事件特征、评估区域环境条件、水生态（地表水和沉积物）污染状况等信息，采取必要的技术手段对污染源进行解析；开展污染介质、载体调查，提出特征污染物从污染源到受体的暴露评估水平，并通过对暴露路径的合理性、连续性进行分析，对暴露路径进行验证，必要时构建迁移和暴露路径的概念模型；基于污染源分析和暴露评估结果，分析污染源与地表水和沉积物环境质量损害、水生生物损害、水生态服务功能损害之间是否存在因果关系
	8. 技术流程	通过对损害事件特征、评估区域环境条件、水生态（地表水和沉积物）污染状况等信息整理分析，确定污染形成的来源；再对特征污染物从污染源到受体的暴露水平进行评估，并验证暴露路径，从而分析污染源与地表水和沉积物环境质量损害、水生生物损害、水生态服务功能损害之间是否存在因果关系
	9. 技术特点（创新点）	基于污染介质、载体调查，解析特征污染物从污染源到受体的暴露评估，并通过对暴露路径的合理性、连续性进行分析，对暴露路径进行验证，为后续污染源与水生态环境损害之间因果关系评判提供方法
	10. 标准规范	《生态环境损害鉴定评估技术指南　地表水与沉积物》（建议稿）
	11. 国内外同类技术水平	□ 领跑　　☑ 并跑　　□ 跟跑
成果与应用	12. 成果产出	共完成 1 项技术规范
	13. 推广应用案例	

附表 5-4　水生态环境损害实物量化技术

指标大类	指标名称	指标内容
基本信息	1. 关键技术名称	水生态环境损害实物量化技术
	2. 适用范围	该技术适用于对环境污染或生态破坏行为导致流域内水生态（地表水和沉积物）环境损害程度量化的判别
	3. 就绪度等级	六级
	4. 技术简介	对比受损地表水和沉积物环境及生态系统服务的现状与基线水平，确定地表水和沉积物环境及其生态系统服务损害的时间与空间范围及程度，计算地表水和沉积物生态环境损害的实物量
	5. 所属课题	"流域水环境风险管理技术集成"课题（2017ZX07301005）
技术内容	6. 技术背景	在实际的污染损害评估过程中，我国相关的法律法规和技术导则规定不明确，存在评估程序不完善、评估技术方法薄弱等缺陷，大多数案例仅仅在应急处置期间或之后对污染事件的经济损失进行评估。因此，针对流域水生态环境受到违法排污及突发性环境事件等直接导致地表水体环境污染的行为，采用该技术对环境事件行为造成的环境损害进行评估
	7. 技术原理	确定地表水和沉积物中特征污染物浓度，以及水生生物量、种群类型、数量和密度、水生态系统服务功能表征指标的现状水平，与基线水平进行比较，分析水生态环境以及水生生物资源、水生态系统服务功能受损的范围和程度，计算地表水和沉积物环境，以及水生生物资源和水生态系统服务功能损害的实物量
	8. 技术流程	通过对污染状况、事故行为以及流域水质变化等进行分析，确定评估指标。基于评估指标，进一步对污染浓度、生物量、生物多样性及生态服务功能进行受损害程度量化分析，从而确定流域内水生态环境在空间和时间上的损害程度
	9. 技术特点（创新点）	通过对水生态环境中特征污染物浓度、水生生物质量、种群类型、数量和密度、水生态系统服务功能超过基线水平的程度进行分析，判定损害程度，为水生态环境与水生生物资源恢复方案的设计和恢复费用的计算、价值量化提供依据
	10. 标准规范	《生态环境损害鉴定评估技术指南 地表水与沉积物》（建议稿）
	11. 国内外同类技术水平	□ 领跑　　☑ 并跑　　□ 跟跑
成果与应用	12. 成果产出	共完成 1 项技术规范
	13. 推广应用案例	

附表 5-5　水生态环境损害价值量化技术

指标大类	指标名称	指标内容
基本信息	1. 关键技术名称	水生态环境损害价值量化技术
	2. 适用范围	该技术适用于对污染环境或破坏生态行为导致的流域内水生态（地表水和沉积物）环境损害价值进行量化分析
	3. 就绪度等级	六级
	4. 技术简介	基于等值分析原则评估地表水和沉积物环境及其生态系统服务的损失。如果受损的地表水和沉积物环境及其生态系统服务能够通过实施基本恢复措施进行恢复，或能够通过补偿性恢复补偿恢复期间损害，则采用基于恢复的方法进行损害估算，研究恢复目标，筛选恢复技术，评估确定恢复方案，必要时估算恢复费用。如果受损的地表水和沉积物环境及其生态系统服务不能通过实施恢复措施进行恢复，或不能通过补偿性恢复补偿恢复期间损害，则采用环境价值评估方法进行损失估算
	5. 所属课题	"流域水环境风险管理技术集成"课题（2017ZX07301005）
技术内容	6. 技术背景	在实际的污染损害评估过程中，我国相关的法律法规和技术导则规定不明确，存在评估程序不完善、评估技术方法薄弱等缺陷，大多数案例仅仅在应急处置期间或之后对污染事件的经济损失进行评估。因此，针对流域水生态环境受到违法排污及突发性环境事件等直接导致地表水体环境污染的行为，采用该技术对环境事件行为造成的环境损害进行评估
	7. 技术原理	损害情况发生后，如果水生态环境中的污染物浓度在两周内恢复至基线水平，水生生物种类、形态和数量以及水生态服务功能未观测到发生明显改变，则利用实际治理成本法统计处置费用。如果水生态环境中的污染物浓度不能在两周内恢复至基线水平，或者能观测或监测到水生生物种类、形态、质量和数量以及水生态服务功能发生明显改变，应判断受损的水生态环境、水生生物以及水生态服务功能是否能通过实施恢复措施进行恢复，如果可以，则基于等值分析方法，制定基本恢复方案，计算期间损害，制定补偿性恢复方案；如果制定的恢复方案未能将水生态环境完全恢复至基线水平并补偿期间损害，则制定补充性恢复方案。如果受损水生态环境、水生生物以及水生态服务功能不能通过实施恢复措施进行恢复或完全恢复到基线水平，或不能通过补偿性恢复措施补偿期间损害，则基于等值分析原则，利用环境资源价值评估方法对未予恢复的水生态环境、水生生物资源以及水生态服务功能损失进行计算
	8. 技术流程	首先，判断已发生的环境损害是否可以恢复，若可以恢复，则结合恢复方法，确定恢复目标，制定基本恢复方案和补偿性恢复方案，进一步确定补充性恢复方案，测算恢复费用；若不可恢复，则采用实际治理成本法、虚拟治理成本法及其他环境资源价值量化方法等环境资源价值评估方法，对未予恢复的水生态环境、水生生物资源以及水生态服务功能损失进行计算
	9. 技术特点（创新点）	通过实际治理成本法、虚拟治理成本法及其他环境资源价值量化方法等对未予恢复的水生态环境、水生生物资源以及水生态服务功能损失进行计算，量化生态损害损失的价值
	10. 标准规范	《生态环境损害鉴定评估技术指南 地表水与沉积物》（建议稿）
	11. 国内外同类技术水平	□ 领跑　　☑ 并跑　　□ 跟跑
成果与应用	12. 成果产出	共完成 1 项技术规范
	13. 推广应用案例